•生态文明建设丛书•

生态产品价值实现机制探索与实践

——以浙江丽水为例

周爱飞 | 著

中国林業出版社
CFPH China Forestry Publishing House

图书在版编目(CIP)数据

生态产品价值实现机制探索与实践：以浙江丽水为例／周爱飞著. —北京：中国林业出版社，2022.5
(生态文明建设丛书)
ISBN 978-7-5219-1659-1

Ⅰ.①生… Ⅱ.①周… Ⅲ.①生态经济-研究-丽水
Ⅳ.①F127.553

中国版本图书馆 CIP 数据核字(2022)第 073194 号

中国林业出版社·自然保护分社(国家公园分社)

策划编辑：肖 静　　**责任编辑**：袁丽莉 肖 静

出版发行 中国林业出版社(100009 北京市西城区刘海胡同 7 号)
http：//www.forestry.gov.cn/lycb.html 电话：(010)83143577
印 刷 河北京平诚乾印刷有限公司
版 次 2022 年 5 月第 1 版
印 次 2022 年 5 月第 1 次印刷
开 本 710mm×1000mm 1/16
印 张 17
字 数 280 千字
定 价 68.00 元

让每一寸山水林田湖草都可量化！

让每一分生态产品价值都可实现！

让每一位保护生态的老百姓都能有利可图！

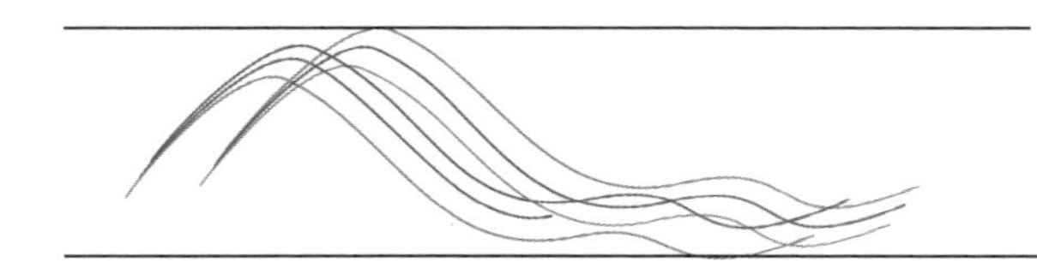

序言

习近平提出的“绿水青山就是金山银山”的科学论断，指出了自然生态系统不仅为人类提供了丰富的生态产品与服务，具有巨大的生态效益，同时其生态价值还可以转化为经济效益，造福人民。党的十九大报告明确提出，要提供更多优质生态产品以满足人民日益增长的优美生态环境需要。建立健全生态产品价值实现机制，是贯彻落实习近平生态文明思想的重要举措，是践行绿水青山就是金山银山理念的关键路径，是从根本上保障优质生态产品供给的必然要求，对推动经济社会可持续发展、全面绿色转型具有重要意义。

丽水市是习近平总书记“绿水青山就是金山银山”理念的萌发地之一。2006年，习近平总书记在丽水考察时指出“绿水青山就是金山银山。对丽水来说尤其如此。”丽水市牢记总书记的指示，坚持保护中发展，努力将良好的生态资源转化为经济发展的优势，将优质生态产品蕴含的经济价值转化为经济效益，初步实现了经济快速发展、农民致富、生态持续改善的“三赢”，为践行“绿水青山就是金山银山”理念开展了成功的探索。2018年4月26日，习近平总书记在深入推动长江经济带发展座谈会上对丽水的探索与实践给予了充分肯定。2019年初，国家推动长江经济带发展领导小组办公室批准丽水市为全国首个生态产品价值实现机制试点市。经过2年多的努力，丽水圆满完成了国家改革试点任务，其成果和经验在中央全面深化改革委员会第十八次会议上得到全面肯定。丽水市与深圳市、抚州市共同为中办、国办印发《关于建立健全生态产品价值实现机制的意见》提供了实践基础，为推动全国建立生态产品价值实现机制作出了重要贡献。

我与周爱飞教授相识于2018年金秋，当时中国科学院生态环境研究中心承担丽水试点方案编写、理论与技术支撑工作。周爱飞教授是试点方案编制专班成员，与我们共同研究编写《丽水市生态产品价值实现试点方案》。他熟悉市情，是一位专业造诣非常深且思想活跃的学者。前段时间，我的同事徐卫华研究员将他的书稿递到我的案头，希望我为他的专著作个序，我阅完之后欣然答应。

丽水位于浙江省西南部，森林覆盖率达 81.7%，是瓯江、钱塘江、闽江等“六江之源”，为华东地区提供了丰富优质的生态物质产品和调节服务、文化服务产品，是华东地区重要的生态安全屏障，为保障区域生态安全发挥了重要作用。同时，丽水市特色文化底蕴厚重，历史文化遗存丰富，是浙江省历史文化名城。全市有龙泉青瓷、丽水木拱廊桥、遂昌班春劝农等联合国人类非物质文化遗产，是华东地区古村落数量最多、风貌最完整的地区，被誉为“江南最后的秘境”。从 2006 年开始，丽水市积极挖掘生态产品潜力，探索“绿水青山”转变为“金山银山”的通道，在全国率先开展“扶贫改革”“农村金改”“林权改革”“河权到户”等机制创新，是全国“农村电商”的发源地和辐射中心，不断探索将生态资产转化为生态资本的新机制。丽水市打造了“丽水山耕”“稻鱼共生”等多种模式，促进了生态农业、健康医药、旅游等生态型产业的发展，在生态产品价值实现和转化方面创立了多样性模式，积累了丰富的经验。

书中系统总结了丽水市“两山”创新实践历程，提出了基于自然、经济、社会三维协同的生态产品价值实现路径，梳理了丽水在生态产品价值评价与调查监测机制、GEP 核算与综合考评、森林生态产品市场交易机制设计、生态信用制度设计、生态强村公司制度设计等方面的探索与实践，总结并提炼了龙泉“益林富农”场景应用，基于 GEP 核算交易、生态产业化的“三型路径”，生态信用，金融助推的“四类模式”，还建立了既有定性表述，也有生态富饶、经济富强、社会富有等指标构成的“两山”实践定量评估指标。显然，这本书倾注了周爱飞教授大量心血，在该领域地方学者中难能可贵。在构建人类命运共同体的大背景下，作为一门跨学科的新兴研究领域，生态产品及其价值实现的理论体系构建目前还处于探索阶段，丽水就是一个很好的观察与研究的考察窗口。希望有更多的市场主体、社会组织、学者、兴趣爱好者加入到生态产品及其价值实现的研究与实践中来，关注这一事业，参与这一事业，共同助推建设绿水青山与共同富裕相得益彰的美好社会。相信在习近平生态文明思想的指导下，定会有更多像浙江丽水一样的地区涌现出来，成为向世界展示中国生态文明建设与高质量绿色发展的成果和经验的范例。

是为序。

欧阳志云

2022年5月26日

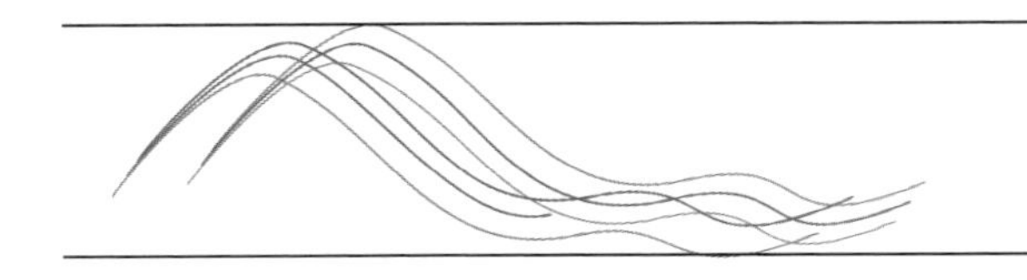

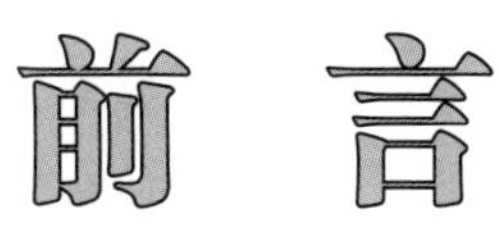

前言

“春色满园关不住，一枝红杏出墙来”(宋·叶绍翁)。“春路雨添花，花动一山春色”(宋·秦观)。“满坞白云耕不尽，一潭明月钓无痕”(宋·管师复)。“山也清，水也清，人在山阴道上行，春云处处生。官也清，吏也清，村民无事到公庭，农歌三两声”(明·汤显祖)……这些古代名人在丽水留下脍炙人口的名句、名词、名曲，既有描绘当时的田园山水与精神寄托，又有展现自然生态与政治生态相互浸润、相得益彰的美好环境。

酌古斟今，建立可复制、可推广的生态产品价值实现机制，或者说绿水青山型制度供给，提供更多优质生态产品，不断满足人民日益增长的优美生态环境需要，复兴当代版的生态文明，何尝不是同一片土地上的孜孜以求？

建立健全生态产品价值实现机制是一项史无前例、意义深远的开创性工作。丽水作为首个国家试点城市，使命光荣，任重道远。2018 年 8 月至 2019 年 7 月，作者作为挂职专班成员，很荣幸参与生态产品价值实现机制试点的前期及上半程工作。本书就是试点以来研究与实践累积的成果，既是丽水试点的窥斑见豹，也希望成为服务苍生的他山之石。

作者在挂职期间，主要参与试点方案编制、案例集编写等工作，当中得到中国科学院生态环境研究中心欧阳志云主任、徐卫华研究员，以及时任丽水市发展和改革委员会主任饶鸿来、副主任周立军，丽水市咨询委员会分管主任程海南等专家、领导的悉心指导。回首凝望，团队彻夜奋战的场景，历历在目，记忆犹新。学中苦干、乐在其中，艰辛耕耘、共享收获，终生难忘！

鉴于生态产品具有生态价值、经济价值、社会价值等功能，本书的逻辑框架抽象于、实践于“自然-经济-社会复合生态系统”。本书充分吸收中办、国办印发《关于建立健全生态产品价值实现机制的意见》(中办发〔2021〕24号)等相关文件精神，充分借鉴和延展中国科学院欧阳志云团队、国务院发展研究中心高世辑和李佐军团队以及张惠远、曾贤刚、李宏伟等学者研究成果，将理论探析与地方创新实践相结合，通过生态产品的自然、经济、社会等三个维度、价值导向，梳理出生态产品价值评价与调查监测机制、生态产品保值增值机制、生态产品开发经营转化机制、生态产品实现保障机制等四大类机制，创新探索基于三维协同、多元参与的生态产品价值实现路径，力求实现生态富饶、经济富强、社会富有“三统一”。

全书分为四个部分，共十章(图0-1)。

第一部分即第一章。阐述从推动长江经济带发展战略到“走进丽水”。让读者从长江经济带的范畴了解、感知丽水“两山”创新实践的历程，明晰新发展阶段丽水在长江经济带发展战略中从“先行试点”走向“先验示范”的新使命。创新点：以确立“习近平生态文明思想”为新起点，提出“两山”转化进入系统性量化转化阶段的判断。

第二部分即第二章。阐述生态文明视域下生态产品内涵、属性及其价值决定的“6w”原则、生态产品价值实现的理论基础。创新点：一是从基于产品、技术及人与自然关系的文明演变，演绎生态产品内涵；二是理论上从马克思劳动价值论新拓展的视野分析生态产品价值转化论，从马克思主义生产力学说阐释生态产品实现机制的内生动力——生态环境生产力，为生态资源富集地区验证“绿水青山也是第一生产力”创造可能。

第三部分即第三章至第九章。分别从生态价值、经济价值、社会价值等三个维度阐述其实现路径及衡量测度。

基于生态价值维度，主要基于生态产品评价、权属界定与保值增值机制展开，共有两章。第三章，阐述建立健全基于丽水实践的生态产品价值评价与调查监测机制，其量化与权属界定是推进生态产品价值实现的前提。第四章，阐述建立健全生态产品保值增值机制，主要包括百山祖国家公园保值增值新路径，以及政府采购生态产品、生态产品保护补偿等付费机制。创新点：提出生态价值维度发展目标为实现“生态富饶”，以GEP、EQ等指标作为衡量导向；提出并应用衡

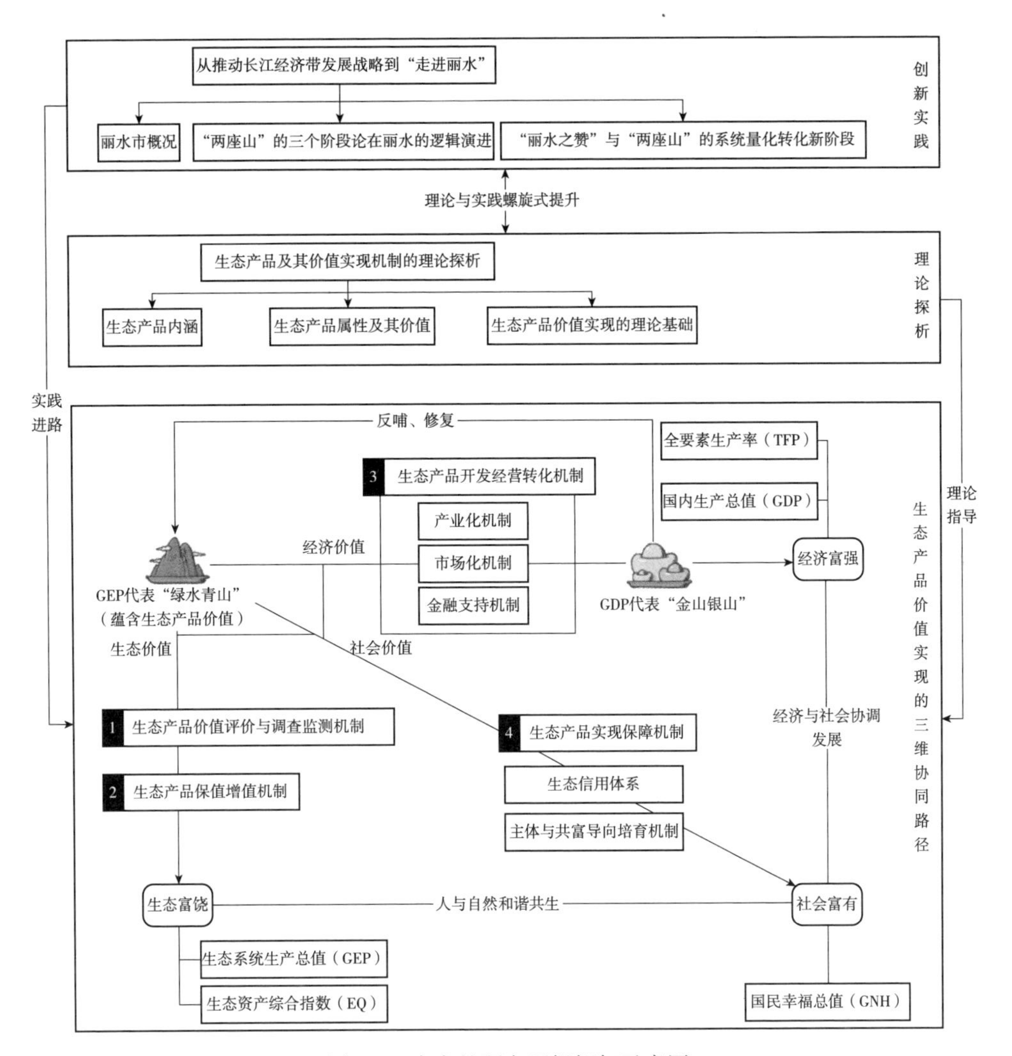

图0-1 本书的研究逻辑框架示意图

量生态系统外在质量指标——康养指数。

基于经济价值维度，围绕建立健全生态产品开发经营转化机制展开，共有三章。第五章阐述拓展基于绿水青山优势发挥的生态产业化机制，包括发展巩固品质农业基本盘、培育生态工业新引擎、引导气候产品促变现、推动康养旅居大发展、升级山系品牌与认证等内容。第六章阐述创新生态产品市场化交易机制，基于生态系统、生态空间、生态权属等视角，对森林生态系统生态产品交易、规划发展权与生态用地空间交易、农村产权交易与生态产品价值转化等机制展开探索。第七章阐述活络金融支持生态产品价值实现机制，从生态产业化、产业生态化、生态保护补偿等方面，研究梳理金融支持机制。创新点：一是提出经济价值维度发展目标为实现“经济富强”，以GDP、TFP等指标作为衡量导向，核心内容为“力争将更多的GEP更多、更好、更快、更直接地转化为GDP，充分释放绿水青山的经济价值，同时通过创造的GDP，加大对生态建设的反哺和支持力度，推动GDP加快向GEP有效转化，实现两者协同较快增长”；二是建立基于占补平衡、林业碳汇的森林生态系统生态产品交易机制，探索建立规划发展权与生态用地空间交易机制，设立“两山转化平台”等。

基于社会价值维度，提出建立健全生态产品实现保障机制，旨在为实现人与自然和谐共生、经济与社会协调发展提供有力支撑，共有两章。第八章阐述丽水初创生态信用体系，强调生态信用是生态文明制度建设的重要内容，重点梳理生态信用体系五大机制设计。第九章阐述主体与共富导向培育的机制安排，简明论述现代政府职能定位与绩效考核、生态强村公司的制度设计、企业和社会各界参与机制。创新点：一是提出发展目标为社会富有，用国民幸福总值(GNH，gross national happiness)等指标作为衡量导向(重点体现在逻辑框架)；二是推出GEP综合考评，首创生态信用体系，开展生态强村公司制度设计，推进相应实践探索。

第四部分即第十章展望。在新发展阶段上，面对生态产品价值实现机制与数智化“双跨融合”大势，描绘了“生态富饶、经济富强、社会富有”的三个美好未来，并指出：在生态文明语境里，生态产品实现机制的实质就是“自然-经济-社会”向更高层级“协同跃迁”的一整套“两山”算法，以此重塑更为耦合、更有韧性的“自然-经济-社会”复合生态系统，进而推动人与自然和谐共生、自然与经济相互转化、经济与社会协调发展。

本书是三年来跨部门合作探索与实践的集体成果、阶段性成果，书中案例、咨政内参丰富，曾被评为“2021年浙江省党校(行政学院)系统中国特色社会主义理论体系研究中心第二十二批规划课题优秀结题课题(ZX22295)”，相关成果被省、市主要领导批示。本书在协同发展、“三富”指标体系、数智赋能、系统性支持等重点领域、关键环节，仍需进一步深化探索实践。

在本书撰写过程中，得到中共中央党校(国家行政学院)社会和生态文明教研部宋昌素博士、讲师，中国科学院生态环境研究中心林亦晴博士，中共丽水市委党校赵剑红、陈敬东、齐杰副教授，丽水市委改革办兰秉强处长，丽水市发展和改革委员会蔡秦处长、赖方军副处长，丽水市自然资源和规划局柯平松处长，丽水市生态环境局张丰工程师，人民银行丽水市中心支行吴建民副主任，以及单位近几年引进的新生力量罗婵、李倩、俞快、林琳、叶娟娟等倾力支持。

丽水作为浙江省重点林区、典型的南方集体林区，其生态产品价值实现机制、农村金融改革等国家级改革试点，均发轫于林业系统，这也是作者钟情于中国林业出版社的重要原因。在本书撰写出版过程中，中国林业出版社肖静、袁丽莉等同志给予了鼎力支持，付出了辛勤劳动，在此表示衷心感谢！

秀山丽水，生机盎然。逐绿创共富，生金看丽水！在习近平生态文明思想指导下，在迈向共同富裕美好社会、全面建设现代化新征程上，“绿水青山就是金山银山”创新实践已进入系统量化转化的初期阶段。在展望中，描绘了生态产品价值实现机制与数智化融合的美好情景。希望本书能为领导干部、市场主体、生态文明领域研究学者和爱好者抛砖引玉，提供理论研究和决策分析视角。限于作者的学术水平和能力，如有不足甚至错误之处，敬请各位读者不吝赐教，批评指正。

中共丽水市委党校“两山”教研室 

2022年4月26日

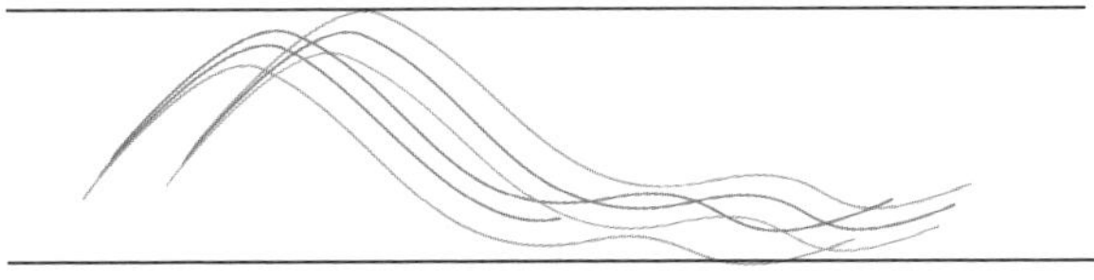

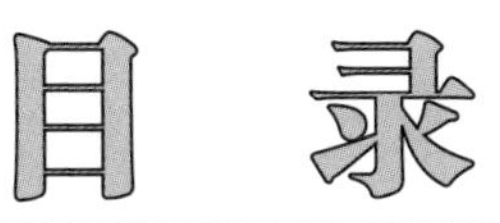

目 录

第一章

从推动长江经济带发展战略到“走进丽水”

在生态保护方面，要坚定不移，紧抓不放。我多次讲过，绿水青山就是金山银山。对丽水来说，尤为如此。只要你们守住了这方净土，就守住了“金饭碗”。随着交通基础设施的改善和人民生活水平的提高，生态资源的价值已经而且并将继续显现出来。还有一些地方现在在开发，还有一个过程，但是要坚守，不要因为有一个过程，现在急不可待，去搞一些破坏性的开发，结果把自己的“金饭碗”给丢了，捧了个“铜饭碗”，丢了“金饭碗”捧“铜饭碗”，过两年你的铜不值钱了，你后悔“金饭碗”给丢掉了。

（摘自2006年7月29日，时任浙江省委书记的习近平同志在丽水调研时的讲话）

浙江丽水市多年来坚持走绿色发展道路，坚定不移保护绿水青山这个“金饭碗”，努力把绿水青山蕴含的生态产品价值转化为金山银山，生态环境质量、发展进程指数、农民收入增幅多年位居全省第一，实现了生态文明建设、脱贫攻坚、乡村振兴协同推进。长江经济带应该走出一条生态优先、绿色发展的新路子。要积极探索推广绿水青山转化为金山银山的路径，选择具备条件的地区开展生态产品价值实现机制试点，探索政府主导、企业和社会各界参与、市场化运作、可持续的生态产品价值实现路径。

（摘自2018年4月26日，习近平总书记在深入推动长江经济带发展座谈会上的讲话）

长江是中华民族的母亲河，千百年来，长江流域以水为纽带，连接上下游、左右岸、干支流，形成了巨大而完整的自然生态系统。长江经济带覆盖上海、江苏、浙江、安徽、江西、湖北、湖南、重庆、四川、云南、贵州等 11 个省(直辖)市，面积约 205.23 万平方千米，占全国的 21.4%，人口和生产总值均超过全国的 40%，是全国最大的产业集聚区和城镇密集带，也是中华民族的经济大动脉。

推动长江经济带发展，是以习近平同志为核心的党中央作出的重大决策，是关系国家发展全局的重大战略，对实现“两个一百年”奋斗目标、实现中华民族伟大复兴的中国梦具有重要意义①。2016 年 1 月 5 日、2018 年 4 月 26 日、2020 年 11 月 14 日，习近平总书记分别在重庆、武汉、南京，主持召开推动长江经济带发展座谈会、深入推动长江经济带发展座谈会、全面推动长江经济带发展座谈会并发表重要讲话，要求把握共抓大保护、不搞大开发战略导向，为长江经济带发展定向领航，并赋予“我国生态优先绿色发展主战场、畅通国内国际双循环主动脉、引领经济高质量发展主力军”等新的历史使命。

南朝《千字文》有云：“金生丽水，玉出昆冈”。文中古代的“丽水”就是现代的云南丽江。2018 年 7 月中旬，由中共中央宣传部(以下简称中宣部)组织为期 1 个月的“大江奔流——来自长江经济带的报道”主题采访活动，从云南丽江(丽水)启程，穿越 8000 多千米，到浙江丽水谢幕，从“头尾丽水”全景式展现了长江经济带的文化之美、生态之美、发展之美、建设之美。

习近平在主政浙江期间，曾 8 次深入丽水大地，夸这里是“秀山丽水、天生丽质”②，每次都重点强调绿色发展。尤其是 2006 年 7 月 29 日，习近平第七次在丽水调研时鲜明指出，“绿水青山就是金山银山。对丽水来说，尤为如此”，叮嘱丽水一定要正确处理好经济发展与环境保护的关系，千万不能搞一些破坏性的开发，把自己的“金饭碗”丢了。浙江丽水作为长江经济带上绿水青山就是金山银山理念的重要萌发地和先行实践地，自“八八战略”实施以来，在绿色发展方面取得了显著成效，得到习近平总书记在 2018 年深入推动长江经济带发展座谈

---

① 引自：长江经济带发展网. http：//cjjjd. ndrc. gov. cn/zoujinchangjiang/zhanlue/。

② 引自：邓崴，施晓义，项捷等. 秀山丽水正青春[N]. 浙江日报，2017-05-29(01)。

会上的“丽水之赞”①，并在推动长江经济带发展战略上担当着特殊的历史使命。

第一节　丽水市概况

丽水市位于长江三角洲(以下简称长三角)地区，地处浙西南，古称“处州”。如果把长江经济带比作横贯中国东西部的一条巨龙，那丽水则处于“龙须”的位置。全市市域面积 1.73 万平方千米，素有“九山半水半分田”之称，是全省陆域面积最大的地级市(占全国 1/600，全省 1/6)，是中国南方山区典型代表。丽水辖莲都、龙泉、青田、云和、庆元、缙云、遂昌、松阳、景宁等 9 个县(市、区)，根据第七次人口普查数据，截至 2020 年 11 月 1 日零时，丽水市常住人口为 2507396 人。

一、生态：“浙江绿谷”

丽水是华东地区重要生态屏障，作为一座“天生丽质”的山水绿城，有着无与伦比的生态优势，素有“中国生态第一市”之称，拥有“秀山丽水、诗画田园、养生福地、长寿之乡”的美誉。从区域总体比较来看，具有四个方面的特征：一是丽水的山是长三角之巅。丽水山地面积占市域总面积约 88%，境内海拔 1000 米以上的山峰有 3573 座，占长三角 1000 米以上山峰约 60%；拥有长三角地区最高山峰——龙泉凤阳山主峰黄茅尖(海拔 1929 米)，丽水的森林覆盖率高达 81.7%，居全省第一、全国第二。二是丽水的水是华东水塔。丽水为“六江之源”，境内有瓯江、钱塘江、飞云江、灵江、闽江、交溪 6 条水系，水资源总量 161.87 亿立方米。2020 年，全市 96 个地表水监测断面中，Ⅰ～Ⅲ类断面占 99%，地表水环境质量保持全省第一，全国前十五。三是丽水的天是天然氧吧。2020 年，丽水市区 $PM_{2.5}$平均浓度低达 21 微克/立方米，空气中每立方厘米负氧离子含量平均达 3000 个，是一般城市的 30 倍以上，被授予中国首个“天然氧吧城市”称号；全市空气质量状况排名全国第七，连续六年稳居全国前十；生态环

① 引自：胡海峰. 扎实推进“八八战略”在丽水的创新实践[N]. 丽水日报，2018-07-09(1)。

境状况指数(EI 值)为 87.8，实现连续 18 年全省第一。四是丽水的地是养生福地。丽水是长三角大花园核心区，环境优美，拥有全国唯一的地级市“中国长寿之乡”和“中国气候养生之乡”，2020 年，丽水人均预期寿命为 81.04 岁。随着全国老龄化趋势加快，丽水高度重视发挥适宜养生养老的生态优势，积极推动全市“食养”“药养”“水养”“体养”“文养”“气养”等康养产业的培育和发展，未来丽水长寿之乡的优势将更加凸显。

二、经济：东部的西部、西部的东部

一方面，丽水是东部发达地区相对落后的城市。浙江是全国体制机制最灵活、开放程度最高、经济发展最快、人均收入最多的省份之一，经济发展走在全国前列。2020 年丽水市地区生产总值为 1540 亿元，占全省比重的 2.38%，人均 GDP 为 6.2 万元，仅相当于全省平均(10.1 万元)的 61.4%、杭州(13.7 万元)的 45.3%，为全省人均 GDP 最低地市；居民人均可支配收入为 37744 元，仅为全省水平的 72%；同时，规上工业亩均税收(相当于全省的 60%)、高技术制造业增加值占规上工业比重(相当于全省的 31%)、数字经济核心产业增加值占 GDP 比重(相当于全省的 28%)、家庭可支配收入 20~60 万元群体比例(相当于全省的 36%)等指标均低于全省平均水平的 60%。另一方面，丽水是与西部地区相比相对发达城市。2020 年，丽水市地区生产总值在全国大陆 337 个地级及以上城市(不含港澳台)排名 177 位，经济实力虽处全国中游水平，但全体居民人均可支配收入 37744 元，人均住户存款余额 9.7 万元，在全国地级及以上城市分别排名第 56 位、27 位；城乡收入差距倍差为 2.05∶1，明显低于全国平均水平(2.56∶1)。

三、社会：幸福有感、平安顺遂

首先，表现在生活条件改善有“幅度”。城镇、农村人均住房使用面积分别由 2000 年的 24.6 平方米、33.9 平方米提高到 2020 年的 50.2 平方米、67.1 平方米。城镇居民恩格尔系数由 2000 年的 40.8%下降至 2020 年的 27.8%；农村居民恩格尔系数由 2000 年的 43.0%下降至 2020 年的 30.3%，表明在居民消费中文化、教育、旅游和医疗保健等消费比重不断加大。其次，表现在民生保障有“温度”。近年来，丽水坚持在发展中保障和改善民生，全面推进病有所医、老有所养、住有所居、弱有所扶，使人民群众的幸福感和获得感显著增强。截至2020年底，全市参加企业职工基本养老保险人数86.13万人，参加城镇职工基本医疗保险人数50.54万人，参加失业保险人数30.66万人，参加工伤保险人数78.39万人，被征地农民基本生活保障累计参保人数2.50万人；通过制度重塑在全国首创政府引导型全民健康补充医疗商业保险（浙丽保）制度，2021年和2022年“浙丽保”参保率高达85.3%和93.32%，入选全省建设共同富裕示范区重大改革项目、获评中国改革2021年度20个案例之一。再次，表现在平安建设有“力度”。丽水平安建设已经先后5次“问鼎”成功，连续拿下从“平安鼎”到“平安铜鼎、银鼎、金鼎”再到“一星平安金鼎”，人民群众安全感连续16年位居全省前列，2020年为全省第一；食品安全公众满意度连续12年（2009—2020年）全省第一。

四、人文：底蕴深厚、多元交融

生态文化承载千年，拥有联合国重要农业文化遗产“青田稻鱼共生系统”、中国重要农业文化遗产“浙江庆元香菇文化系统”，保存有全世界最古老的拱形水坝、首批世界排灌工程遗产的通济堰，被授予51个国家级、省级历史文化名城、名镇、名村，257个国家级传统村落，是华东地区古村落数量最多、风貌最完整的地区。经典文化历久弥新，龙泉青瓷、龙泉宝剑、青田石雕他也因此被誉为“丽水三宝”，明代汤显祖曾任遂昌县令，在此期间创作了中国文学史上脍炙人口的《牡丹亭》，他也因此被誉为“东方的莎士比亚”。红色文化赓续文脉，是全省唯一所有县（市、区）都是革命老根据地的地级市，周恩来、刘英、粟裕等革命领导人都在丽水留下战斗足迹。民族文化多姿多彩，下辖的景宁县是华东地区唯一的少数民族自治县。华侨文化中西交融，系全省华侨大市，华侨主要分布在欧洲、南美洲，在“一带一路”建设中发挥着独特的纽带作用。

第二节　“两座山”三个阶段论在丽水的逻辑演进

以党的十一届三中全会为标志，丽水改革坚冰从此被打破，开放航道由此开辟。随着政治上的拨乱反正，丽水各级党委政府把工作重心转移到以经济建设为中心上来，紧扣山区实际，推进了绿色生态发展的实践探索，开启了“实践—突破—再实践—再突破”的壮美历程。2006 年 3 月 8 日，习近平同志在中国人民大学演讲时，对“绿水青山”与“金山银山”的辩证关系进行了缜密论述，他指出：“人们在实践中对绿水青山和金山银山这‘两座山’之间关系的认识经过了三个阶段：第一个阶段是用绿水青山去换金山银山，不考虑或者很少考虑环境的承载能力，一味索取资源。第二个阶段是既要金山银山，但是也要保住绿水青山，这时候经济发展和资源匮乏、环境恶化之间的矛盾开始凸显出来，人们意识到环境是我们生存发展的根本，要留得青山在，才能有柴烧。第三个阶段是认识到绿水青山可以源源不断地带来金山银山，绿水青山本身就是金山银山，我们种的常青树就是摇钱树，生态优势变成经济优势，形成了浑然一体、和谐统一的关系，这一阶段是一种更高的境界。”丽水作为绿水青山就是金山银山理念的重要萌发地，以改革开放 40 年为分析视角，其发展轨迹全面印证了绿水青山就是金山银山理念所揭示的三个历史阶段①。

一、用绿水青山去换金山银山的粗放式发展阶段（1978—1999 年）

20 世纪 70 年代末的丽水，主导产业为农业经济，工业经济较为落后，三产发育偏低，社会事业严重滞后，面对经济社会发展的这些特征，解决温饱、完成资本积累是丽水人的首要任务。在这一过程中，由于发展水平低、交通闭塞、思想观念保守等原因，用绿水青山去换金山银山的取向比较明显，呈现出早期的粗放式发展特征，甚至出现了“靠山吃山、坐吃山空”的现象。

当时的丽水是“浙南林海”，因此砍伐森林进行市场交易就成为这一阶段农民增收的主要手段。龙泉、庆元等林业大县，木材交易十分红火，商贾云集，给一些乡镇带来空前繁荣。这种状况导致两个直接后果，一是森林资源的过量消耗；二是环境污染的逐渐加剧。一方面由于林业的单一提供木材，靠资源换取财富偏重于“开源”的模式，致使森林资源过量消耗，据统计 1980—2000 年，全市

① 引自：葛学斌.“两山”重要理念在丽水的实践[M]. 杭州：浙江人民出版社，2008：2；内容有所删减、补充，并在案例及数据方面有新增。

活立木积蓄量减少了462万公顷，减幅10.8%；另一方面，乡镇企业、个私企业的发展迅猛，主要是以资源粗加工的小煤窑、小化肥、小水泥、小造纸、小钢铁等企业为主，“村村点火、处处冒烟”的方式，造成环境污染的逐渐加剧。1998年庆元县染化厂泄漏事故，使长达十余年的浙闽边界水域污染纠纷，再次被放大并惊动全国。国家环境保护总局(以下简称国家环保总局)以《关于调查处理浙江省庆元县染化厂污染松溪河的函》(环办〔1998〕87号)责成浙江省环境保护局进行调查，染化厂负责人许涛被庆元县公安局逮捕，成为浙江因破坏环境被判刑的第一人(属全国第二个案例，第一起发生在山西运城)。

总体上，这一阶段还处于“摸着石头过河”的探索阶段，尽管丽水用绿水青山去换金山银山的发展痕迹依然明显，经济发展依然粗放，但也开始认识到保护环境的重要性，丽水地委、行署提出产业结构调整的要求，关停了一大批小煤窑、小化肥、小水泥、小造纸、小钢铁等落后生产工艺和过剩产能企业，做大了纳爱斯、元立等一批优质企业。随着生态资源重要性凸显，丽水逐步认识到发展生态效益型经济是丽水实现经济与社会、资源、环境协调发展的现实选择。在这一现实选择面前，发展理念的变革引领新探索的实践呼之欲出。

二、既要金山银山又要绿水青山的探索发展阶段(2000—2005年)

1999年12月，国家环保总局批准丽水成为全国第四个地市级生态示范区建设试点地区。为与生态示范区要求相适应，当时丽水地委、行署确立了“发展绿色经济、培育优势产业、完善基础设施、建设生态城市”的发展思路。2000年5月20日，国务院同意撤销丽水地区行署建制，设立地级丽水市，原县级丽水市改为莲都区。新成立的第一届丽水市委提出并确立了“生态立市、绿色兴市”的发展战略，着力探索后发地区的超越发展道路：通过战略引导，走可持续发展道路，跨越“先污染、后治理”“先发展、后保护”的阶段；通过加快推进城市化进程，促进产业集聚，人口集聚，跨越“先工业化、后城市化”的阶段；通过利用先进适用技术或高新技术，改造传统产业和发展新兴产业，提高传统产品的技术含量和附加值，增强传统产品的市场竞争力，使新兴产业由弱到强，跨越“先粗放、后精深”“先发展、后提高”的发展方式；通过政府行政管理体制的改革，着力规范市场经济秩序，跨越“先发展、后规范”的过程。依托绿色资源，培育绿色产业，发展绿色经济，丽水全市上下对绿色发展的认识进一步统一，政策导向进一步强化。

习近平同志在浙江近5年的工作期间，每次来丽水调研考察，都必讲生态保护。2002年11月21日，习近平就任浙江省委书记。当月24日，他就把景宁县作为他到基层农村调研的第一站，带队前往丽水调研。在丽水，习近平同志夸这里是“秀山丽水、天生丽质”，在各种场合反复叮嘱丽水干部任何时候都要看得远一点，“生态优势不能丢”。2003年7月，习近平同志通过深入调研、深邃思考，提出了“八八战略”，从省域层面对中国特色社会主义进行了卓有成效的理论创新和实践创新。当年8月，习近平同志第二次来到丽水调研指导工作，要求丽水努力成为全省新的经济增长点，既要扩大经济总量，又要提高经济质量，走一条良性健康可持续发展的道路。

在国家和省级政策的支持下，丽水全面贯彻落实“八八战略”，在注重原有战略延续性的同时，创新提出“生态立市、工业强市、绿色兴市”的“三市并举”发展战略，并提出打造“秀山丽水、浙江绿谷”的城市品牌形象。“生态绿色”与“跨越发展”成为丽水发展的主旋律和引导丽水发展的航向标。由此，丽水开启了既要金山银山又要绿水青山的探索发展阶段。

这一阶段的丽水，一方面大力发展生态农业——生态茶、生态果、生态菜、名花佳木、绿竹食笋、蚕桑药材、食草畜禽、水产养殖等特色产业，松阳有机绿茶、遂昌竹炭、庆元食用菌等在市场声名鹊起，绿色品牌开始崛起；另一方面，积极推进工业园区建设——全市3家经济开发区和7家工业园区经历初创和调整，得以快速地发展，丽水合成革制造被授予“中国合成革示范基地”的称号，形成市区合成革、微电机，云和木制玩具，缙云带锯床、缝纫机、灯管、工刃具，青田鞋革、矿产品、阀门，遂昌特种纸、金属制品，龙泉汽摩配、木制太阳伞，松阳不锈钢制品，庆元汽摩配、竹木制品等块状经济。从2000年开始的6年时间，丽水的工业产值累计完成233.86亿，总体上已经跨入工业化中期的门槛。

在这一阶段，丽水绿色生态发展的战略取向基本明晰，森林资源过量消耗趋势得到根本扭转，1999—2005年期间，全市活立木蓄积量由3811万立方米增加到4510万立方米。但在推进经济发展，特别是工业经济发展的过程中，还有一些地方为了追求量的扩张，不自觉地承接了大量从沿海先发地区梯度转移过来的高能耗、高排放、高污染型企业，还存在经济量的增长优先于生态效益的价值取向。2003年底，丽水通过了国家级生态示范区验收，由此进一步提出了建设生态市的目标。2004年，丽水作出《关于建设生态市的决定》，市人大常委会批准实施《丽水生态市建设规划》，全面开展生态市创建工作。鉴于丽水在生态林业、生态城市、生态旅游、生态环境、生态文化、生态安全都取得突出成绩，2004年，丽水被国家环保总局命名为“国家级生态示范区”，成为浙江省首获命名的地级市。

三、绿水青山就是金山银山的协同推进阶段(2006—2017年)

2006年7月29日，时任浙江省委书记的习近平同志第七次来丽水调研时，针对丽水发展的路径选择，意味深长地提出“绿水青山就是金山银山。对丽水来说，尤为如此”的要求。习近平同志“尤为如此”的重要嘱托，一方面是对丽水绿色发展的自然禀赋和工作基础的充分肯定，另一方面也是谆谆告诫丽水生态建设必须久久为功，一张蓝图绘到底，一任接着一任干，千万不能搞一些破坏性的开发。丽水也因此进入了绿水青山就是金山银山的协同推进阶段。

“十一五”时期，从2006年开始，丽水市开展了“百村示范、千村整治”和生态市建设“创模”工作。2007年，丽水开始实施新一轮十万农民异地转移、瓯江干流水生态保护与修复、生态公益林灾后复建、生态灾害预警监测等工程，努力筑好浙江生态屏障。2008年，在人均GDP突破3000美元这个发展新起点上，又提出了建设生态文明和全面小康社会两大战略目标，并在全国率先发布了第一个地级市生态文明建设纲要。《丽水市生态文明建设纲要(2008—2020)》提出了丽水生态文明建设要落实好“三大任务”、做好“四篇文章”、推进“五大工程”，努力实现“五个在丽水”①，合力打造全国生态文明建设先行区和示范区。2010年，

① “三大任务”就是要发展生态经济，优化生态环境，弘扬生态文化；“四篇文章”就是扎实做好“保护”“恢复”“优化”“建设”的文章；“五大工程”就是要推进生态产业工程、生态集聚工程、生态设施工程、生态涵养工程、生态文化工程；“五个在丽水”就是要实现居住在丽水、饮食在丽水、休闲在丽水、旅游在丽水、创业在丽水。

全市地区生产总值达665亿元，人均生产总值突破4000美元，地方财政收入达45亿元，“两个千亿、两个翻番”①的核心目标超额完成；全市共有13个乡镇获国家级生态乡镇命名，93个乡镇获省级生态乡镇命名，150个乡镇获市级生态乡镇命名，815个生态村创建工作通过验收（其中403个行政村被命名为市级生态村），创建省级环保模范城市工作顺利通过省环保厅的技术评估。

“十二五”时期，2011年开始，丽水以低丘缓坡开发利用试点、农村金融改革试点、扶贫改革试验区三大国家级试点为抓手，并陆续落实了“五水共治”“三改一拆”“四换三名”等为主要内容的转型升级政策，着力护好绿水青山，做大金山银山。2013年，在省委提出“不考核丽水GDP和工业增加值”的基础上，丽水进一步提出要坚定不移走绿色生态发展之路，打造全国生态保护和生态经济发展“双示范区”。同年，丽水实现省级生态县创建“满堂红”，云和、遂昌、庆元国家级生态县创建通过国家环保部考核验收。2014年，丽水地区生产总值首次突破千亿元大关，在全省率先创成省级生态市，成功入选全国第一批生态文明先行示范区。2015年，丽水迎来高铁时代，经济社会发展实现全面提升，地方财政收入、实际利用外资、外贸出口增幅均列全省第二，第三产业比重首次超过第二产业。

2016年以后，丽水又进一步明确“绿色发展、科学赶超、生态惠民”发展主线，先后作出“打造‘两山’样板”“争当绿色发展探路者和模范生”“创建浙江（丽水）绿色发展综合改革创新区”“浙江大花园最美核心区”等一系列重大决策部署。截至2017年，丽水实现了农村居民收入增幅连续9年全省第一、生态环境状况指数连续15年全省第一、生态环境公众满意度连续11年全省第一，所辖9县（市、区）率先实现省级生态县全覆盖，6个县被评为国家级生态县，5个县被确定为国家重点生态功能区。2000—2017年，全市共投入农民异地搬迁资金133.4亿元，累计转移农民10.7万户、37.3万人，相当于搬迁了一个松阳县加一个云和县，解决了一方水土致富不了一方人的问题，实现了“生态保护与生存安全”双赢。同时，2017年全市活立木总蓄积量为8597.03万立方米，总量占全省1/4，

① “两个千亿、两个翻番”：实现工业总产值1千亿，固定资产投资1千亿，地区工业总产值和财政总收入分别比2004年翻两番。

比2007年净增2697.25万立方米，增长45.72%；森林覆盖率达到81.70%，比2007年增加0.91个百分点，比全省平均水平高20个百分点；全市GEP(生态系统总值)从2006年的2096.32亿元增长为2017年的4672.89亿元，按可比价计算，增幅达86.79%。

第三节 “丽水之赞”与“两座山”的系统量化转化新阶段

2018年4月26日，习近平总书记在深入推动长江经济带发展座谈会上给予了102字的“丽水之赞”，指出：“浙江丽水市多年来坚持走绿色发展道路，坚定不移保护绿水青山这个‘金饭碗’，努力把绿水青山蕴含的生态产品价值转化为金山银山，生态环境质量、发展进程指数、农民收入增幅多年位居全省第一，实现了生态文明建设、脱贫攻坚、乡村振兴协同推进。”这既是对丽水十多年来，创新践行绿水青山就是金山银山理念的高度肯定，也是莫大鼓舞。紧接着，习近平在座谈会上强调“要积极探索推广绿水青山转化为金山银山的路径，选择具备条件的地区开展生态产品价值实现机制试点，探索政府主导、企业和社会各界参与、市场化运作、可持续的生态产品价值实现路径。”

2018年5月18日至19日，全国生态环境保护大会在京召开，习近平总书记发表重要讲话，对加强生态环境保护、坚决打好污染防治攻坚战作出了全面部署，强调从“以生态价值观念为准则的生态文化体系，以产业生态化和生态产业化为主体的生态经济体系，以改善生态环境质量为核心的目标责任体系，以治理体系和治理能力现代化为保障的生态文明制度体系，以生态系统良性循环和环境风险有效防控为重点的生态安全体系”①等五个方面加快构建生态文明体系，这是党的十八大以来，把生态文明建设列入五位一体总体布局，并相继出台《关于加快推进生态文明建设的意见》《生态文明体制改革总体方案》，制定40多项涉及生态文明建设的改革方案之后，系统阐述生态文明体系，标志着习近平生态文

① 引自：习近平在全国生态环境保护大会上的讲话(2018)[EB/OL]. 学习强国. https://www.xuexi.cn/822625c30f6179b77f8cf8b8d46e0f05/e43e220633a65f9b6d8b53712cba9caa.html。

明思想正式确立，为新时代生态文明建设提供了根本遵循和实践动力。

会上，习近平总书记指出，“生态文明建设正处于压力叠加、负重前行的关键期，已进入提供更多优质生态产品以满足人民日益增长的优美生态环境需要的攻坚期，也到了有条件有能力解决生态环境突出问题的窗口期。我们要积极回应人民群众所想、所盼、所急，大力推进生态文明建设，提供更多优质生态产品，不断满足人民群众日益增长的优美生态环境需要。”

丽水以习近平生态文明思想为指引，以“丽水之赞”为鞭策动力，经不懈努力、主动争取，于 2019 年 1 月 12 日，被长江经济带发展领导小组办公室批复并列为国内首个生态产品价值实现机制试点地级市。

2019 年 2 月 13 日，丽水市召开“两山”发展大会，号召全市高举发展的行动旗帜，全面奏响“丽水之干”最强音，立行高质量绿色发展，加快绿水青山向金山银山转化。这次大会是“落实习近平生态文明思想，推进生态产品价值实现机制试点”丽水行动的一次精神洗礼，是一项具有时代标志性意义、倍加鼓舞的集结总动员。

“两山”发展大会上，市委书记胡海峰指出“要坚持生产力这一最高标准，在发展方式和路径上来一场深刻的革命，以大刀阔斧的改革创新和久久为功的坚韧求索，实现由新技术、新人才、新知识、新模式、新思维等全新生产变量驱动的新生产函数重建，推动绿水青山蕴含的生态产品价值在实现环节和供给侧端进行变革和创造创新，从而开创绿水青山价值倍增、高效转化和充分释放的发展格局，为又好又快发展蓄元气、固根基、增动能。”进而强调“‘绿水青山就是金山银山’理念就是讲发展的重大理论命题，其核心思想是加快高质量绿色发展。高质量绿色发展目的是以‘绿起来’首先带动‘富起来’进而加快实现‘强起来’。其内在要求是‘两个较快增长’，即 GDP 和 GEP 规模总量协同较快增长，GDP 和 GEP 之间转化效率实现较快增长。GDP 是衡量一个地区经济发展水平的综合性指标；GEP 是指一个地区生态系统提供的产品和服务的经济价值总和，是衡量一个地区生态环境质量及其所蕴含的生态产品价值的综合性指标。形象来说，GDP 反映的就是金山银山的价值总量，GEP 反映的就是绿水青山的价值总量。”

在高质量绿色发展的语境下，我们从实践中感悟到"两座山"三个阶段论在这块萌发地上的"持续发酵"和实践再深化，可体现在两个方面：一是"两座山"是可以量化的。这既源于国际国内围绕生态环境与生态经济学理论研究的最新进展，源于空间监测、大数据等科学技术的重大进步，也源于财政转移支付的零碎性、空间发展权的滞后性、产权边界的模糊性等问题"倒逼"带来的系统上的重塑。二是 GEP、GDP 两者密不可分、缺一不可，又相互作用、相互转化，构成了具有新的阶段性特征的发展共同体。针对发达地区，GDP 大于 GEP，它的使命是在保持经济较快增长的同时，加大对生态建设的反哺和支持力度，推动 GDP 加快向 GEP 的有效转化，实现两者协同较快增长；对于加快发展地区而言，生态优势比较突出，经济相对后发，GEP 大于 GDP，主要任务是如何打通"两山"通道，使 GEP 更多更好更快更直接地转化为 GDP，充分释放绿水青山的经济价值。

通过两年多的试点，丽水在绿水青山的量化评估(生态产品价值的核算体系)、主体双向发力、实现路径创新等方面取得显著成效，圆满完成了国家改革试点任务，相关成果和经验在中央全面深化改革委员会第十八次会议上得到全面肯定，被中办、国办《关于建立健全生态产品价值实现机制的意见》(中办发〔2021〕24 号)充分吸收。2021 年 5 月 25 日至 26 日，国家发展和改革委员会(以下简称发改委)在丽水召开全国试点示范现场会。市委四届十次全会根据形势和任务的变化及时作出《关于全面推进生态产品价值实现机制示范区建设的决定》，推动改革从先行试点走向先验示范。目前，丽水已编制发布国内首个地级市生态产品价值实现"十四五"规划，以数字化改革和生态产品价值实现机制改革双跨融合为牵引，重点聚焦健全生态产品价值产业化、市场化实现机制，着力推进生态文明建设领域系列重大改革，创建中国碳中和先行区、全国生态环境健康管理创新区，开展国家气候投融资试点、国家气象公园试点，致力放大生态文明建设体制机制新优势。生态产品价值实现机制改革已成为丽水改革的头号金名片。

面对“两个一百年”奋斗目标交汇转换的历史关口、启航社会主义现代化和高质量发展建设共同富裕示范区的重大使命，从丽水“两山”创新实践主要历程看(参见附录一)，“两座山”的三个阶段论已然过渡到系统性的量化转化新阶段。作者就是在此视域下，开展研究梳理。

第二章 生态产品及其价值实现机制的理论探析

绿水青山就是金山银山。这是重要的发展理念，也是推进现代化建设的重大原则。绿水青山就是金山银山，阐述了经济发展和生态环境保护的关系，揭示了保护生态环境就是保护生产力、改善生态环境就是发展生产力的道理，指明了实现发展和保护协同共生的新路径。绿水青山既是自然财富、生态财富，又是社会财富、经济财富。保护生态环境就是保护自然价值和增值自然资本，就是保护经济社会发展潜力和后劲，使绿水青山持续发挥生态效益和经济社会效益。

（摘自2018年5月18日，习近平总书记在全国生态环境保护大会上的讲话）

当前我国已进入新发展阶段，其重要特征是生态环境的治理底线思维转向优质生态产品供给思维，经济由高速增长阶段转向高质量发展阶段。提供更多优质生态产品已成为高质量发展的重要目标和标志，也是推动经济高质量发展的重要手段(张惠远等，2018)。习近平总书记关于对绿水青山就是金山银山理念、生态产品等重要论述无不浸润着生态保护优先论。两山辩证统一论，蕴含价值转化论，阐明了保护生态环境就是保护生产力、改善生态环境就是发展生产力的内核实质，从发展的视角丰富和发展了马克思劳动价值、马克思主义生产力等理论，为生态产品价值实现提供了理论源泉。

第一节　生态文明视域下生态产品内涵

一、从原始文明到生态文明：产品、技术及人与自然关系的演变

习近平总书记指出，“人类经历了原始文明、农业文明、工业文明，生态文明是工业文明发展到一定阶段的产物，是实现人与自然和谐发展的新要求”①。每个文明的建立，都涉及那个文明时代的代表性产品和技术，以及人与自然关系的表达(图 2-1)。在原始文明时代，物竞天择的结果是人类成了自然界的幸运儿，人类凭借原始狩猎技术，捕食到的是自然产品；在农业文明时代，人类掌握了农耕技术，成为自然界初级加工者，其代表性产品是农业产品；在工业文明时代，人类掌握了工业文明技术，其代表性产品是工业产品，在大大促进生产力发展的同时，人类以自然界征服者自居，尤其“在 20 世纪后 50 年里，人类对生态系统改变的速度和广度超过了人类历史上任何一个可比时期”(MA，2005)。习近平总书记指出，“工业化创造了前所未有的物质财富，也产生了难以弥补的生态创伤”②“在人类发展史上特别是工业化进程中，曾发生过大量破坏自然资源和生态环境的事件，酿成惨痛教训”。

---

① 引自：习近平在十八届中央政治局第六次集体学习时的讲话，2013-05-24。“学习强国”学习平台 https：//www.xuexi.cn/lgpage/detail/index.html？id=15291267660628265543&；item_ id=15291267660628265543。

② 引自：习近平．共同构建人类命运共同体[N]．人民日报，2017-01-20(01)。

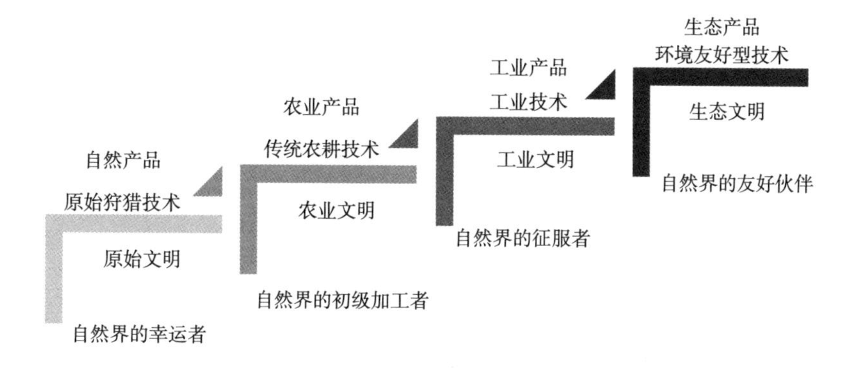

图 2-1　基于产品、技术及人与自然关系的文明演变

如果说，原始文明是依托原始狩猎技术的混沌文明，人类是自然界幸运者、物竞天择的产物；农业文明是依托传统农耕技术的黄色文明，人类是自然界的初级加工者；工业文明是依托工业技术、过度依赖石化能源的黑色文明，人类在物欲膨胀中成了自然界的征服者；那么，生态文明理应是依托环境友好技术、依赖于清洁能源的绿色文明。按照之前的语境延续，在生态文明时代，其代表性产品应是生态产品。那么，什么是生态产品？习近平生态文明思想被正式确立，这是将党和国家对于生态文明建设的认识提升到一个崭新的高度，为中国特色社会主义生态文明建设赋予了新的历史使命和时代生命力，也为理解生态产品的内涵提供了遵循。

二、生态产品的内涵

生态产品是中国首创的概念，跟联合国《千年生态系统服务评估》(millennium ecosystem assessment，MA)有着很强的渊源。2010 年，《全国主体功能区规划》(国发〔2010〕46 号)首次提出“生态产品”概念，把生态产品定义为维系生态安全、保障生态调节功能、提供良好人居环境的自然要素，包括清新的空气、清洁的水源和宜人的气候等，同时指出生态产品同农产品、工业品和服务产品一样，都是人类生存发展所必需的产品和服务。这狭义概念与 20 世纪 90 年代西方发达国家所关注的“生态系统服务”相近，其中包括 Daily 和 Costanza 等主流生态学家(1997)的研究。MA 将“生态系统服务”定义为人类从生态系统中所获得的惠益，包括供给、调节、文化、支持四大类①服务，已被广为接受。从20个世纪末到2018年，国内学术界从研究“生态系统服务”起步，在2010年《全国主体功能区划》出台后，国内学者逐步用“生态产品”的概念代替“生态系统服”务概念（欧阳志云等，1999；赵海兰，2015）。

欧阳志云（2022）②进一步梳理了生态产品特征，包括：一是生态产品来自于生态系统，即森林、草地、湖泊、河流、海洋等自然生态系统，或农田、园地、城市绿地等人工生态系统；二是能支撑或改善人们生存生活的环境条件，能够增进人类福祉，提升人们的生活质量；三是能支撑经济社会发展，为工农业生产提供原材料，或保障生产活动的正常开展；四是生态产品多为公共产品，非排他性，非竞争性。生态产品通常分为三大类：第一类是包括食物、水资源、木材、棉花、医药、生态能源及生物原材料等在内的物质产品；第二类是包括涵养水源、调节气候、固碳、生产氧气、保持土壤、净化环境、调蓄洪水、防风固沙、授粉等在内的生态调节服务产品；第三类是包括自然体验、生态旅游、自然教育与精神健康等在内的文化服务产品。

国务院发展研究中心（2019）、张林波等（2019）均对生态产品在国内文件中出现的历程做了很好梳理，本书结合最新进展，作了补充（表2-1下划线部分）。

表2-1 在中国政策文件中的生态产品表述

时间	文件	内容	重要性
2010年	全国主体功能区规划	生态功能区提供生态产品的主体功能主要体现在：吸收二氧化碳、制造氧气、涵养水源、保持水土、净化水质、防风固沙、调节气候，清洁空气、减少噪声、吸附粉尘、保护生物多样性、减轻自然灾害等	首次官方提出“生态产品”概念，强调生态产品是生态系统提供生态调节的功能
2012年	十八大报告	增强生态产品生产能力	—
2015年	“十三五”规划	为人民提供更多优质生态产品	—

① 注：需要指出的是因支持服务是融合到其他三个服务中的，故在计算生态系统服务功能量的时候，不纳入计量。

② 引自：国家发展和改革委员会微信公众号. https：//mp.weixin.qq.com/s/JNppcSHvols1Pb3v0tZsSA。

（续）

时间	文件	内容	重要性
2016年	全国生态保护“十三五”规划纲要	扩大生态产品供给。丰富生态产品，优化生态服务空间配置，提升生态公共服务供给能力。推动加大风景名胜区、森林公园、湿地公园等保护力度，适度开发公共休闲、旅游观光、生态康养服务和产品	进一步明确了生态产品的具体内涵
2016年	关于健全生态保护补偿机制的意见	以生态产品产出能力为基础，制定补偿标准。研究建立生态产品市场交易机制，完善生态产品价格形成机制，使保护者通过生态产品的交易获得收益	明确了生态产品的两种主要供给方式，即生态补偿和市场交易
2016年	国家生态文明实验区（福建）实施方案	包括推行生态产品市场化改革，打造全国重要的综合性资源环境生态产品交易市场，强化对提供生态产品能力的评价等	明确了在主要生态文明实验区开始生态产品价值实现的实践探索
2017年	中共中央国务院关于完善主体功能区战略和制度的若干意见	提出选择浙江、江西、贵州、青海等省份具备条件的地区开展生态产品价值实现机制试点	点到具备条件的地区，与习近平总书记在2018年在深入推动长江经济带发展座谈会上的讲话一脉相承
2017年	十九大报告	提供更多优质生态产品，以满足人民日益增长的优美生态环境需要	明确了生态产品供给的国家目标
2018年	习近平总书记在深入推动长江经济带发展座谈会上的讲话	选择具备条件的地区开展生态产品价值实现机制试点，探索政府主导、企业和社会各界参与、市场化运作、可持续的生态产品价值实现机制	明确了生态产品价值实现机制的方向和具体要求
2019年	关于支持浙江丽水开展生态产品价值实现机制试点的意见	形成多条示范全国的生态产品价值实现路径，形成一套科学合理的生态产品价值核算评估体系，建立一套行之有效的生态产品价值实现制度体系，建立一个面向国际的对外开放合作平台	开始国内首个地级市的专项实践探索

（续）

时间	文件	内容	重要性
2019年	关于支持抚州开展生态产品价值实现机制改革试点的意见	包括建立生态产品价值核算体系、形成生态产品价值实现模式、建立生态产品价值实现制度体系等	全国第二个生态产品价值实现机制改革试点市
2021年	中办、国办关于建立健全生态产品价值实现机制的意见	包括建立生态产品调查监测机制、生态产品价值评价机制、生态产品经营开发机制、生态产品保护补偿机制、生态产品价值实现保障机制、生态产品价值实现推进机制等	国内围绕生态产品价值实现机制的首个最高级别专项文件
2021年	国办关于鼓励和支持社会资本参与生态保护修复的意见	推动生态保护修复高质量发展，增加优质生态产品供给，维护国家生态安全，构建生态文明体系，推动美丽中国建设，包括社会资本参与生态保护修复的参与机制、重点领域、支持政策、保障机制等	明确了围绕生态保护修复开展生态产品开发、产业发展、科技创新、技术服务等活动的参与内容、参与机制、参与程序

国务院发展研究研中心(2019)将生态产品定义为良好生态系统以可持续的方式提供的满足人类直接物质消费和非物质消费的各类产出；并指出生态产品既可来自原始的生态系统，也可来自经过投入人类劳动和相应的社会物质资源后恢复了服务功能的生态系统。张林波(2019)等认为，生态产品是指生态系统通过生物生产，与人类生产共同作用，为人类福祉提供的最终产品和服务。通过比较分析，前者强调“可持续性”，而后者则强调人与自然“共同作用”，而不是“自然纯粹地、单向地为人类服务”，这与狭义上的生态产品概念相比，内涵和外延扩大了。曾贤刚(2021)①认为，广义的生态产品，还包括通过清洁生产、循环利用、降耗减排等途径，减少对生态资源消耗生产出来的生态农产品、生态工业品等物质产品——该观点是基于产业生态化的视角，来定义广义的生态产品，逻辑上符合图2-1所描述的文明演变进程，但为了更好聚焦，本文重点关注的是基于生态产业化视角。

① 引自：2021年12月11日，中国人民大学等单位共同举办的“生态产品价值实现高端论坛”上，中国人民大学曾贤刚教授的主旨发言。

同时，需要指出两点：一是当前学界针对“生态产品”分类核算虽然在不同地区之间有所差异，但其实物量(功能量)分类及核算还没有脱离 MA 中“生态系统服务”功能分类框架；二是从商品价值和使用价值双重性的角度来理解，生态产品的使用价值，既可以仅来自自然力，也可以通过自然力和劳动力的共同作用，但生态产品的使用价值如果不经过“交换”，谈不上生态产品的价值及其实现。

第二节　生态产品属性及其价值决定的“6w”原则

一、生态产品属性

生态产品是与物质产品、文化产品相并列的支撑人类生存和发展的第三类产品。后两者主要满足人类物质和精神层面需求，生态产品则主要维持人们生命和健康的需要。生态产品具有四个方面的属性①：

一是自然属性。生态产品的生产和消费过程离不开自然界的参与，人类和整个生态系统再生产也离不开生态产品，具有鲜明的自然属性。

二是社会属性。一方面，生态产品是生态系统长期运行的产物，具有“前人栽树，后人乘凉”的伦理效应；另一方面，生态产品在生产和消费过程中也涉及公平、分配、诚信、就业、搬迁等问题。

三是经济属性。人们对优美生态环境的需求与日俱增，而自然生态系统提供优质生态产品的能力总是相对有限的。生态产品所具有的稀缺性及其产生的价值，是推动生态产品市场化、产业化的关键诱因所在。

四是时空属性。生态产品在空间和时间上的分布不均，主要体现为空间上的分布不均衡和时间上的代际分配矛盾。空间分布上，不同地区生态产品的种类、数量和流动性存在差异，造成了生态产品在地理空间上的分布不均；时间分配上，因同一区域的季节性差异等原因，生态产品在提供的种类、数量上也有所不同。

---

① 引自：国务院发展研究中心．生态产品价值实现路径、机制与模式[M]．北京：中国发展出版社，2019：10；同时，增加了社会属性等内容。

二、决定生态产品价值的“6W”原则①

一是什么是价值(what)。要坚持运用马克思主义政治经济学理论分析生态产品价值。

二是谁来决定价值(who)。生态产品价值是由市场来决定的，最终取决于市场交易价值而不是使用价值。

三是如何核算价值(how)。包括基于成本的方法(生态保护成本和机会成本)、基于效益的方法(直接市场交易、内涵市场方法和模拟市场方法)等。不同的价值实现目标往往需要使用不同的价值核算方法。

四是价值在空间上的异质性(where)。生态产品所处的地理位置、气候特征、产权结构、社会经济条件等都会影响生态产品的价值大小。

五是价值在时间上的异质性(when)。随着时间的变化，生态产品的自身特征以及所处的外部条件都会发生变化，这主要决定贴现率的选择。

六是价值分配(whose)。生态保护者受益、使用者付费、破坏者赔偿的利益导向机制体现的就是价值分配。不同的生态产品价值实现机制设计就是不同的价值分配方案设计，不同的价值分配会带来不同的行为激励效果。

第三节　生态产品价值实现的理论基础

作为一门跨学科的新兴研究领域，生态产品及其价值实现的理论体系构建目前还处于探索阶段。本节主要从马克思劳动价值论、马克思生产力学说、西方公共物品理论等角度，来分析生态产品价值转化、价值实现的动力机制及生态产品属性分类，并就生态产品价值实现的机制路径，简要罗列了国内新近研究成果。

一、生态产品价值转化论：马克思劳动价值论的新拓展

劳动价值论是马克思经济理论的核心，深刻阐释了商品经济的本质和运行规

① 引自：2021 年 12 月 11 日，中国人民大学等单位共同举办的“生态产品价值实现高端论坛”上，中国人民大学曾贤刚教授的主旨发言。

律，赋予了活劳动在价值创造中的决定作用，并由此奠定了剩余价值论的理论基础。产品成为商品，需要交换，交换又以价值量为基础，实行等价交换；社会必要劳动时间（“第一种含义时间”）决定商品价值，而按照市场需求的商品总量应耗费的社会必要劳动时间（“第二种含义时间”）则涉及价值实现。在价值的（C+V+M）构成中，C作为不变资本，以生产资料的形式存在，并通过工人的具体劳动被转移到新产品中；V作为可变资本，以劳动力形式存在的这部分资本价值，在生产过程中发生了量的变化，即发生了价值增值，并产生剩余价值（M）。把生产资料作为不变资本，是基于当时自然生态要素可以无限供给假定。按此假定，价值来自于劳动，生态系统所生产的生态产品，不包含人类的劳动。当时作出“忽略环境生产”这一“基本假定”的原因，既有论述目的之故意而为，也有时代局限性（张惠远等，2018）。恩格斯就曾指出，“政治经济学家说：劳动是一切财富的源泉。其实，劳动和自然界在一起才是一切财富的源泉。”当严重的资源环境问题引发人们对工业文明弊端的反思，生态要素变得稀缺的时候，特别是第四次工业革命潮涌袭来的背景下，作为“绿水青山”所表征的生态产品，让其“价值量化”“优质变优价”具备了物质条件，这为马克思劳动价值论注入新的活络基因。

习近平生态文明思想强调人与自然和谐共生，人与自然是生命共同体。基于“人与自然是生命共同体”视角，生态产品在“人与自然生命共同体”中价值转化变现，当然离不开人类劳动，是人类劳动与自然共同作用的结果，反映了自然人化和人化自然的辩证统一，亦即：生态产品有其使用价值，生态产品的生产不一定需要人类劳动参与，但生态产品变成商品进而实现其价值，必然有人类劳动。

因此，生态产品价值转化论既丰富了传统人类劳动（V）的内涵范围，也激活了原假定不变的生态要素（C），扩展了生态生产的领域，是新时期对马克思劳动价值论的深化和拓展。

二、生态环境生产力：开辟马克思主义生产力学说的新境界

马克思说“人靠自然界生活”“一切生产力都归结为自然界”。完整的生产力是社会生产力和自然生产力的有机统一整体。自然生产力思想是马克思生产力理论中具有鲜明绿色意蕴的另一重要内容。马克思指出：在农业中（采矿业也一

样），问题不仅涉及劳动的社会生产率，而且涉及由劳动的自然条件决定的劳动的自然生产率。习近平继承发展了马克思自然生产力思想，并在实践中创造性提出“绿水青山就是金山银山”理念，指出“保护生态环境就是保护生产力，改善生态环境就是发展生产力”，强调“良好的生态环境是最公平的公共产品，是最普惠的民生福祉”，深刻揭示了生态环境与生产力之间的辩证关系，诠释生态环境就是生产力，蕴含“保护和改善生态环境的能力”也是生产力，阐明环境民生福祉观，极大地丰富和拓展了马克思主义生产力的内涵和范围。

社会主义的本质是解放和发展生产力，消除两极分化，达到共同富裕。在生态文明语境下，生态产品价值实现机制，其实质是解放和发展“生态环境生产力”机制，即在“厚植好”作为自然属性的自然生产力（生态环境生产力）基础上，发挥好“就是”这一体现主观能动性的社会生产力，创造性重构由自然生产力、社会生产力有机组合而成的动力机制，以此来扩大生态产品供给，推动“人与自然和谐共生发展”，从而实现生态富饶、经济富强、社会富有的整体协同与价值变现。对于生态资源富集地区而言，该机制为验证“绿水青山也是第一生产力”创造可能。

三、生态产品属性：基于公共物品理论分析

公共物品作为西方公共经济学的核心概念，为西方公共选择理论奠定了根基，并且公共物品理论一直被视为划分政府与市场职能范围的指导理论。以萨缪尔森和马斯格雷夫为代表的新古典范式公共物品理论，强调物品和服务本身的特征——非排他性和非竞争性对人的行为的影响（张琦，2015），形成了以物品的排他性和竞争性作为两个维度来划分物品属性。按照物品是否具有排他性和竞争性来分类，可分为四类：一是具有非竞争性和非排他性的公共产品（包括纯公共产品、准公共产品），比如，效用不可分割的空气、阳光等；二是具有竞争性但无排他性的共有资源，比如，深山里的野生动植物、公海里的鱼等；三是具有竞争性和排他性的私人物品，比如，民房、木材等；四是没有竞争性但有排他性的垄断性产品，比如，天然气、水电等。

现实中，生态产品以公共产品为主要属性出现（即生态产品很大程度上是公共产品），但又兼具上述四大分类特征。现结合《丽水市生态产品价值核算技术办法

（试行）》（丽生态价值办〔2019〕2 号）中划分的 15 个科目来分解（表 2-2）。

表 2-2 丽水市生态产品总值核算指标体系

类别	科目	内容	产品分类
物质供给产品	食 物	从生态系统中获取或者生态农业生产的可食用的物质产品，包括野生水果、蔬菜、食用菌、蜂蜜、淡水与海洋水产品等	私人物品、共有资源
	原材料	从生态系统中获取或者生态农业生产的可以用于工农业生产的物质产品，如天然牧草、野生种子、竹子、木材等	私人物品、共有资源
	中草药	从生态系统中获取或者生态农业生产的各种野生动植物药材，如贝母、天麻、冬虫夏草、枸杞等	私人物品、共有资源
	生态能源	从生态系统中各种能源，如水电、潮汐能、热能等	垄断性产品
调节服务产品	水源涵养	生态系统通过林冠层、枯落物层、根系和土壤层拦截滞蓄降水，增强土壤下渗、蓄积，从而有效涵养土壤水分、调节地表径流和补充地下水	公共产品
	水土保持	生态系统通过林冠层、枯落物层、根系等各个层次消减雨水的侵蚀力，增加土壤抗蚀性从而减少土壤流失、保持土壤	公共产品
	洪水调蓄	生态系统具有特殊的水文物理性质，够吸纳大量的降水和过境水，蓄积洪峰水量，削减并滞后洪峰，以缓解汛期洪峰造成的威胁和损失	公共产品
	水环境净化	水域湿地生态系统能吸附和转化水体污染物，从而降低污染物浓度，净化水环境	公共产品
	空气净化	生态系统能吸收、过滤、阻隔和分解降低大气污染物，从而有效净化空气，改善大气环境	公共产品
	固 碳	陆地生态系统能吸收大气中的二氧化碳合成有机质，将碳固定在植物或土壤中	公共产品
	释 氧	植物在光合作用过程中能释放出氧气，维护大气中氧气的稳定、改善人居环境	公共产品
	气候调节	生态系统通过植被蒸腾作用、水面蒸发过程吸收太阳能，能降低夏季气温、增加空气湿度，从而改善人居环境舒适程度	公共产品
文化服务产品	休闲旅游	生态系统以及与其共生的历史文化遗存能对人类知识获取、休闲娱乐等方面带来非物质惠益	垄断性产品、共有资源、私人物品
	景观价值	生态系统可以为周边的人群提供美学体验、精神愉悦的非物质惠益	垄断性产品、共有资源、私人物品
	艺术灵感	生态系统给艺术创作提供创作灵感的非物质惠益	垄断性产品、共有资源、私人物品

注：划分文化服务产品的属性有一定难度，如收门票的景区，属垄断性产品；沿途欣赏大自然的风景，此类景观价值又属共有资源；而乡村私人柿子树的冬季美学景观、古民居的休闲体验，可以属于私人物品。

生态产品分类不同，其价值实现的路径就有差异，像物质供给产品中既有私人物品，也有共有资源，文化服务类产品中既有垄断性产品，也有共有资源，它们可以通过不同程度的市场化加以实现。从市场外部性来看，生态产品中占比主导地位的调节服务类公共产品，具有显著的正外部性，容易产生“搭便车”现象，是导致市场失灵的重要原因。这就为发挥政府主导作用，通过生态补偿、政府采购、特许经营等外部成本内部化的方式解决市场以外出现的问题，让保护生态变得有利可图，让供给优质生态产品变得更加有效，提供重要理论依据——这也就能理解习近平总书记所强调“探索政府主导、企业和社会各界参与、市场化运作、可持续的生态产品价值实现路径”中“政府主导”的职能所在。

四、生态产品价值实现：可参考的机制框架

李宏伟(2020)等认为对生态产品的理解需要立足“生态属性”和“经济属性”，厘清生态产品边界，从生态产品的形成中发掘其价值构成(图 2-2)，以便明确生态产品开发利用的功能定位，探究生态产品的分类实现路径。

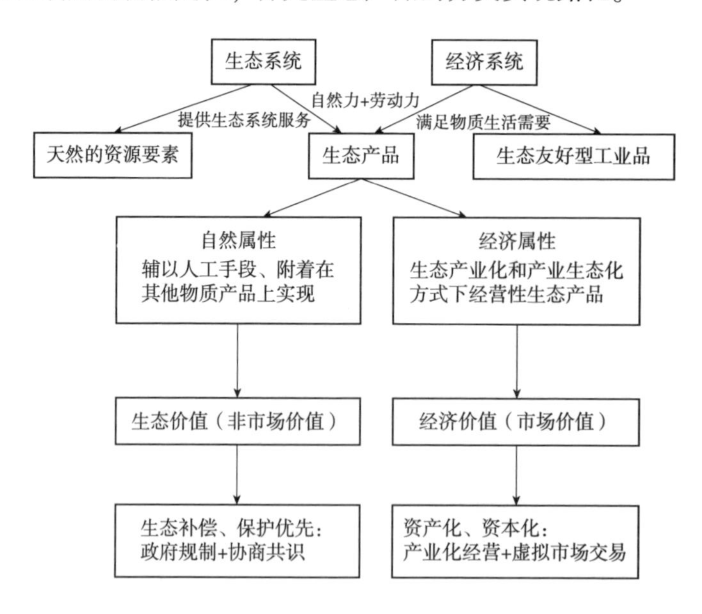

图 2-2　生态产品形成机理和价值构成

曾贤刚(2021)梳理生态产品价值实现的政府机制、市场机制、“政府+市场”机制、社会机制，并由此组合多种实现机制(图 2-3)。政府机制方面，主要依靠

政府在制度设计、经济补偿、绩效考核和营造社会氛围等方面的主导作用，通过国家力量推动生态产品价值有效转化；市场机制方面，在清晰界定产权的基础上，对生态产品进行专业化运营，创新多元化、市场化的生态产品价值实现模式；“政府+市场”机制方面，通过政策管控或设定限额等方式，创造对生态产品的市场需求，引导和激励利益相关方建立生态产品市场，将政府主导与市场力量相结合；社会机制方面，具有较强的公益性和自愿性，其核心是社会财富在生态领域的第三次分配，包括慈善公益、志愿参与等。

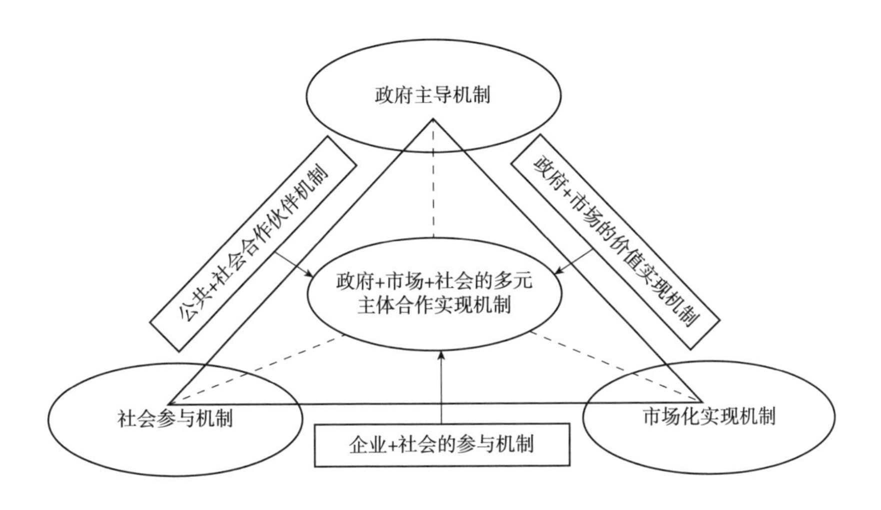

图 2-3　生态产品价值实现机制示意图

孙博文和彭绪庶(2021)基于生态产品分类、消费属性，用图文(图 2-4)的形式梳理和界定了生态产品价值实现的主体，概括了生态私人产品、生态公共产品和生态混合产品的价值实现模式①。

国务院发展研究中心资源环境政策研究所(2021)，梳理出生态产品价值实现的基础性机制、主体性机制、支持性机制、引导性机制等四大类 15 个机制(图 2-5)。

上述学者对生态产品价值实现机制的逻辑分析，角度各有不同，均是重要的参考，已充分吸收在本书的生态产品价值实现机制的逻辑框架中(参见前言)。

① 孙博文，彭绪庶. 生态产品价值实现模式、关键问题及制度保障体系[J]. 生态经济，2021，37(06)：13-19。

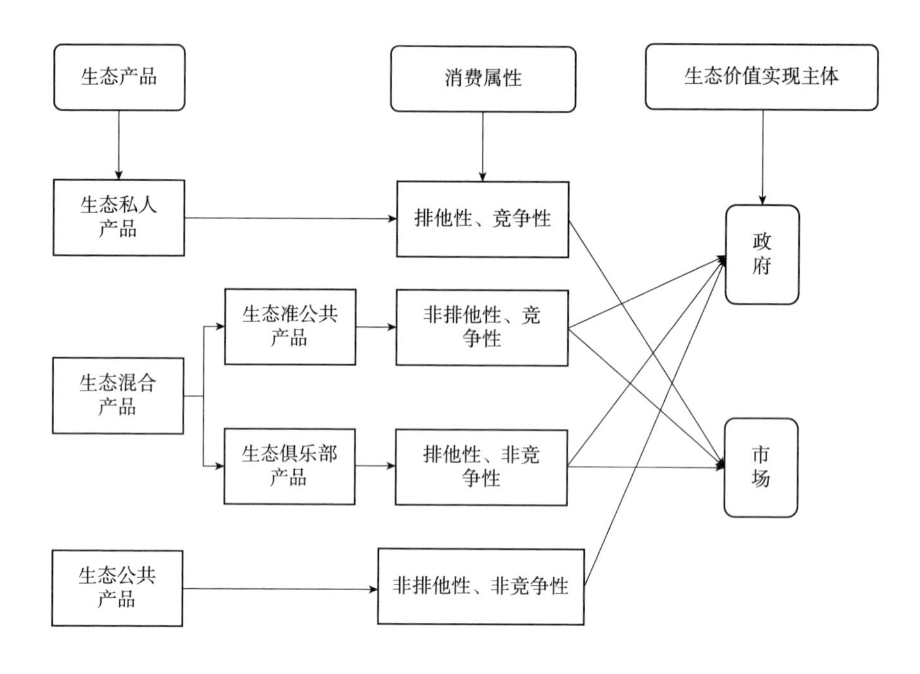

图 2-4　生态产品消费属性及价值实现逻辑

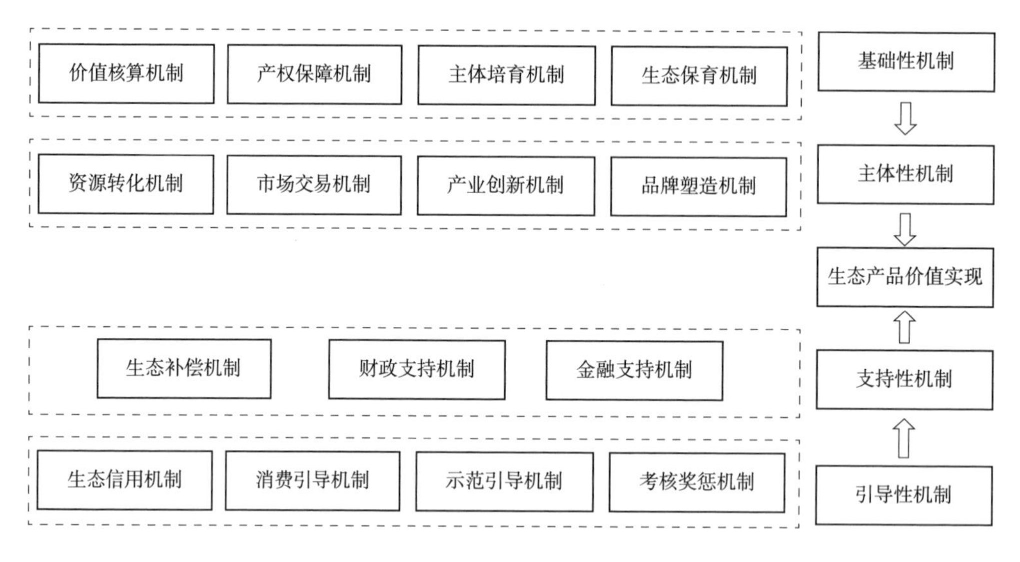

图 2-5　生态产品价值实现机制的分析框架

第三章 建立生态产品价值评价与调查监测机制

推动生态产品价值实现首先要建立生态产品调查监测机制，就是在开展自然资源确权登记和监测普查基础上，明确生态产品权责归属和基础信息，为后续开展生态产品价值核算、经营开发、保护补偿、绩效考核等工作提供科学、准确的基础数据。摸清了生态家底，掌握了科学、准确的基础数据信息，但其价值“口说无凭”，必须有一套生态产品价值衡量标准，作为生态产品经营开发、生态保护补偿、政府考核等的依据。生态产品价值评价机制主要是明确价值评价的总体设计和方法论，并为推动价值评价结果的应用作出制度安排。

（摘自2021年4月28日，国家发改委有关负责同志就《关于建立健全生态产品价值实现机制的意见》答记者问）

建立生态产品价值评价与调查监测机制，是量化“绿水青山”，促进优质生态产品供给，纳入经济社会发展评价体系的一项长期、复杂而又量大的基础性工作。本章基于中国科学院欧阳志云团队在丽水的研究实践①，结合“天眼守望”和本团队在基层的研究，提出一些可操作性思路。

第一节　生态产品生产总值(GEP)核算与丽水进展

一、GEP 及其核算

生态产品总值(gross ecosystem product，GEP)是指一定区域的生态系统为人类提供的产品与服务的经济价值总和。GEP 一般以一年为核算时间单元，可以用来衡量“绿水青山”所产生的各类生态产品的总价值。核算丽水市生态产品总值，就是分析与评价丽水市生态系统为人类福祉和经济社会发展提供的产品与服务及其经济价值。

(一)核算内容

2018 年丽水市实际核算的生态产品目录清单共包含：一级指标 3 个，即物质产品、调节服务产品、文化服务产品；二级指标 15 个，包括物质产品的 6 个指标，调节服务产品的 8 个指标，文化服务产品的 1 个指标。核算指标和核算科目内容如下表 3-1 所示。

表 3-1　丽水市 GEP 核算指标体系

一级指标	序号	二级指标	核算科目内容
物质产品	1	农业产品	谷物、豆类、薯类、油料、糖料、药材、蔬菜、瓜果、水果、食用菌、茶叶、食用坚果、其他农作物
	2	林业产品	木材、其他林业产品

① 综合参考：欧阳志云，林亦晴，宋昌素. 生态系统生产总值(GEP)核算研究———以浙江省丽水市为例[J]. 环境与可持续发展，2020(06)：80-85；丽水市人民政府委托中国科学院生态环境研究中心共同编制的 2017 年、2018 年《丽水市生态产品总值(GEP)核算报告》。

（续）

一级指标	序号	二级指标	核算科目内容
物质产品	3	畜牧业产品	畜禽产量、奶类、蜂产品、禽蛋、其他畜牧业产品
	4	渔业产品	水产品
	5	生态能源	水能
	6	其他产品	花卉、苗木、盆栽类园艺
调节服务产品	7	水源涵养	水源涵养量
	8	土壤保持	减少泥沙淤积、减少面源污染——氮、减少面源污染——磷
	9	洪水调蓄	植被调蓄、湖泊调蓄、水库调蓄、沼泽调蓄
	10	空气净化	净化二氧化硫、净化氮氧化物、净化工业粉尘
	11	水质净化	净化 COD、净化总氮、净化总磷
	12	固碳释氧	固碳、释氧
	13	气候调节	林地降温、灌丛降温、草地降温、水面降温
	14	病虫害控制	森林病虫害控制面积
文化服务产品	15	旅游休憩	自然景区休闲游憩、城市公园自然景观、农村自然景观

（二）核算步骤与方法

GEP 核算就是分析与评价一个地区生态系统所提供的生态系统物质产品、生态系统调节服务产品与生态系统文化服务产品的功能量及其经济价值。丽水市生态产品总值的核算思路（步骤）包括以下几个方面。

一是确定核算地域范围。生态产品价值核算的地域范围可以是行政地域单元，也可以是功能相对完整的生态系统地域单元，或由不同生态系统类型组合而成的特定地域单元。

二是明确生态系统分布。调查核算范围内生态系统类型、面积与分布，绘制生态系统分布图。

三是编制生态产品清单。调查生态产品的种类，区分物质产品、调节服务、文化服务三大类，编制生态产品名录。明确不核算中间产品与生态支持服务产品（含重复计算），核算生态系统产品与服务的使用价值（包括直接使用价值和间接受益价值），不核算遗产价值和存在价值。

四是开展功能量评估。评估地域范围内各类生态产品的功能量。

五是确定生态产品价格。运用市场价值法、替代成本法等相关的价值评估方法，采用当年价确定每一类生态产品的参考价格。

六是开展 GEP 核算。在生态产品功能量和参考价格基础上，核算各类生态产品的货币价值，加总得到生态产品总价值。

核算中，将在单项生态产品的价值量基础上，核算生态产品的总经济价值，用式(2-1)~(2-4)计算一个地区的生态产品生产总值 GEP。

$$GEP = EMV + ERV + ECV \tag{2-1}$$

$$EMV = \sum_{i=1}^{n} EM_i \times PM_i \tag{2-2}$$

$$ERV = \sum_{j=1}^{m} ER_j \times PR_j \tag{2-3}$$

$$ECV = \sum_{k=1}^{o} EC_k \times PC_k \tag{2-4}$$

式中：GEP 为生态系统生产总值，EMV 为生态物质产品价值，ERV 为生态调节服务产品价值，ECV 为生态文化服务产品价值。EM_i为第 i 类生态物质产品功能量，PM_i为第 i 类生态物质产品的价格；ER_j为第 j 类生态调节服务产品功能量，PR_j为第 j 类生态调节服务产品的价格；EC_k为第 k 类生态文化服务产品功能量，PC_k为第 k 类生态文化服务产品的价格。

二、丽水 GEP 及其变化

2018 年，丽水市生态产品总值为 5024. 46 亿元(表 3-2)，生态系统调节服务总价值最高，为 3659. 42 亿元，占丽水市生态产品总值 72. 83%；其次是文化服务产品总价值，为 1202. 18 亿元，占丽水市生态产品总值 23. 93%；物质产品总价值为 162. 86 亿元，占丽水市生态产品总值 3. 24%(图 3-1)。

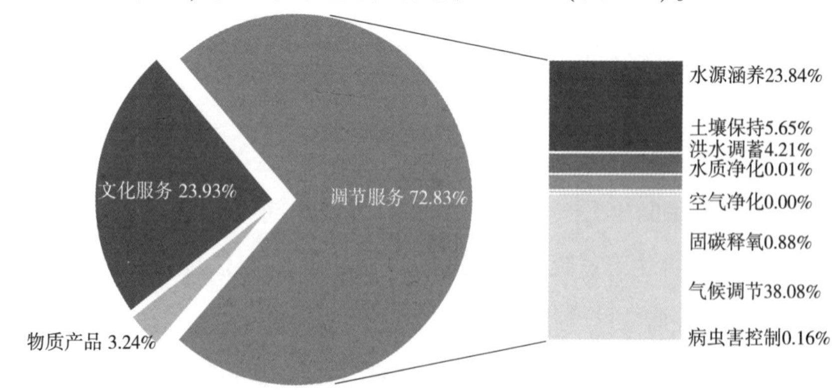

图 3-1　2018 年丽水市生态产品总值构成

表 3-2 2018 年丽水市 GEP 核算汇总表

功能类别		核算科目		功能量		价值量(亿元)
				功能量	单位	价值
生态物质产品		农业产品		205.64	万吨	95.02
		林业产品	木材	43.6	万立方米	
			竹子	4094.9	万根	
			其他林产品	8.57	万吨	19.07
		畜牧业产品		8.74	万吨	17.79
		渔业产品		2.47	万吨	3.59
		生态能源		45.87	亿千瓦·时	24.77
		其他产品	盆栽类园艺	504.12	万盆	2.62
调节服务产品	水源涵养	水源涵养量		139.27	万立方米	1197.68
	土壤保持	减少泥沙淤积量		8.75	万立方米	193.56
		减少 N 面源污染		0.04	亿吨	61.52
		减少 P 面源污染		0.01	亿吨	28.73
	洪水调蓄	植被调蓄量		2.38	万立方米	20.43
		湖泊调蓄量		0.004	万立方米	0.03
		水库调蓄量		23.29	万立方米	191.04
		沼泽调蓄量		0.004	万立方米	0.04
	空气净化	净化二氧化硫		0.77	万吨	0.10
		净化氮氧化物		0.36	万吨	0.05
		净化工业粉尘		0.72	万吨	0.01
	水质净化	净化 COD		2.08	万吨	0.29
		净化总氮		0.43	万吨	0.08
		净化总磷		0.03	万吨	0.01
	固碳释氧	固碳		0.02	亿吨	2.93
		释氧		0.05	亿吨	41.47
	气候调节	林地降温		1657.95	亿千瓦·时	1790.59
		灌丛降温		8.12	亿千瓦·时	8.77
		草地降温		6.04	亿千瓦·时	6.52
		水面降温		1194.16	亿千瓦·时	107.47
	病虫害控制	森林病虫害控制面积		0.1	亿亩	8.10
文化服务产品		旅游休憩		667.88	万人/年	1202.18
合 计						5024.46

2006—2018 年，丽水市生态系统生产总值(GEP)从 2006 年的 2096. 32 亿元增长到 2018 年的 5024. 46 亿元，按可比价格计算，增加了 2127. 47 亿元，增加了 101. 49%（表 3-3）。

表 3-3　丽水市 2006 年与 2018 年 GEP 比较

生态产品与服务类型	2018 年	2006 年	按可比价格变化量(亿元)	变化率
生态物质产品(亿元)	162. 86	80. 76	51. 26	45. 93%
调节服务产品(亿元)	3659. 42	1909. 48	1020. 62	38. 68%
文化服务产品(亿元)	1202. 18	106. 08	1055. 59	720. 06%
总　计	5024. 46	2096. 32	2127. 47	101. 49%

试点期间，丽水市依托中国科学院生态环境研究中心编制了《丽水市生态产品价值总值核算指标体系》，建立了市县乡村四级 GEP 核算体系，出台了全国首个市级《生态产品价值核算技术办法(试行)》。根据上述规则，丽水市全面完成了市、县级、试点乡镇及所辖村年度 GEP 核算。同时，丽水与航天五院合作推进“天眼守望”平台建设，建设 GEP 核算自动化平台，一张图展示全市 GEP 空间分布(图 3-2)，实现“绿水青山”的实时监测和价值的可视化动态展示。

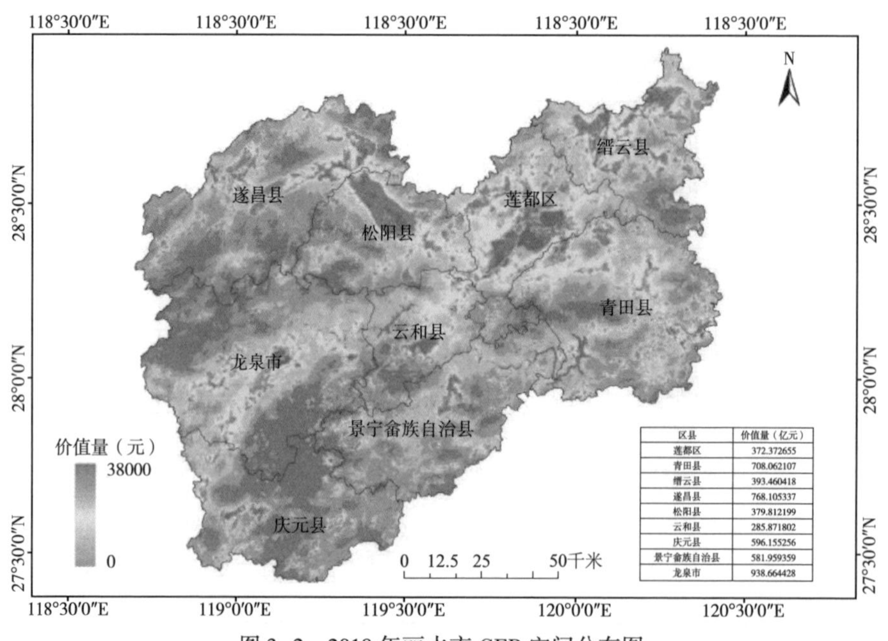

图 3-2　2018 年丽水市 GEP 空间分布图

经过2年的不懈探索，GEP核算逐渐走向标准化、规范化。2020年6月，丽水市率先发布全国首个生态产品价值核算地方标准——《生态产品价值核算指南》(DB3311/T139-2020)。2020年底，浙江省发布全国首部省级GEP核算技术规范——《生态系统生产总值(GEP)核算技术规范　陆域生态系统》。省市联动为生态产品价值实现提供了程序规范和技术保障。GEP核算推广应用进展参见附录二：案例6以及附录三：咨政内参1。

第二节　生态资产核算与丽水进展

一、生态资产及其核算

生态资产是自然资源资产①的重要组成部分，是能够为人类提供生态产品和服务的自然资源资产，包括森林、灌丛、草地、湿地、荒漠等自然生态系统，以及农田、人工林、人工草地、水库、城镇绿地等以自然生态过程为基础的人工生态系统。

生态资产核算包括实物量和价值量两部分。实物量即森林、草地、湿地等各类生态系统的资源存量；价值量是通过估价的方法，将实物量转换成货币的表现形式。此外，生态系统质量直接影响生态系统服务功能，不同质量等级的森林、草地、湿地等生态系统提供土壤保持、水源涵养、水质净化等服务功能的量具有显著差别。所以，可以依据生态系统的质量等级分别核算生态资产的实物量和价值量。

生态资产的实物量核算，即统计不同质量等级的森林、草地、湿地等生态系统的面积以及野生动植物物种数和重要保护物种的种群数量。根据不同的生态系统，选取不同的质量评价指标(表3-3)。例如，森林生态系统质量采用基于像元的相对生物量密度进行评价，即基于像元的(森林)生态系统生物量与同一生态区内该生态系统类型顶级群落生物量的比值；草地生态系统采用植被覆盖指数评价；湿地生态系统质量采用水质指标评价。

① 注：自然资源资产包括矿产资源、土地资源、气候资源与生态资源等资产。

表 3-4　生态资产质量评价指标与方法

生态资产科目		评价指标	质量等级				
			优	良	中	差	劣
自然生态系统	森林	相对生物量密度（RBD）	≥85%	70%~85%	50%~70%	25%~50%	<25%
	灌丛		≥85%	70%~85%	50%~70%	25%~50%	<25%
	草地	覆盖度（Fc）	≥85%	70%~85%	50%~70%	25%~50%	<25%
	湿地	水质	Ⅰ类	Ⅱ类	Ⅲ类	Ⅳ类	Ⅴ类和劣Ⅴ类

不同区域生态资产的面积和质量差异较大，很难进行区域间的比较，为了能够准确反映生态资产实物量和质量的变化，将生态资产综合指数作为核算森林、灌丛、草地、湖泊、河流和沼泽等自然生态系统生态资产实物量和质量的综合指标。

运用生态资产综合指数（EQ）评估森林、草地、湿地等生态资产实物量和质量综合特征，即不同质量等级的生态资产实物量与质量等级指数的乘积与生态资产总面积和最高质量等级指数的比值（式 1）

$$EQ = \sum_{i=1}^{n} \frac{\sum_{j=1}^{5}(EA_{ij} \times j)}{A \times 5} \times 100 \tag{3-1}$$

式中：EQ 为生态资产综合指数；EA_{ij}为第 i 类生态资产第 j 等级的面积；i 为生态资产类型，$i = 1, 2, \cdots, n$；j 为生态资产质量等级指数，$j = 1, 2, 3, 4, 5$；A 为评价区域总面积。

对每个评价区可以根据其生态环境特征建立生态资产核算表，计算生态资产指数（EQ）的年度变化，比较不同年度 EQ，评估生态保护成效。当生态资产综合指数增加时，表明生态系统面积与质量在改善，生态保护取得成效；反之，当生态资产综合指数下降时，表明生态系统受到破坏。

生态资产价值量是由直接价值和间接价值两部分组成。直接价值是生态系统产生的直接的经济价值，如森林木材的价值；间接经济价值是除了生态物质产品以外，人类从生态系统获取的调节和文化服务的价值，如水源涵养、水土保持、水质净化等。

二、丽水市生态资产特征及变化

(一)生态资产特征

1. 自然生态系统面积

2017年，丽水市自然生态系统面积为14765.7平方千米，其中，森林面积为14116平方千米，占自然生态系统总面积的95.6%；灌丛面积为256.7平方千米，占比为1.7%；草地、水体面积分别为194.3平方千米、171.9平方千米，所占比例分别为1.3%、1.2%。

2. 自然生态系统质量

丽水市自然生态系统以森林生态系统为主(表3-5)，优、良级森林生态系统面积分别占森林生态系统总面积的14.3%与23.7%；中级及以下等级森林面积占62.0%。优级和良级灌丛生态系统面积为104.2平方千米，占灌丛生态系统总面积的40.6%。草地生态系统以优级为主，优级草地面积占比为88%。水体生态系统均为良级以上，优级比例29.0%，良级比例71.0%。

表3-5 2017年丽水市各类生态系统面积与质量

科目	合计	优		良		中		差		劣	
		面积(平方千米)	比例(%)	面积(平方千米)	比例(%)	面积(平方千米)	比例(%)	面积(平方千米)	比例(%)	面积(平方千米)	比例(%)
森林	14116	2012.3	14.3	3343.9	23.7	4764.7	33.7	1626.6	11.5	2368.5	16.8
灌丛	256.7	40.0	15.6	64.2	25.0	75.4	29.4	23.4	9.1	53.7	20.9
草地	194.3	170.9	88.0	20.1	10.3	2.9	1.5	0.4	0.2	0.0	0.0
湿地	171.9	49.9	29.0	122.0	71.0	—	—	—	—	—	—

3. 生态资产指数

2017年，丽水市生态资产综合指数为9.54。其中，森林生态资产指数为9.03，灌丛生态资产指数为0.16，草地生态资产指数为0.2，湿地生态资产指数为0.15，森林是丽水市的主要生态资产(图3-3)。

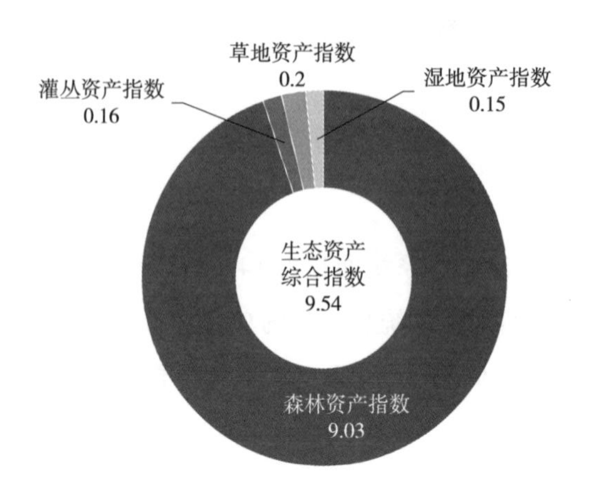

图 3-3　2017 年丽水市生态资产指数

（二）生态资产变化

2006 年至 2017 年，丽水市生态资产存量持续增加，生态资产质量不断提升。期间丽水市自然生态系统面积增加了 496. 9 平方千米，增幅 3. 5%；优、良等级生态系统面积比例增长 70. 8%，生态资产综合指数提高 27. 5%。

1. 生态系统面积与质量变化

2006 年至 2017 年，丽水市森林生态系统面积增加 785. 7 平方千米，增幅为 5. 9%。灌丛、草地、湿地生态系统面积均呈小幅下降趋势。从生态系统质量变化来看，各类生态系统质量均有所提升。优级和良级森林生态系统面积分别增加 77. 9%和 66. 1%，优级、良级灌丛生态系统面积增幅分别为 50. 6%、29. 2%，优级草地生态系统面积增加 250. 8%（图 3-4）。

2. 生态资产指数变化

2006 年至 2017 年，丽水市生态资产综合指数从 7. 49 增长到 9. 54，提高了 27. 37%（表 3-6）。其中，森林生态资产面积的增加以及质量的提高使森林生态资产指数增加了 25. 94%；灌丛生态资产虽然质量提升但是面积有所下降，使得灌丛生态资产指数有所下降，降幅为 20%；草地生态资产虽然面积有所减少但是质量大幅提升，草地生态资产指数表现为增长，增幅 66. 67%。

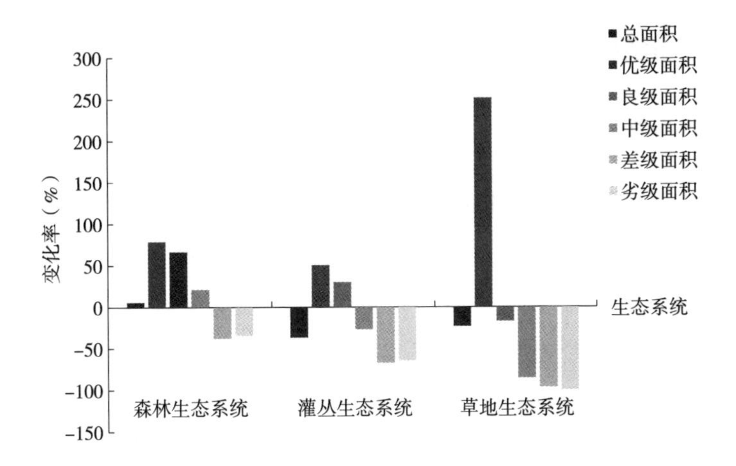

图 3-4　2006—2017 年丽水市生态系统面积与质量变化

表 3-6　2006—2017 年丽水市生态资产指数变化

指标	生态资产综合指数	森林资产指数	灌丛资产指数	草地资产指数	湿地资产指数
2006 年	7.49	7.17	0.20	0.12	—
2017 年	9.54	9.03	0.16	0.20	0.15
变化量	2.05	1.86	-0.04	0.08	—
变化率(%)	27.37	25.94	-20.00	66.67	—

第三节　观察生态系统外在质量的另一视角：基于云和县实践

生态系统面积、质量以及生态资产变化，所考察的是生态系统质量的内在变化，一般涉及的空间尺度较大，适合长期观察和以年度为单位的绩效评估，个体缺乏对其短期性量化、可视化、体验化的感知。本文认为，生态系统质量是内在和外在质量的统一，需要从现有的生态环境监测体系中，探索个体感知度高、与个体活动紧密相关的生态系统外在质量指标——丽水市云和县的生态康养指数①，不妨作为可参考样本。

① 此内容系云和县发展和改革局委托本团队开展研究的阶段性成果。

一、康养指数等术语概念

（一）康养指数（HPI）

康养指数（health preservation index，HPI）是指建立在环境空气质量健康指数基础上，反映生态要素与人体健康养生适宜程度的综合性指标，包括环境空气质量健康指数（AQHI）、生态环境状况指数（EI）、空气负氧离子浓度、水康养指数、人体舒适度及度假气候指数等指标，按一定权重构成。本课题中的康养指数，仅反映生态要素与人体康养关系，旨为提供优质生态产品满足人民优美生态环境需要，作出衡量依据。

（二）环境空气质量健康指数（AQHI）

环境空气质量健康指数（air quality health index，AQHI）是综合考虑了 $PM_{2.5}$、二氧化硫、二氧化氮、臭氧四种大气污染物对人群急性健康影响而构建的新型评价指数，可实时、准确地反映环境空气质量对公众健康的影响，指导公众有效防范空气污染的健康风险。根据累积超额健康风险大小划分为一级（绿色）、二级（蓝色）、三级（橙色）、四级（红色）共 4 个级别 11 个等级，并针对不同级别向公众，特别是敏感人群提出健康建议。该指数得到生态环境部环境与经济政策研究中心课题组提供技术支持，由浙江省云和县在中国大陆率先发布，其地方标准《环境空气质量健康指数（AQHI）技术规定》（DB3311/T 147-2020）于 2020 年 9 月发布实施，目前该指数已在加拿大及中国香港、丽水市成熟应用。

（三）生态环境状况指数（EI）

生态环境指数（ecological index，EI）是反映被评价区域生态环境质量状况的一系列指数的综合。根据《生态环境状况评价技术规范》（HJ 192-2015），生态环境状况指数（EI）由生物丰度指数、水网密度指数、土地胁迫指数、污染负荷指数、环境限制指数、植被覆盖指数等构成。

（四）空气负氧离子浓度

空气负氧离子浓度是指单位体积空气中的负氧离子数目，单位为：个/立方厘米。负氧离子在医学界享有“维他氧”“空气维生素”“长寿素”“空气维他命”等美称。

（五）水康养指数

水康养指数由地表水断面水质（50%）、水的总硬度（30%）、水的可口指数（20%）构成，是反映当地水资源环境是否适宜康养的重要指标。

（六）人体舒适度及度假气候指数

人体舒适度及度假气候指数由人体舒适度（I）和度假气候指数（HCI）各按 50% 的比例构成，人体舒适度指数可动态预测未来 3~5 天，度假气候指数则取自上年度静态数据。人体舒适度指数是为了从气象角度来评价在不同气候条件下人的舒适感，根据人类机体与大气环境之间的热交换而制定的生物气象指标。度假气候指数（HCI）用于评价区域气候的度假适宜程度，指数越高，表明越适宜度假。

（七）云海景观指数

云海景观指数是采用气候统计学方法，建立有利于云海出现的天气学模型，形成云海出现概率综合等级预报指数。目前，该指数于 2018 年在云和县率先发布，助力旅游度假、观光摄影等方面。

二、康养指数构成与等级划分

（一）康养指数构成

康养指数计算公式为：

HPI（Health Preservation Index）= 25%×空气质量健康指数+20%×生态环境状况指数+15%×负氧离子浓度+20%×水康养指数+20%×人体舒适度及度假气候指数　（3-2）

式中：空气质量健康指数是前置指数，当空气质量健康指数处于黄色、红色区间，即康养量化小于“60”，则康养指数为“0”。

以云和梯田景观为例，云和梯田景观是摄影家和游客争相向往的美景，给人带来愉悦、放松、释然等精神体验，有助于人体康养，故在计算云和康养指数时（表 3-7），还会附加已开发应用的云海景观指数，该权重占比 10%。

表 3-7 基于生态要素的康养指数构建

序号	一级指标	权重(%)	二级指标	参考依据
1	空气质量健康指数(AQHI)	25	二氧化硫、$PM_{2.5}$、二氧化氮、臭氧	《环境空气质量健康指数(AQHI)技术规定》
2	生态环境状况指数(EI)	20	生物丰度指数、植被覆盖指数、水网密度指数、土地胁迫指数、污染负荷指数、环境限制指数	《生态环境状况评价技术规范》(HJ 192-2015)
3	负氧离子浓度	15	负氧离子浓度	《浙江省清新空气(负氧离子)评价技术规范(试行)》《空气负(氧)离子浓度等级》(QX/T380-2017)
4	水康养指数	20	地表水断面水质、总硬度、可口指数	《地表水环境质量评价办法(试行)》、清华长三角研究院《丽水市优质水资源调查报告》等
5	人体舒适度及度假气候指数	20	人体舒适度指数(包括气温、气压、相对湿度)，度假气候指数(包括有效温度、日降水量、云覆盖率、风速)	《人居环境气候舒适度评价》(GB/T 27963-2011)、《气象生活指数》(DB51/T583-2006)等
6	附加指数：云海景观指数	10	—	云海景观指数
第 1 项至第 5 项合计		100		
第 1 项至第 6 页合计		110		

(二)康养指数等级划分

如表 3-8 所示。

表 3-8 康养指数等级划分

康养等级	康养等级表示颜色	康养指数	康养适宜度
一级	绿色	90~110	很适宜
		80~89	比较适宜
		70~79	适 宜

（续）

康养等级	康养等级表示颜色	康养指数	康养适宜度
二级	蓝色	60~69	可接受
三级	黄色	50~59	不适宜
		40~49	
		30~39	
		20~29	
四级	红色	0	很不适宜

三、子指数指标分析及标准转化

(一)环境空气质量健康指数(AQHI)

根据丽水市 AQHI 标准，其指数分级区间如表 3-9 所示。

表 3-9 环境空气质量健康指数分级区间

环境健康风险等级	风险等级表示颜色	环境空气质量健康指数	总体非意外超额死亡风险 ER(%)	心血管系统疾病超额死亡风险 ERcvd(%)	呼吸系统疾病超额死亡风险 ERres(%)
一级	绿色	(0, 1]	[0, 5.57]	[0, 6.14]	[0, 5.48]
		(1, 2]	(5.57, 11.14]	(6.14, 12.29]	(5.48, 10.95]
		(2, 3]	(11.14, 16.71]	(12.29, 18.43]	(10.95, 16.43]
二级	蓝色	(3, 4]	(16.71, 19.72]	(18.43, 21.78]	(16.43. 18.43]
		(4, 5]	(19.72, 21.78]	(21.78, 25.13]	(18.43, 20.43]
		(5, 6]	(21.78, 25.74]	(25.13, 28.49]	(20.43, 22.43]
三级	黄色	(6, 7]	(25.74, 34.44]	(28.49, 38.47]	(22.43, 28.18]
		(7, 8]	(34.44, 43.14]	(38.47, 48.46]	(28.18, 33.94]
		(8, 9]	(43.14, 51.84]	(48.46, 58.45]	(33.94, 39.69]
		(9, 0]	(51.84, 60.54]	(58.45, 68.43]	(39.69, 45.45]
四级	红色	10+	>60.54	>68.43	>45.45

注：表中[a, b]和 (a, b]形式代表所属区间，a 为区间低位值 Lo，b 为区间高位值 Hi。

环境空气质量健康指数分级根据表 3-9 规定的区间划分，一级到四级代表风险由低到高逐渐增加。针对一般人群的健康建议如表 3-10 所示。

表 3-10　环境空气质量健康指数公众应对建议

健康风险等级	风险等级表示颜色	环境空气质量健康指数	敏感人群(心血管或呼吸系统疾病患者)	一般人群
一级	绿色	(0，3]	可正常活动	可正常活动
二级	蓝色	(3，6]	适量减少户外体力消耗 适量减少户外逗留时间	可正常活动
三级	黄色	(6，10]	尽可能减少户外体力消耗 尽可能减少户外逗留时间 尽可能紧闭门窗，开启空气净化器	适量减少户外体力消耗 适量减少户外逗留时间
四级	红色	10+	避免户外体力消耗 避免户外逗留 紧闭门窗，开启空气净化器	尽可能减少户外体力消耗 尽可能减少在户外逗留的时间 尽可能紧闭门窗，开启空气净化器

环境空气质量健康指数(AQHI)计算公式如下：

$$AQHI=\frac{ER-ER_{Lo}}{ER_{Hi}-ER_{Lo}}+AQHL_{Lo} \qquad (3-3)$$

式中：$AQHI$ 为环境空气质量健康指数，用非意外总死亡计算；ER 为计算得到污染物导致的总体非意外超额死亡风险；ER_{Lo} 为对照表 3-9 查找 ER 所在区间的低位值；ER_{Hi} 为对照表 3-9 查找 ER 所在区间的高位值；$AQHL_{Lo}$ 为对照表 3-9 查找 ER 所在区间对应的健康指数低位值。

根据丽水市 AQHI 标准，现用百分制进行康养量化，如表 3-11 所示。

表 3-11　环境空气质量健康指数按百分制量化

环境健康风险等级	风险等级表示颜色	环境空气质量健康指数	康养量化(百分制)
一级	绿色	(0，1]	(90，100)
		(1，2]	(80，90]
		(2，3]	(70，80]

（续）

环境健康风险等级	风险等级表示颜色	环境空气质量健康指数	康养量化（百分制）
二级	蓝色	(3, 4]	60
		(4, 5]	60
		(5, 6]	60
三级	黄色	(6, 7]	0
		(7, 8]	0
		(8, 9]	0
		(9, 10]	0
四级	红色	10+	0

本文对应的百分制量化，采用反向取值，即分数越高，风险越低，并将取值“60”作为进行康养活动的基点，亦即对应表格的环境健康风险等级为二级、蓝色，而三级、四级则为“0”。同时，将该指标作为前置性指标设置，若该指标为“0”，则康养指数即为“0”。

（二）度假气候指数（HCI）①

2013 年最新提出的度假气候指数（holiday climate index，HCI）较为引人关注，其构建方式与 TCI② 基本相同，适宜度评级分类标准与 TCI 指数一致，但在一些方面它对 TCI 指数进行了再次改进和完善。如 HCI 指数基于旅游市场客流量的统计数据，赋予分项指标权重，替代了 TCI 指数的问卷调研方式，即权重赋值更具有客观性；HCI 指数选用“云量”替代了 TCI 指数中的“日照”因子，其考虑了云的观赏性；HCI 指数反映的时间尺度比 TCI 指数也相应有提高。有关度假气候指数（HCI）的计算方法以及其旅游适宜度评判标准如下。

$$TC = Ta - 0.55(1 - RH)(Ta - 14.4) \qquad (3-4)$$

$$HCI = 4TC + 2A + (3R + V) \qquad (3-5)$$

HCI 由 3 个因子按照不同比例构成（表 3-12），它们分别是：热舒适因子

① 注：内容参考自“云和 · 中国天然氧吧”申报书。

② 旅游气候指数（tourism climate index，TCI）是 20 世纪 80 年代德国学者提出用于评价区域气候的休闲旅游适宜程度，用于气候与旅游之间的相关问题研究，经不断改进和优化，被国内外学者广泛使用。

TC，占40%，表示人体对温度高低的感觉，通过日最高气温和日平均相对湿度根据式3-4获得的有效温度(即环境温度经过湿度订正后的人体实感温度)来表征；审美因子*A*，通过云量多寡来表征，占20%；物理因子*P*，通过降水量(*R*)和风速(*V*)来表征，占40%。最终经查表3-13获得各分因子分值后据式3-5得出HCI，其值处于0~100之间，对应的旅游气候分级标准如表3-14所示。

表3-12　度假气候指数(HCI)的构成

影响因子	气候变量	权重(%)
热舒适TC	日最高气温、日平均相对湿度	40
审美*A*	云	20
物理*P*	日降水量风速	40

表3-13　度假气候指数(HCI)的评分方案

得分	有效温度(℃)	日降水量(毫米)	云覆盖率(%)	风速(千米/小时)
10	23~25	0	11~20	1~9
9	20~22 26	<3	1~10 21~30	10~19
8	27~28	3~5	0 31~40	0 20~29
7	18~19 29~30		41~50	
6	15~17 31~32		51~60	30~39
5	11~14 33~34	6~8	61~70	
4	7~10 35~36		71~80	
3	0~6		81~90	40~49
2	-5~-1 37~39	9~12	>90	

（续）

得分	有效温度（℃）	日降水量（毫米）	云覆盖率（%）	风速（千米/小时）
1	<-5			
0	>39	>12		50~70
-1		>25		
-10				>70

表 3-14　HCI（%）旅游气候分级标准

HCI	90~100	80~89	70~79	60~69	50~59	40~49	30~39	20~29	10~19
等级	理想状况	特别适宜	很适宜	适宜	可以接受	一般	不适宜	很不适宜	特别不适宜

对云和度假气候指数（HCI）分析详见表 3-15。由 HCI 指数评级所需的各要素分析可知，云和地理位置优越，全年风速均较小，对 HCI 值产生影响的主要是有效温度、降水量和云覆盖率。

表 3-15　1981—2010 年云和各月 HCI

时间	1月	2月	3月	4月	5月	6月	7月	8月	9月	10月	11月	12月
HCI	67	62	70	73	69	50	68	68	74	87	73	71
等级	适宜	适宜	很适宜	很适宜	适宜	可以接受	适宜	适宜	很适宜	特别适宜	很适宜	很适宜

根据表 3-12、表 3-14，以康养可适性为视角，对 HCI 指数进行量化，如表 3-16 所示。

表 3-16　HCI 等级与康养量化

HCI 等级	指标表征	康养量化指标
90~100	理想状况	90~100
80~89	特别适宜	80~89
70~79	很适宜	70~79
60~69	适　宜	60~69
50~59	可以接受	50~59

（续）

HCI 等级	指标表征	康养量化指标
40~49	一　般	40~49
30~39	不适宜	30~39
20~29	很不适宜	20~29
10~19	特别不适宜	0

(三)人体舒适度指数(Ⅰ)

目前，国际上普遍将人体舒适指数作为评判某地区度假旅游适合度的黄金标准，定义人类机体对外界气象环境的主观感觉有别于大气探测仪器获取的各种气象要素结果。人体舒适度指数(Ⅰ指数)是为了从气象角度来评价在不同气候条件下人的舒适感，根据人类机体与大气环境之间的热交换而制定的生物气象指标。一般而言，气温、气压、相对湿度等气象要素对人体感觉影响最大，人体舒适度就是根据这些要素而建成的非线性方程。

方程如下：

$$I=T-0.55(1-RH)(T-58) \quad (3-6)$$

式中：I 为人体舒适度；T(℉)为环境华氏温度 T(℉)$=t$(℃)$\times 9/5+32$；RH 为相对湿度，共分 9 级①(表 3-17)。

表 3-17　人体舒适度等级划分

级别	指数范围	服务用语	适宜旅游的程度
1 级	I<25	寒冷，感觉极不舒适	不适宜旅游活动
2 级	25≤I<40	冷，感觉不舒适	基本不适宜旅游活动
3 级	40≤I<50	偏冷或较冷，大部分人感觉不舒适	基本适宜旅游活动
4 级	50≤I<60	偏冷或凉，部分人感觉不舒适	适宜旅游活动
5 级	60≤I<70	普遍感觉舒适	非常适宜旅游活动
6 级	70≤I<79	偏热或较热，部分人感觉不舒适	适宜旅游活动
7 级	79≤I<85	热，感觉不舒适	基本适宜旅游活动
8 级	85≤I<90	闷热，感觉很不舒适	基本不适宜旅游活动
9 级	I≥90	极其闷热，感觉极不舒适	不适宜旅游活动

① 注：参见《气象生活指数》(DB51/T583-2006)。

使用1981—2010年云和气象站资料，分别计算云和县各月的人体舒适度(图3-5)：即云和4月、10月人体舒适度达到5级，普遍感觉舒适，非常适合旅游活动；3月、11月人体舒适度达4级，5月、6月、9月人体舒适度达6级，适宜旅游活动。

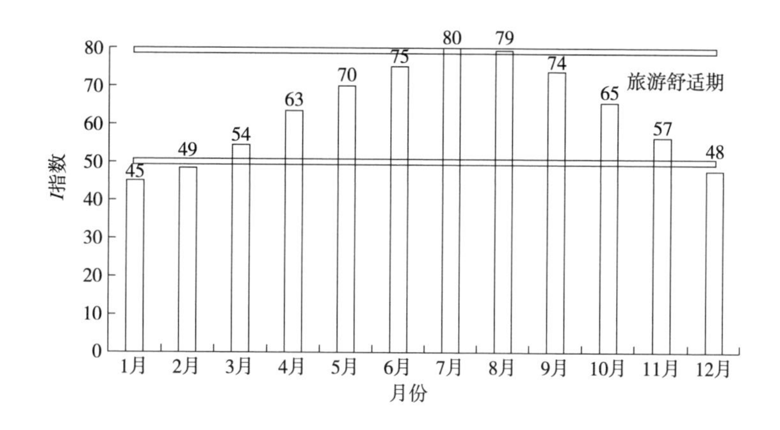

图3-5　云和县人体舒适度指数

国际旅游界常将I指数为4~6级时所包含的总天数定义为"旅游舒适期"，"旅游舒适期"总天数大于165天的地区为1类气候适宜区，151~165天的地区为2类气候适宜区，少于151天的地区为3类气候适宜区。云和县指数I为4~6级的月份共有7个，总天数达213天，属于1类气候适宜区。

使用云和境内2016—2018年区域自动站的观测资料，分析了在不同海拔高度I指数的分布情况(表3-18)。

表3-18　云和不同海拔的I指数

海拔高度(米)	300	400	500	700	900	1100
6月	74	82	72	71	69	69
7月	79	81	79	76	73	74
8月	79	75	78	76	72	73

根据表3-17，以康养可适性为视角，对其进行量化，如表3-19所示：

表 3-19　I 指数等级划分与康养量化

级别	指数范围	适宜旅游的程度	康养量化指标
1 级	I<25	不适宜旅游活动	0
2 级	25≤I<40	基本不适宜旅游活动	20~59
3 级	40≤I<50	基本适宜旅游活动	60~79
4 级	50≤I<60	适宜旅游活动	80~89
5 级	60≤I<70	非常适宜旅游活动	90~100
6 级	70≤I<79	适宜旅游活动	80~89
7 级	79≤I<85	基本适宜旅游活动	60~79
8 级	85≤I<90	基本不适宜旅游活动	20~59
9 级	I≥90	不适宜旅游活动	0

(四)空气负氧离子浓度

负氧离子在医学界享受“空气维生素”“长寿素”“维他氧”等美誉，具有抗氧化、防衰老、消减自由基等功效，对人体呼吸系统、神经系统、心脑血管系统等八大系统有良好的养护作用，对哮喘、失眠、高血压等 30 多种疾病具有积极的治疗和辅助治疗功效。根据台湾科技大学叶正涛教授整理，负氧离子浓度对应人类健康关系度如表 3-20 所示。

表 3-20　负离子浓度对应效果表

环境场所负离子浓度(个/立方厘米)	与人类健康关系度
森林瀑布：1 万-2 万	人体具有自然痊愈力
高山海边：5000-1 万	杀菌、减少疾病传染
乡村田野：1000-5000	增强人体免疫力、抗菌力
旷野郊区：100-1000	增强人体免疫力、抗菌力
公园：400-1000	增强人体免疫力、抗菌力
城市公园：400-600	改善身体健康状况
街道绿化地带：200-400	微弱改善身体健康状况
城市房间：100	透发生理障碍，头痛、失眠等
楼宇办公室：40-50	透发生理障碍，头痛、失眠等
工业开发区：0	易发各种疾病

注：以上数据由台湾科技大学叶正涛教授收集整理。

再根据气象部门的推荐标准，其康养量化具体见表 3-21。

表 3-21 负氧离子浓度与空气质量的对应标准及康养量化

负氧离子浓度(个/立方厘米)	等级	和健康的关系	康养量化指标
≤600	1 级	不利	0
600~900	2 级	正常	50~59
900~1200	3 级	较有利	60~69
1200~1500	4 级	有利	70~79
1500~1800	5 级	相当有利	80~89
1800~2100	6 级	很有利	90~99
≥2100	7 级	极有利	100

通过对负氧离子浓度监测点数据进行分析，2018 年云和县平均负氧离子浓度为 2012 个/立方厘米，超出世界卫生组织界定的清新空气的标准(1000~1500 个/立方厘米)，整体上对人体健康具有增强免疫抗菌力和康复治疗的作用。气象局在对城区 1~12 月的监测中发现，各月的平均负氧离子浓度均在 2574 个/立方厘米左右。县生态环境局楼顶监测点年平均负氧离子浓度为 1494 个/立方厘米，云和梯田景区监测点年平均负氧离子浓度为 1935 个/立方厘米，云和城区监测点年平均负氧离子浓度为 2012 个/立方厘米。3 个监测点空气负氧离子等级均大于 4 级，空气特别清新有利健康(表 3-22)。

表 3-22 2018 年云和县负氧离子浓度与空气质量对应表

监测站点位置	浓度年平均(个/立方厘米)	负氧离子等级/康养等级	和健康的关系
梯田景区	1935	6 级/(90-99]	很有利
环保局	1494	4 级/(70-79]	有　利
气象局	2574	7 级/100	极有利

(五)水质

根据《地表水环境质量标准》(GB 3838-2002)，按照地表水水域环境功能和保护目标，按功能高低依次划分为五类(表 3-23)。

表 3-23 地表水环境质量标准限值 毫克/升

序号	分类 \ 标准 \ 项目		Ⅰ类	Ⅱ类	Ⅲ类	Ⅳ类	Ⅴ类
1	水温(℃)		人为造成的环境水温变化应限制在： 周平均最大温升≤1 周平均最大温降≤2				
2	pH 值(无量纲)		6~9				
3	溶解氧	≥	饱和率 90%(或 7.5)	6	5	3	2
4	高锰酸盐指数	≤	2	4	6	10	15
5	化学需氧量(COD)	≤	15	15	20	30	40
6	五日生化需氧量(BOD5)	≤	3	3	4	6	10
7	氨氮(NH3-N)	≤	0.15	0.5	1.0	1.5	2.0
8	总磷(以 P 计)	≤	0.02(湖、库 0.01)	0.1(湖、库 0.025)	0.2(湖、库 0.05)	0.3(湖、库 0.1)	0.4(湖、库 0.2)
9	总氮(湖、库、以 N 计)	≤	0.2	0.5	1.0	1.5	2.0
10	铜	≤	0.01	1.0	1.0	1.0	1.0
11	锌	≤	0.05	1.0	1.0	2.0	2.0
12	氟化物(以 F^- 计)	≤	1.0	1.0	1.0	1.5	1.5
13	硒	≤	0.01	0.01	0.01	0.02	0.02
14	砷	≤	0.05	0.05	0.05	0.1	0.1
15	汞	≤	0.00005	0.00005	0.0001	0.001	0.001
16	镉	≤	0.001	0.005	0.005	0.005	0.01
17	铬(六价)	≤	0.01	0.05	0.05	0.05	0.1
18	铅	≤	0.01	0.01	0.05	0.05	0.1
19	氰化物	≤	0.005	0.05	0.2	0.2	0.2
20	挥发酚	≤	0.002	0.002	0.005	0.01	0.1
21	石油类	≤	0.05	0.05	0.05	0.5	1.0
22	阴离子表面活性剂	≤	0.2	0.2	0.2	0.3	0.3
23	硫化物	≤	0.05	0.1	0.05	0.5	1.0
24	粪大肠菌群(个/升)	≤	200	2000	10000	20000	40000

水质与康养量化指标如表 3-24 所示。

表 3-24 水质与康养量化

水质	康养量化指标	水质	康养量化指标
Ⅰ类	100	Ⅲ类	60
Ⅱ类	80	Ⅳ类及以下	0

(六)水的总硬度

根据《生活饮用水卫生标准》(GB 5749-2006),水的总硬度限值为 450 毫克/升。1969—1973 年,英国学者对不列颠 253 个城市、年龄在 35~74 岁的男性和女性进行了心血管疾病地理分布差异的研究,发现水质硬度从 10 毫克/升上升到 170 毫克/升时,居民的心血管疾病死亡率稳定下降;水质硬度在 25 毫克/升的地区,其心血管疾病死亡率比 170 毫克/升要高 10%~15%;但超过 170 毫克/升后,心血管疾病死亡率没有降低。结合我国居民膳食特征,国内舒为群[①]等专家提出总硬度的最低可接受水平为 100 毫克/升,适宜水平为 250 毫克/升,最高限值为 450 毫克/升。由此,将水的总硬度与康养量化暂定如表 3-25 所示。

表 3-25 水的总硬度与康养量化 毫克/升

水的总硬度	康养量化指标	水的总硬度	康养量化指标
≥450	0	170~249	100
400~449	60	136~169	90
350~399	70	100~135	80
300~349	80	<100	0
250~299	90		

(七)水的可口指数

饮用水的口感优劣取决于其富含阴阳离子的种类及其比例的协调。有研究表

① 注:综合参考了网文“听环境卫生家提出平衡饮水新观点”. 搜狐网[EB/OL]. https://www.sohu.com/a/247429834_787026。

明，饮水所含的矿物质中，钙(Ca^{2+})、钾(K^{+})、偏硅酸($HSiO^{3-}$)这三种成分是改善饮用水口感的主要成分，与饮用水的美味程度呈正相关；镁(Mg^{2+})、硫酸根(SO_4^{2-})和氯离子(Cl^{-})等会使水的味道变差。日本桥本教授在对世界各国的自来水和饮料中的矿物质成分进行调查分析后，提出可口指数①的公式，将饮用水的美味度量化。可口指数计算公式和评判方法如下：

$$可口指数=\frac{\rho_{Ca}^{2+}+\rho_K+\rho SiO_2}{\rho_{Mg}^{2+}+\rho so_4^{2-}} \tag{3-7}$$

当可口指数≥2时，可以认为是口感美味的水。根据清华长三角研究院的测算，云和县雾溪乡水库的指数为8.7。

现根据可口指数进行量化，如表3-26所示。

表3-26　水的可口指数与康养量化

可口指数	康养量化指标	可口指数	康养量化指标
≥8	100	2~3.9	20~39
6~7.9	60~99	<2	0
4~5.9	40~59		

(八)生态环境状况(指数为EI)

根据《生态环境状况评价技术规范》(HJ 192-2015)，生态环境状况指数(EI)由生物丰度指数、水网密度指数、土地胁迫指数、污染负荷指数、环境限制指数、植被覆盖指数等构成，其计算公式如下：

生态环境状况指数(EI)=0.35×生物丰度指数+0.25×植被覆盖指数+0.15×水网密度指数+0.15×(100-土地胁迫指数)+0.10×(100-污染负荷指数)+环境限制指数　(3-8)

浙江省将区域生态环境质量划分为五级，即优(EI≥75)、良(55≤EI<75)、一般(35≤EI<55)、较差(20≤EI<35)和差(EI<20)。根据省环境监测中心发布的《浙江省生态环境状况评价报告》，丽水2020年生态环境状况指数(EI值)达

① 注：有研究表明可口水的硬度范围为10~100毫克/升，但从健康角度讲，适合人体饮用的水理想硬度在170毫克/升，因此，可口的水不一定是最有益健康的水。

87.8，连续18年排名全省第一；丽水各县(市、区)的EI值均在85以上，生态环境状况级别均为优，其中，遂昌、龙泉、庆元、景宁4个县(市)的生态环境状况指数列全省前10位。

现结合康养，将生态环境状况指数(EI)量化如表3-27所示。

表3-27　生态环境状况指数(EI)与康养量化

生态环境状况指数(EI)	康养量化指标	生态环境状况指数(EI)	康养量化指标
>85	100	[35，55)	50
[81，85)	90	[20，35)	25
[75，81)	80	<20	0
[55，75)	60		

（九）云海景观指数

云海是一种自然景观。所谓云海，是指在一定的条件下形成的云层，并且云顶高度低于山顶高度，当人们在山巅俯首而望时，看到的是漫无边际的云，甚是壮丽。而在云和县，不仅有云海，还有梯田相伴，要是恰巧能在日出时分见到三景合一，那更是美妙绝伦。云和梯田的云海景观是摄影家和游客争相向往的美景，不少人为了一睹云海美景长期“驻扎”梯田。

本指数由云和县气象局和浙江省气象服务中心合作开发，主要根据实时视频监测资料和收集到的摄影资料等，统计分析云海出现时的天气情况和气候特征，建立本地化的云海预报模型，进而对云海进行预报服务。

采用气候统计学方法，利用近两年的历史观测数据分析了出现云海和未出现云海时各气象要素的阈值，得出了出现云海时的基本天气以及气候特征和规律。建立有利于云海出现的天气学模型，初步确立等级预报中各气象要素的预报指标和阈值，形成云海出现概率综合等级预报指数。

目前全县形成两个观赏位置(梅源梯田和梅竹七星墩观景台)、每日两次云海概率等级预报指数。云和县气象台目前利用视频监控的方式逐时记录云海的出现情况，于2018年6月开始与云海景观指数做对比工作。本指数实用性、推广性强，既可以给游客提供一些参考建议，使其得到更好的旅游观感和更智能的气象服务体验，还能推动当地旅游产业的发展。

现将云海景观指数进行康养量化，如表 3-28 所示。

表 3-28 云海景观指数康养量化等级划分表

云海概率等级	服务用语	康养量化指标
1 级	不易出现云海	25
2 级	有可能出现云海，但雾的可能性更大	50
3 级	有可能出现云海	75
4 级	极易出现云海	100

四、实施进展与应用建议

经过近半年的试运行，2020 年 6 月 5 日，在云和县举办的第十五届云和梯田开犁节开幕式上，发布了全市首个康养指数，康养指数平台也正式上线运行(图 3-7)。康养指数细分为 9 个等级，整合为一级、二级、三级、四级 4 个级别，并以绿、蓝、黄、红四种颜色表示，每 12 小时更新预报，针对不同级别向公众提出康养舒适度的意见建议。为进一步丰富该指数的应用场景，提出如下十条应用建议：一是指引游客出行。通过百度地图、携程网等平台发布指数信息，在增强云和“好生态、真山水”的吸引力，指引游客出行的同时，提高游客来丽水康养旅游的概率。二是指导民宿收费价格。假设康养指数为 105，而基准为 60(60 以下不具备康养条件)，则多出的 45，可以再加上 100，即 145，然后再折算成 1.45 的比例系数，应用到民宿价格中去(扣除民宿其他非生态价格)，从而实现生态溢价。再如：基于康养指数，引导民宿业主派生出“打卡”生态价(即生态的、有特色的拍摄、感知、体验点等)，形成与游客的多维互动，产生多维场景应用。三是指引景区收费。即通过康养指数的高低，可指引景区门票动态收费。四是推进康养产学研发展。丽水是“长寿之乡”，而云和又是全市人均预期寿命最高的县。通过游客在度假期间的体质改善情况、康养指数变化，以此累积数据，促进康养科学研究，助力打造康养产学研高地。五是引导康养金融产品开发。如康养保险产品(比如观云险)、以康养增信为标的的金融贷款产品等。六是生态权属交易的康养参数。如可作为土地流转、生态资源占补交易等的辅助参

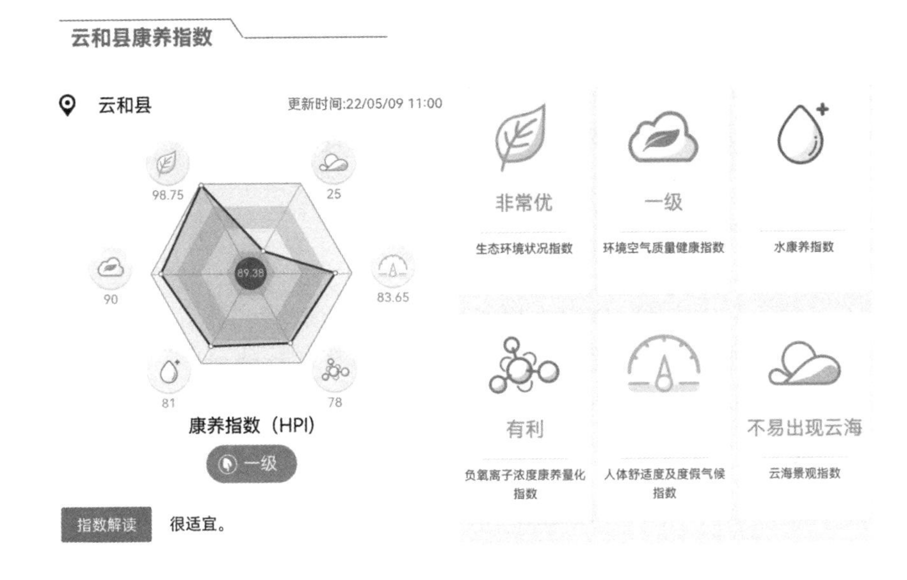

图 3-7　云和县康养指数平台

数，以此来彰显优质生态产品的“生态溢价”。七是康养农产品。如在农产品生产中，加入康养指数，可以充分反映出农产品生产的生态环境、地理气候特征，为整体打造“农产品气候品质认证”(气候好产品)打下基础。八是康养服务产品。如森林浴、护肤液、饮料、健康理疗、户外运动、康养文创产品、云海摄影等。九是招商引资。康养指数可作为对外招商引资的一张金名片，来宣传推荐丽水。十是绩效考核。康养指数可作为衡量生态产品质量的指标，纳入对基层乡镇的考核。

上述十大应用场景，可根据条件成熟情况，逐步推行。

第四节　生态产品调查监测机制：基于龙泉市、青田县实践

开展生态产品信息普查，清晰界定自然资源资产产权主体，及时跟踪掌握生态产品数量分布、质量等级、功能特点、权益归属、保护和开发利用情况等信息，形成生态产品目录清单，建立开放共享的生态产品信息云平台，是推进生态产品价值实现的前提和基础性工作。丽水“九山半水半分田”的山区机体，决定

了生态产品信息普查的重点“瞄定”在山林、水流及其相伴生态产品。现以代表性的龙泉山林、青田水流为例，梳理和分析跟踪最新进展。

一、林权精准落界：林权改革 2.0 版的基石

（一）现状与问题

丽水林地面积达 2193 万亩①，占全省林地面积的 1/4，其中，重点公益林面积 1278 亩，占全市林地面积的 58%、占全省重点公益林的 28%；显然，抓公益林的相关信息普查与产权界定工作，就抓住了森林生态系统生态产品信息的“牛鼻子”。

上一轮的林权改革，以及发轫于林权改革的全国农村金融改革试点，为推动乡村产业振兴、农民脱贫致富作出了重大贡献，但其改革仍较为粗放，尤其在公益林领域存在“界址不明、林权不清、面积不准、资金错发、纠纷多发”等问题，具体表现为：山林划界面积与实际面积不对应，各村公益林面积分配不均，将经济林错划为公益林，以及划界时群众并不了解公益林的相关政策等情况；最初划界时有部分农户不知情，误砍、盗砍公益林的现象偶有发生；也有个别农户反映在公益林划界时本人并不知情，现在要求将林地调出公益林的现象。随着近年来省级公益林补偿标准逐年提高，因落界问题导致农户或村集体关于补偿款的纠纷时有发生，给林业部门的公益林管理工作带来了极大的困难，也给农村带来不稳定因素。

在浙江数字化改革的大背景下，现已迈入以公益林数字化赋能为重点牵引的林权改革 2.0 版新阶段。

（二）主要做法

以丽水下辖的龙泉市为例，以精准落界为抓手，建立公益林信息化管理平台，采集公益林权属信息，解决了公益林“山是谁的，山在哪里，面积有多少”的问题，实现公益林补偿资金及时、精准发放，确保农民知情权、参与权和收益权。

---

① 1 亩 = 1/15 公顷。以下同。

1. 建立落界管理框架和落界区划体系

以“所有权山片”(组)为区划落界的基本单元，建立“县-级-乡镇(街道、场、所)-村(社区、林区)-组(林班)-所有权山片(小班)-户(细班)”的管理框架和区划体系，并在遵循公益林建设总量不变、尊重林农意愿、质量优先、统一标准的前提下，制订《公益林权属落界及信息获取与表达技术规范》，确保公益林信息数据的规范性、准确性和统一性。区划落界突破公益林本身的范围，与权属融合落界，按行政区划提取乡镇(街道、场、所)，村(社区、林区)公益林界线，进行组的“所有权山片”区划落界上图，但群众要求迫切、乡村协同积极、工作站能力许可的山片，也可进行到户[承包权(使用权)]的区划落界，建立“所有权-承包权-经营权”的区划落界管理体系，为农村林地“三权分置”工作提供管理、技术与数据支撑。

2. 建立两大数据库

一是空间数据库(图3-8)。将得到的地理数据重新进行分类、组织，从用户的角度描述空间数据的结构。系统的底图按数据结构可分为两类，一类是行政区域、二类小班、公益林小班、公益林权属地块等矢量数据，另一类是天地图、卫片、地形图等栅格数据。系统可以按不同的类型(如林地权属、经营分类、小班区划、天然林、作业设计、森林档案等)与公益林图层进行叠置分析，可通过对不同图层和底图的叠置进行公益林资源信息的提取、显示、查询和分析。二是属性数据库，包括公益林小班表、补偿标准表、权属界定表、权利人表、采集信息表、权属附件表等(图3-8)。这些公益林相关信息以人工方式录入或者由专用GPS设备录入采集获得。

3. 实施精准采集

创新“一站式”服务机制，运用“无人机+平板电脑+卫星影像图”的“线上+线下”联动落界模式，将公益林数字化采集设备搬进村、组，与林地所有权毗邻双方面对面交流，现场用平板电脑采集数据，系统自动完成信息编辑校验后，指界、划界、地图勾绘、公益林保护协议书签订、资金发放公示等环节也均在系统中自动完成。

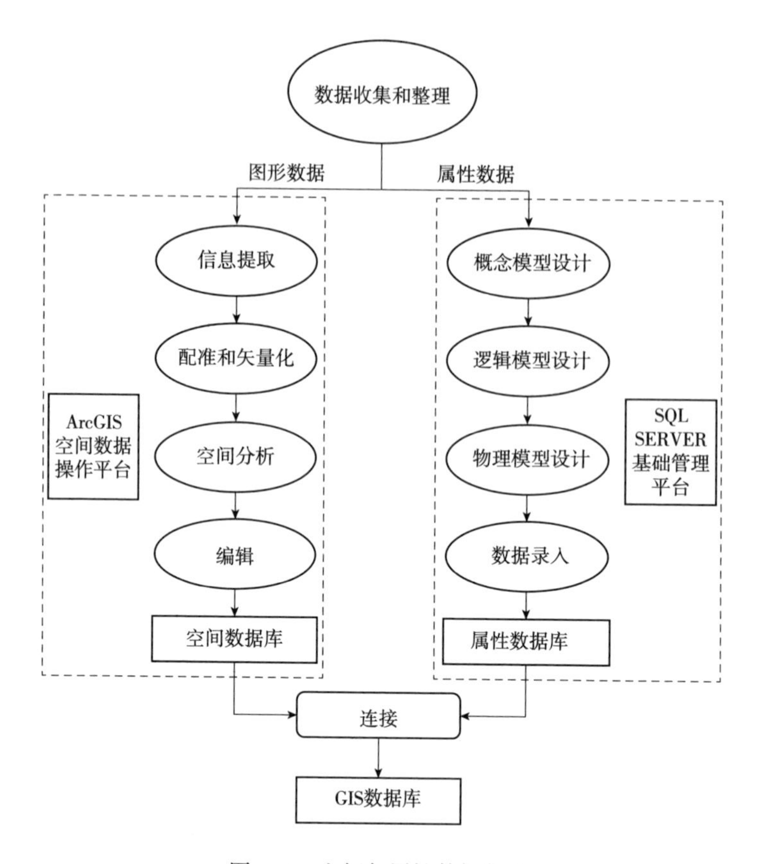

图 3-8　空间与属性数据集成

(三)成效及进展

通过建立公益林信息化管理平台，改“指山为界+文字描述”传统方式为“数字智能落界+矢量表达”，有效破解了传统落界方法“成本高、耗时长、落界难”的问题，耗时从 6 年降低为 1 年，总费用从 1.5 亿元降到 150 余万元，精准率(林农认可林地界限则视为准确)从 86%提高至 99%以上。在林界精确划分到组户的基础上，公益林补助金发放流程从以往“县到乡、乡到村、村到组、组到户”简化为“县到户”一键直达。在精准落界的基础上，进一步深化应用，正形成可推广“益林富农”新模式。具体参见附录二：案例 1。

二、水流确权："河权到户"改革的再深化

（一）现状与问题

丽水"河权到户"改革源于浙江省2014年开始的"五水共治"，为的是破解乡村河道"谁来管""怎么管"等难题，改变"政府推着干、群众站着看"的现象。"河权到户"即河道所有权国有、管理权赋予行政村、经营权到村到户到人，变政府治水为共同治水，变被动治水为主动治水，建立起"以河养河"的长效机制。"河权到户"改革从青田县章村乡突破，走向丽水，走向全国，被国家水利部评为2015年度全国十大基层治水经验之一。截至2021年底，丽水市累计完成了346条（段）河道的"河权到户"改革，约1520千米，覆盖54个乡镇234个行政村，每千米河道为承包者带来年均8000元以上收益。但在复制推广的过程中，也面临河流边界不清晰、权属界线不明确、确权难、河道经营融资难这"两不两难"问题亟待解决。

为此，青田县依托先行开展水流自然资源统一确权登记工作试点的机遇，探索建立归属清晰、权责明确、监管有效的水流产权制度，取得显著成效。

（二）主要做法

1. 划分登记单元

登记单元划分以第三次国土调查、2014年度瓯江河道划界和2018年度县级河道划界等调查成果为基础，将本次水流自然资源登记确权的四至范围界址点在不低于1∶2000的最新正投射影像图上落图，依据河道管理范围线等要求，登记单元范围内存在集体所有自然资源的，一并划入登记单元，进行标注记载。登记单元范围内的森林、荒地、滩涂、岛屿等不再单独划定登记单元，而是在登记单元内予以标注记载。

2. 摸清权属状况

采用"图上判读指界，实地补充调查"的方式，摸清瓯江主干道青田段和四都港水域主体及权属边界等权属情况，县自然资源和规划局会同水利局组织技术单位根据预划的登记单元范围，充分利用第三次全国国土调查成果和水利部门河

道划界三线成果等资料，开展内业权属调查，形成水流自然资源统一确权调查图表，并进行逐一核实，重要界址点应现场指界；存在异议的，由青田县水流自然资源统一确权登记，省级试点工作领导小组会同相关乡镇(街道)实地补充调查和勘界确认。

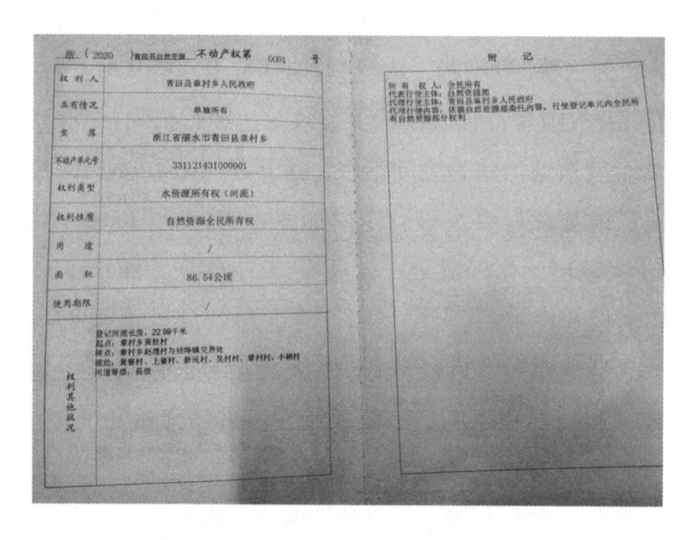
浙（2020）青田县自然资源不动产权第 0001 号

权利人	青田县章村乡人民政府
共有情况	单独所有
坐落	浙江省丽水市青田县章村乡
不动产单元号	331121431000001
权利类型	水资源所有权（河流）
权利性质	自然资源全民所有权
用途	/
面积	86.54公顷
使用期限	/
权利其他状况	登记河流长度：22.99千米 起点：章村乡[illegible]村 终点：章村乡[illegible]村与祯埠镇交界处 流经：黄寮村、上寮村、新民村、吴村村、章村村、小[illegible]村 河道等级：县级

附记

所有权人：全民所有
代表行使主体：自然资源部
代理行使主体：青田县章村乡人民政府
代理行使内容：依据自然资源部委托内容，行使登记单元内全民所有自然资源部分权利

浙江省第一本水资源所有权(河流)证

3. 划清“四条边界”

充分利用水利部门河道划界三线成果、集体土地承包经营权、林权证、高速公路和铁路等相关资料，开展自然资源权籍调查，划清瓯江主干道青田段和四都港水域范围内全民所有和集体所有之间的边界，以及不同集体所有者的边界；明确瓯江主干道青田段和四都港水域所有权代表行使主体、代理行使主体，划清全民所有、不同层级政府行使所有权的边界；以第三次全国国土调查成果为依据，确定自然资源类型，划清不同类型自然资源之间的边界。

4. 实施“三维建模”

运用倾斜摄影技术，对试点范围内涉及的城镇、高铁、高速公路、防洪堤、码头和滩涂等复杂区域进行三维建模，创新提出单独图层标注法，共计建模长度约 16 千米和面积约 8 平方千米，确保确权登记成果立体、可视。同时，根据已有 102 个界址点成果提取空间坐标，使用 RTK 技术(实时动态载波相位差分技术)进行勘界立桩，并在界桩中镶嵌二维码，扫码可动态获取登记单元号、登记单元名称、空间范围、权属状况、行使主体等信息。

5. 开展勘界立标

确权登记成果经公示，相关权利人对公示成果无异议，开始埋设界桩。根据已有的 102 个图解，提取界址点成果，提取空间坐标，外业使用 RTK 进行放样确认桩点位，埋设界桩。界桩采用 15 厘米×15 厘米×70 厘米的花岗岩界桩，并镶嵌二维码，通过扫描二维码，可动态获取青田县水流自然资源确权登记范围内的登记单元号、登记单元名称、空间范围、面积、权属状况、所有权人、行使主体、行使方式、登记时间等属性信息。

（三）成效及进展

青田县采用“调查一村、确认一村”的形式，于 2019 年 10 月底完成瓯江干流青田段和四都港流域 129 千米、25.98 平方千米确权登簿前的登记任务，涉及 14 个乡镇 87 个行政村的权属确认。在水流自然资源确权登记省级试点的基础上，探索性开展青田县章村源（章村乡段）“三权分置”河权改革试点工作，按照所有权、使用权、经营权“三权分置”要求，县人民政府将县级及以下河道所有权赋权河道辖区乡镇管理，再由乡镇颁发河道使用权证至所属行政村，行政村将辖区的河道经营收益通过公开竞标发包到户，并在全国率先推行“河权贷”，贷款资金用于河道生态修复、河道保洁、农田水利建设和村级共建项目等。截至 2021 年 9 月底，青田县完成河权贷河道长度 33.7 千米、面积 128.09 公顷的水流自然资源确权登记，顺利为 7 个村授信 1500 万元。

第四章

健全以国家公园为龙头的生态产品保值增值机制

国家公园就是尊重自然。

（摘自 2005 年 8 月 11 日，时任浙江省委书记的习近平同志视察凤阳山–百山祖国家级自然保护区时的讲话）

尊重自然、顺应自然、保护自然，守住自然生态安全边界，彻底摒弃以牺牲生态环境换取一时一地经济增长的做法，坚持以保障自然生态系统休养生息为基础，增值自然资本，厚植生态产品价值。

（摘自中共中央办公厅 国务院办公厅印发《关于建立健全生态产品价值实现机制的意见》）

“共抓大保护、不搞大开发”“不搞大开发不是不要开发，而是不搞破坏性开发，要走生态优先、绿色发展之路”，是习近平总书记为长江经济带发展定下的总基调。本章从保护生态系统的原真性、整体性和系统性着眼，在实践中梳理提炼以百山祖国家公园为主体的自然保护地生态产品保值增值机制、政府采购生态产品及生态产品保护补偿等付费机制，旨在通过生态保护增值，建立让“护绿”变得有利可图的体制机制。

第一节　深化探索百山祖国家公园保值增值新路径

2005 年 8 月，时任浙江省委书记习近平在龙泉市凤阳山考察时强调“国家公园就是尊重自然”，叮嘱“加强生态保护，尽量维持自然景观风貌”。十多年来，丽水市矢志不渝地遵循习近平总书记嘱托，以自然生态系统原真性、完整性保护为基础，积极推动国家公园创建，探索创新国家公园生态产品价值实现路径，力争为经济发达、人口密集、集体林地占比高的地方，推进以国家公园为主体的自然保护地体系建设，提供可复制、可推广的丽水经验。

一、百山祖国家公园概况

（一）基本概况

百山祖国家公园，位于长三角南部，系长三角地区唯一的“中央公园”，公园以浙江凤阳山-百山祖国家级自然保护区为核心，范围涉及龙泉、庆元、景宁三县（市）10 个乡镇，面积 505 平方千米，是全国 17 个具有全球意义的生物多样性保护关键区域之一，乃孑遗植物百山祖冷杉的全球唯一分布区，被誉为“华东古老植物的摇篮”，是我国华东地区重要的生态安全屏障。

百山祖国家公园拥有海拔 1600 米以上山峰 50 座，海拔 1800 米以上高峰 10 座，包括长三角第一高峰黄茅尖 1929 米，第二高峰百山祖 1856. 7 米。百山祖国家公园是瓯江和闽江的发源地，发源于国家公园及周边的瓯江水系河流有12条，闽江水系河流有7条。百山祖国家公园，不论从空中俯瞰、山巅平视，还是山脚仰望，云遮雾绕，水绿山青，天造地设，姿态万千，就像一幅品不够、绘不完的山水大画卷。北宋画家郭熙把中国山水画的透视技法概括为“三远”：“自山下而仰山巅谓之高远，自山前而窥山后谓之深远，自近山而望远山谓之平远”。百山祖国家公园是中国山水景观“高远、深远、平远”的典型代表，被誉为“中国山水画实景地”。

（二）创建背景及历程

国家公园是我国自然保护地最重要的类型之一，属于全国主体功能区规划中的禁止开发区域，纳入全国生态保护红线区域管控范围，实行最严格的保护。2013年11月，党的十八届三中全会通过《中共中央关于全面深化改革若干重大问题的决定》，首次提出要建立国家公园体制。2015年5月，国务院批转发改委《关于2015年深化经济体制改革重点工作意见》提出，在9个省份开展“国家公园体制试点”，随后国家发改委等13个部门联合印发《建立国家公园体制试点方案》。2017年9月，中办、国办印发《建立国家公园体制总体方案》。2019年6月，中办、国办印发《关于建立以国家公园为主体的自然保护地体系的指导意见》（以下简称《意见》），明确提出了“国家公园是指以保护具有国家代表性的自然生态系统为主要目的，实现自然资源科学保护和合理利用的特定陆域或海域，是我国自然生态系统中最重要、自然景观最独特、自然遗产最精华、生物多样性最富集的部分，保护范围大，生态过程完整，具有全球价值、国家象征，国民认同度高。”《意见》确立了国家公园在自然保护地体系中的主体地位，并明确了2020年要完成国家公园体制试点，设立一批国家公园。

丽水市于2017年开始谋划以凤阳山-百山祖国家级自然保护区为基础创建国家公园；2018年，设立全国首个国家公园设立标准试验区。2020年1月，国家公园管理局致函浙江省，建议凤阳山-百山祖等区域按“一园两区”思路与钱江源国家公园整合为一个国家公园，并于试点结束前一并验收。2020年3月，全市召开百山祖国家公园创建攻坚大会部署会，开启举全市之力建设国家公园新征程。2020 年 8 月，顺利完成国家公园集体林地地役权改革工作，《钱江源-百山祖国家公园总体规划(2020—2025 年)》通过专家评审。在未列入首批国家公园体制试点以及国家层面不再新增试点的背景下，丽水成功跻身国家公园试点，实现了“变不可能为可能”。

(三)深化探索国家公园保值增值的思考

结合《百山祖国家公园全域联动发展规划(2021—2025 年)》，围绕推进国家公园保值增值，实现生态保护、绿色发展、生态富民有机统一，提六点思考。

1. 聚落化管控发展

按照空间发展管控原则，国家公园保护控制区包括核心保护区和一般控制区。坚持核心保护区严格保护、一般控制区适度开发原则，在一般控制区，可通过特许经营等方式，以自然资源、人文资源和生态系统保护为前提，大兴生态文化，“串珠”环百山祖国家公园的文创园区、特色基地(如科普、文创、康养等基地)、主题村落，编制环百山祖国家公园“星云图”，形成百山月影、繁星璀璨的生态产业与人居聚落化布局。

2. 标准化保护管理

研究制定由基础通用标准、保护管理标准、科研监测标准、生态修复标准、园区发展标准等组成的百山祖国家公园标准体系，争取部分标准上升为国家标准。在国家公园建设过程中，严格执行相关标准，打造国家公园建设的标杆、样板。在全域联动发展重点平台，推广实施国家公园相关标准，打造生态保护标杆性项目，带动全市域生态文明建设提升。

3. 数字化场景展示

建设国家公园大数据中心，集成国家公园空气质量、水环境、森林资源、野生动植物等监测数据，形成实时数字地图。打造国家公园“云值守”(森林防火监控)、“云游憩”(百山祖冷杉等特色资源展示)、“智巡护”(护林员智能管理)等场景应用，充分彰显国家公园数字化特色。建设国家公园线上体验平台，以数字化全景呈现国家公园，引入 VR、AR 等技术，为游客提供国家公园深度体验服务。

4. 人本化生态搬迁

下山移民是解决低收入和高山地区农民转移的必由之路。结合地质灾害综合治理工作，深化实施“大搬快聚、富民安居”工程，积极推进环百山祖国家公园“空心村”二次开发，以最优惠的政策引导国家公园涉及的 10 个乡镇 32 个行政村的村民自愿搬迁，引导村民向特色主题村落、中心村集聚，从源头上破解保护环境和扶贫致富的双重难题。

5. 特许式保护经营

建立健全“政府主导、多方参与、合作共赢”的特许经营机制，共享国家公园红利。一般控制区内，鼓励土地流转和特许经营。鼓励支持当地居民以投资入股、合作、劳务等多种形式参与到国家公园的特许经营活动中。通过实行特许经营管理，对经营者设立准入门槛，规范经营行为，理顺百山祖国家公园管理与经营的关系，确保特许经营活动以自然资源、人文资源和生态系统保护为前提，实现自然资源和生态系统协同保护（相关案例参见附录二：案例 2）。

6. 品牌化产业发展

做强百山祖国家公园 IP，推进品牌内涵具象化、品牌载体实体化、品牌宣传多元化，实现品牌效益最大化。开展国家公园 IP 赋能行动，发挥国家公园品牌效应，强化资源要素导入和市场拓展，为全域旅游、生态农业等发展赋能。推进国家公园品牌与国家 5A 级旅游景区、国家级旅游度假区、丽水山耕、丽水山景、丽水山居、国际摄影名城、中国天然氧吧城市、全国首个全域国家气象公园城市等品牌叠加，构建“国家公园+”产业体系（图 4-1），形成更强大的品牌效应。建议近期还可依托丽水作为中国山水诗发祥地的起源，“武林至尊”金庸与丽水的情缘，诺贝尔文学奖获得者莫言在龙泉的祖居渊源，以及丽水籍网络作家群体的潜在实力，争取在国家级层面设立“百山祖网络文学奖”，既净化网络文化生态，又引领生态文明发展潮流，进一步集聚和催生文学、影视、动漫、旅居等发展业态。

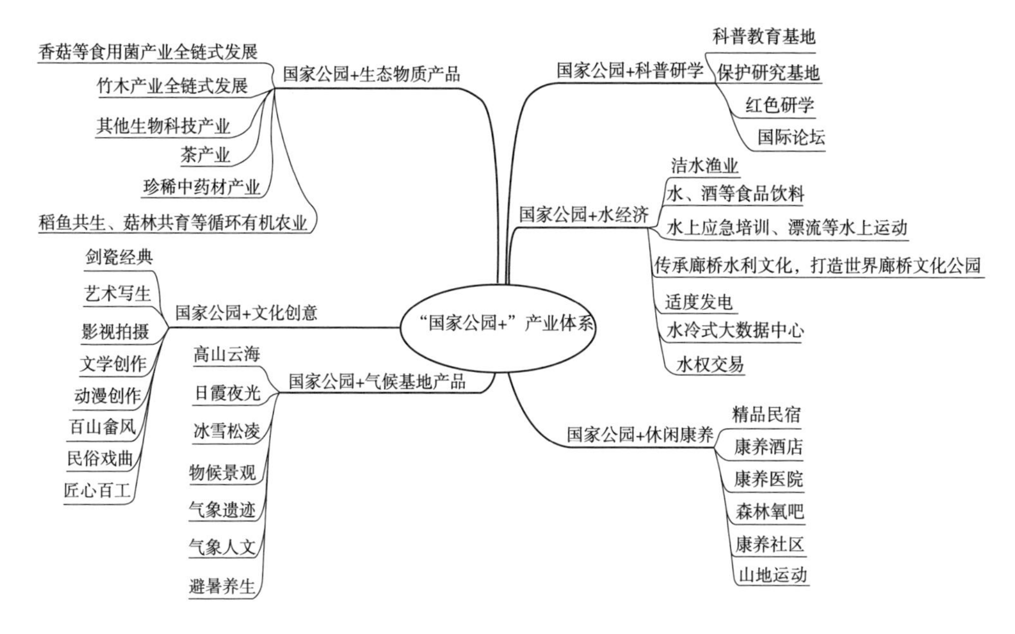

图 4-1 "国家公园+"产业体系

第二节 建立健全政府采购生态产品机制

生态产品政府采购是丽水试点方案中的重要内容。之所以加入此内容，是因为生态产品生产者向生态产品消费者出售生态产品，理应平等交换、获得收入，这不是施舍或救助。生态产品具有公共性、外部性、不易分割、不易分清受益者等特点，中央政府和省级政府应该代表较大范围的生态产品受益人，通过均衡性财政转移支付方式购买生态产品，这就是生态补偿(杨伟民，2013)。生态产品也是有价值的，是可以卖的，所谓的生态补偿本质上，是政府代表生态产品的消费者来购买生态功能区提供的生态产品①。生态产品政府采购，对于在思想深处树立人与自然平等、和谐共生的理念，保障生态功能区的发展权，解决生态补偿的理论依据问题，具有重要理论和实践意义。

与生态产品补偿机制主要解决补给谁、谁来补、怎么补等问题相似，生态产

① 引自：中央财经领导小组办公室副主任杨伟民在第八届新浪金麒麟论坛上的发言[EB/OL]. http：//finance. sina. com. cn/hy/20151201/104423898473. shtml。

品政府采购在制度设计中须明确谁来采购、向谁采购、采购什么、怎么采购、采购条件、采购资金来源等问题(图4-2)。同时，本节也分享我们团队在云和县的研究应用体会。

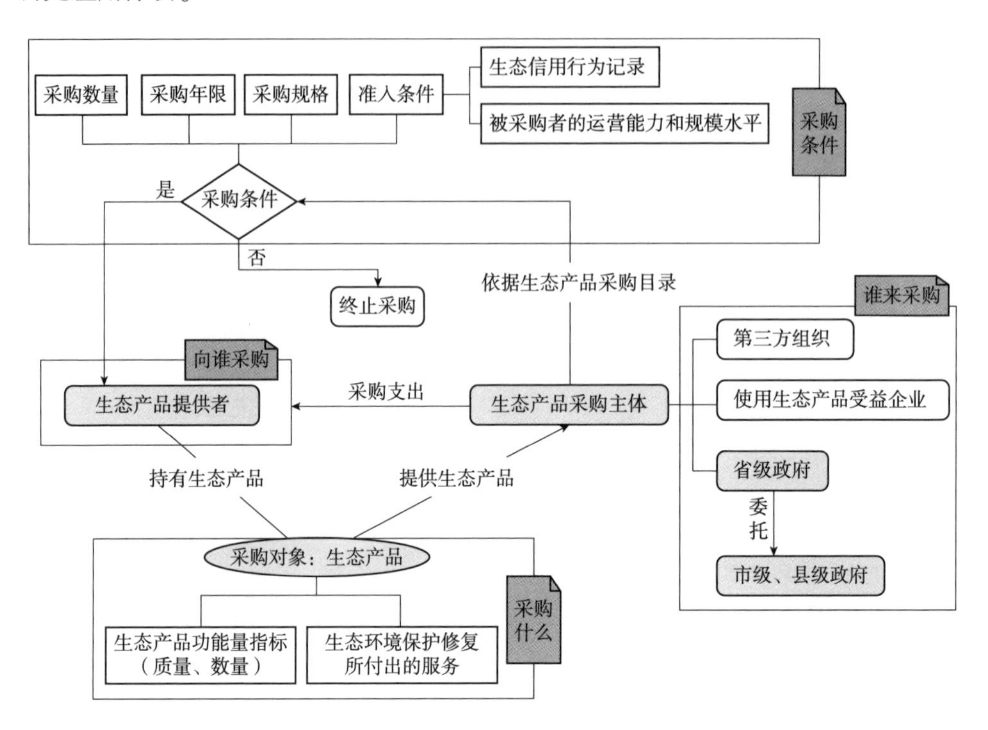

图4-2　生态产品政府采购思维导图

一、厘清生态产品采购的制度设计问题

(一)谁来采购

本文重点聚焦的是政府主体，但采购主体理应包括政府、市场受益者主体和第三方组织。①政府主体，根据试点方案，省级政府(代表公众)是生态产品的使用者和购买者。实际操作上，省级政府可编制和按照生态产品采购目录，委托市级、县级政府代为采购，采购费用由省级政府与市级、县级政府之间划拨。②市场受益者，是指生态产品价值利用型企业，包括水电站、生物医药(不含化学合成工艺)、生态农产品、生态旅游康养等行业企业。③第三方组织，包括桃

花源生态保护基金会等国际国内绿色发展组织。

（二）向谁采购

被采购主体包括作为生态产品提供者的广大乡村村集体和农户所在的实体组织（如生态强村公司）、从事生态环境保护修复和改善的企业等。需要指出的是，从生态产品供给角度看，我国实行的生产资料社会主义公有制（全民所有制和集体所有制）和基本经济制度（公有制为主体、多种所有制经济共同发展）决定了“谁来提供生态产品”，即生态产品以公共供给为主体、多类型供给并存，如丽水市的林业系统中林地面积的95%归集体所有，从整体而言，其所提供的生态产品理应为集体属性的公共产品，但就其林地之上的“生态的物质产品”而言，供给者却是作为集体成员的林木所有权权利人。因而，“生态的物质产品”不能简单认为“公共生态产品由公有者提供”。

（三）采购什么

生态产品中占比主导地位的调节服务类公共产品，是导致市场失灵的重要原因。根据现有的核算体系，调节服务类生态产品有水源涵养、水土保持、洪水调蓄、水环境净化、空气净化、固碳、释氧、气候调节等 8 种，水环境净化、空气净化、固碳、水源涵养等已有市场交易的生态产品价格根据权威部门提供的排污权、碳排放权交易平均价和政府指导价确定，洪水调蓄、水土保持等无市场交易的生态产品价格根据水库的实际建设运营成本数据测算①，“气候调节”指标则用替代成本法（人工降温、增湿成本）来测算，而针对固碳、释氧这两项指标，在测算时是否存在重复计算，学术界有争议。本文建议按两种方式购买生态产品，一种是将调节服务类生态产品整体打包采购（考虑到调节服务类生态产品的连续性和难以分割的特点），另一种是采购调节服务类产品子项目组合。现阶段，生态产品采购目录可包括整体上的调节服务类 GEP、分项上的子指标，甚至还可以包括生态环境保护修复所提供的服务（即成本）。

---

① 引自：浙江省发展改革专报 2019 年第 104 期。

(四)怎么采购

根据试点方案，省级政府(代表公众)是生态产品的使用者和购买者，由省级政府向生态产品提供者进行采购。在具体操作上，可由省级政府委托县级政府向乡镇(街道)采购。采购既要遵循《中华人民共和国政府采购法》，也要鼓励改革的创新性，可采取“单一来源采购”“县域统筹+单一来源采购”“全县域采购”等方式，充分运用好省级采购资金(或生态补偿资金)，以更好地保护生态、改善生态。当前的重点是向推进生态产品价值实现机制示范乡镇采购，等成熟之后，再向全市域推广。

(五)采购条件

可包括采购数量、采购年限、采购规格、被采购者的准入条件等。采购量由采购目录来确定，采购年限通常为一年，采购规格可根据 GEP 实物量(功能量)、质量、增量指标来确定。实物量(功能量)指标主要包括调节服务产品的 8 项指标，还可以包括乔木林单位面积蓄积量、自然生态系统面积(林地、草地、湿地)乔木林单位面积蓄积量、自然生态系统面积(林地、草地、湿地)等支撑调节服务的指标；质量指标，可用观察生态系统的外在质量指标来体现，如空气质量指数、出境断面水质等。由采购主体按采购条件对被采购主体进行年度绩效考核。

二、基于生态产品政府采购的云和县实践考察

受云和县发改局的委托，课题组在市发改委专家指导下，负责起草生态产品政府采购编制工作。在起草过程中，云和县委主要领导多次听取汇报，亲自参与、主持采购办法制订，前后共修改 10 余稿，并于 2020 年 4 月 26 日率先发布《云和县生态产品政府采购试点暂行办法》。

(一)编制背景

2020 年丽水市政府工作报告中指出：推进政府购买生态产品机制试点县

(市、区)全覆盖。全市2020年试点工作要点中指出：完善基于GEP核算为基础的政府采购生态产品制度，统筹县级各类涉农资金，推进政府向生态强村公司等市场主体购买生态产品工作，“一带”地区各县完成政府购买资金0.67亿元，“三区”地区各县完成政府购买资金0.5亿元，力争完成政府购买资金5亿元。

(二)主要内容

1. 明确采购主体和采购区域

县发展和改革局代理县政府，分别向崇头镇梯田生态强村发展有限公司、雾溪乡两山生态发展有限公司采购。该办法适用于崇头镇、雾溪乡，并适时向其他乡镇(街道)推行。

2. 明确采购内容和方式

生态产品政府采购是指县政府使用财政性资金，采购生态产品采购目录(表4-1)以内产品的行为。根据云和县情况，采购的是GEP中调节服务产品的水源涵养、气候调节、水土保持、洪水调蓄等四项品目。采购走单一来源采购程序。

表4-1　云和县2019年调节服务类生态产品政府采购目录

序号	品目名称	说　明
1	水源涵养	生态系统通过其结构和过程拦截滞蓄降水，增强土壤下渗，涵养土壤水分和补充地下水，调节河川流量，增加可利用水资源量的功能
2	气候调节	生态系统通过植被蒸腾作用和水面蒸发过程吸收能量、降低气温、提高湿度的功能
3	水土保持	生态系统通过其结构与过程保护土壤、降低雨水的侵蚀能力，减少土壤流失的功能
4	洪水调蓄	生态系统通过调节暴雨径流、削减洪峰，减轻洪水危害的功能
5	水环境净化	生态系统通过物理和生化过程对水体污染物吸附、降解以及生物吸收等，降低水体污染物浓度、净化水环境的功能
6	空气净化	生态系统吸收、阻滤大气中的污染物，如SO_2、NOx、粉尘等，降低空气污染浓度，改善空气环境的功能
7	固　　碳	生态系统吸收二氧化碳合成有机物质，将碳固定在植物和土壤中，降低大气中二氧化碳浓度的功能

3. 明确采购额度

生态产品采购参照《云和县2019年生态产品总值(GEP)核算报告》，采购量按四项品目总值量的0.1%~0.25%采购。根据表4-2，2018年云和县GEP为325.69亿元，其中，四项调节服务GEP为284.51亿元，而崇头镇、雾溪乡的四项调节服务分别为51.46亿元、11.40亿元。若采购比例为0.1%，则分别向崇头镇、雾溪乡供应商支付514.6万元、114万元，适时向全县乡镇(街道)供应商总支付为2845.1万元；若购比例为0.2%，则分别向崇头镇、雾溪乡供应商支付1029.2万元、228万元，适时向全县乡镇(街道)供应商总支付为5690.2万元。

表4-2　2018年度云和县按乡镇(街道)GEP核算报告及调节服务四项品目合计

乡镇(街道)	GEP(亿元)	水源涵养(亿元)	气候调节价值量(亿元)	水土保持价值量(亿元)	洪水调蓄价值量(亿元)	四项总和(亿元)
安溪乡	11.08	1.28	4.78	0.46	1.35	7.87
白龙山街道	10.91	1.14	4.41	0.31	0.89	6.75
赤石乡	40.00	4.86	33.76	1.71	4.87	45.20
崇头镇	75.11	8.34	31.69	3.24	8.19	51.46
凤凰山街道	15.20	1.93	6.52	0.51	1.58	10.54
浮云街道	12.71	1.65	9.40	0.39	1.44	12.88
紧水滩镇	48.55	5.60	44.44	1.66	5.70	57.40
石塘镇	58.88	6.58	36.79	1.76	6.37	51.50
雾溪乡	13.46	1.64	7.28	0.70	1.78	11.40
元和街道	39.79	4.64	18.55	1.57	4.76	29.52
合　计	325.69	37.66	197.61	12.31	36.93	284.51

注：四项品目价值总和占GEP的比重为：284.51/325.69≈87.36%。

4. 明确支付方式

采购合同总价款分两期支付。期初按总价款的70%支付；期末按生态产品的质量指标支付，即只有在“地表水环境质量不低于Ⅱ类水质标准”和“空气质量等级不低于上年度均值”的情况下，全额支付剩余价款。2020年与2018年相比，GEP若增长5%以上，则适当奖励供应商。

5. 明确采购用途

采购资金限定于以下五个用途：一是开展生态资源资产保护与修复，包括镇(乡)村庄环境整治和保洁、饮用水源保护、耕地地力保护、生态公益林补偿、森林防火、生物多样性保护、病虫害防治、荒田复垦、绿道/古道保护与修复、生态设施建设与维护等。二是开展生态资源资产整合与转化，包括对分散的山、水、林、田、湖、草、集体土地、闲置农房等资源的整合，将碎片化资产资源的集中化收储和规模化整治，转换成优质生态资源资产包，促进资源资产化、资产资本化。三是开展生态产业化培育与品牌经营，包括农产品质量安全防控、生态精品农业开发、数字农业、民宿经营、绿道经营、品牌经营、乡村旅游与康养产业开发、乡村文创开发、产业融合平台打造等。四是开展生态文化传承与弘扬，包括民俗畲族文化传承与弘扬、文化节庆活动、生态信用制度文化等。五是开展生态惠民与帮扶，包括生态红利分配与农户、村集体生态资源资产相挂钩，生态产业与扶贫对象保底收益相挂钩等。

（三）主要亮点

1. 彰显 GEP 价值导向

《云和县生态产品政府采购试点暂行办法》是全市第一份以 GEP 核算为基础的政府采购文件。在 GEP 三大功能类别中，物质产品、文化服务产品可以通过市场调节配置，而调节服务类产品具有不可分割性，容易导致市场失灵，需要政府用“有形之手”进行调节配置，且云和县的调节服务类产品总量占 GEP 总量的80%以上，故《云和县生态产品政府采购试点暂行办法》采购的是 GEP 中的调节服务类产品。

2. 彰显资金统筹导向

在确保村集体、农户原有利益不受损失的前提下，将采购资金与原有涉农财政支出进行统筹使用，经分析全县跟村集体、农户紧密相关，且与两山转化紧密联系的支出有生态公益林补偿支出、耕地地力保护支出、保洁环卫支出、网络管理员支出四项(表 4-3)，该四项在崇头镇、雾溪乡的支出分别为 710.28 万元、108.32 万元，在全县的支出为 3264.87 万元。

表 4-3　全县 2019 年四项支出　　万元

乡镇(街道)	耕地地力保护	生态公益林	保洁环卫	网络管理员
安溪乡	38.56	78.38	27.50	4.03
白龙山街道	47.27	40.13	52.55	9.53
赤石乡	37.22	275.03	41.80	6.20
崇头镇	180.19	385.53	127.13	17.43
凤凰山街道	32.53	80.58	44.60	6.77
浮云街道	18.31	92.24	39.40	9.16
紧水滩镇	70.99	349.08	52.30	9.16
石塘镇	108.13	342.54	103.00	15.02
雾溪乡	8.93	73.45	23.70	2.24
元和街道	66.61	269.49	67.20	10.96
合　计	608.74	1986.45	579.18	90.50
总合计	3264.87			

采购量按四项品目总量的 0.1%～0.25%是基于以下考虑：若采购 0.1%，则支付 2845.1 万元，难以覆盖上述支出；故建议按 0.2%的比例采购(相当于 5690.2 万元，也刚好能完成市里 5000 万元考核任务)，按此计算，则向崇头镇、雾溪乡分别增加财政支出 318.92 万元、119.68 万元，推广至全县则需增加财政支出 2425.33 万元。此项增量支出合乎省级试点及今后省级财政转移支付增量趋势，也合乎全市今年工作试点的要求。预计 2000 年省、市配套资金大约有 1000 万元支持此项试点工作，相对应云和县财政将增加 1400 余万元支出。

(四)试点体会

一是改革需要鼓励创新。按政府采购程序规则，需有政府采购目录，但生态产品进入采购目录的权限在省级。按理县级没有制订采购目录权限，考虑到改革创新，在文件出台前的合法性审查过程中，司法部门给予了包容性支持。

二是采购数量需与当地财力相匹配。云和县是全国重点生态功能区，2018 年全县 GEP 325.69 亿元(其中，调节服务类 GEP 284.51 亿元，占 GEP 比重达

87.36%)，地区生产总值(GDP)73.21 亿元，GEP 与 GDP 之比即 GGI 指数达 4.45∶1。云和县作为浙江省 26 县中相对落后的 7 个重点县之一，2018 年一般公共预算收入仅为 5.89 亿元，究竟采购什么以及采购数量，需要综合考虑财力支持能力。

三是采购行为实质是“补偿+采购”。推进生态产品政府采购有自上而下的考核要求，因调节服务类生态产品具有“外部性”，采购资金支付按理不能仅由云和县来承担。试点期间，在省—市—县资金拨付渠道、拨付额度尚未明确的情况下，在确保村集体、农户原有利益不受损失的前提下，云和县采取了“统筹涉农‘两山’支出资金+政府增量资金”的办法用于采购。时任云和县委书记的叶伯军在参加北京“2020 年深入学习贯彻习近平生态文明思想研讨会”上交流发言时就点破“该办法是生态产品政府补偿性采购办法”。课题组认为，这既是应对上级考核压力、地方财政又捉襟见肘情境下的权宜之计，也是县级层面践行生态产品政府采购的创新之举，绝非“新瓶装旧酒”。

四是采购行为进一步强化村民保护生态的自觉。以往“补偿”补的是禁止开发、限制开发生态功能区域所在地老百姓的发展权，老百姓对补偿的感知度不高。而通过该采购行为，以人与人、人与自然的契约精神，让老百姓切实感受了“保护环境就是保护生产力，改善环境就是发展生产力”，保护生态不仅有利于子女后代，而且在物质财富上也是有利可图的。

五是增强村集体组织的造血能力。乡镇生态强村公司作为推动优质生态产品供给制度创新，是实现“两山”市场化运作的基本组织单元，在新时代高质量绿色发展语境下，有其存在“生态产品主要所有者—生态环境主要守护者—优质生态产品主要提供者”的内生逻辑(第九章有详述)。通过向生态强村公司采购生态产品，用之于保护生产力、发展生产力，对于新时期强村富民有着重要意义。

最后，通过此轮试点，课题组认为今后生态产品采购目录可以更加丰富、指向性可以更加细化，同时考虑到采购行为涉及税收问题，与补偿相比，无疑增加了成本。因此，在今后的政策激励中，对于该采购行为所产生的税费，地方政府留成部分可给予足额激励支持。

第三节　建立健全生态产品保护补偿机制

生态补偿的本质是对生态环境的破坏者收费，对生态服务的提供者(或生态环境的保护者)给予补贴，激励这些提供者(或保护者)主动提供优良的生态产品(李忠等，2021)。生态产品价值实现的生态补偿路径应遵循“以提高生态补偿和扶贫开发双向互动；以政府为主导，推进单项补偿向综合性补偿转变；以提高生态产品供给为核心，建立地区生态补偿成果与资金分配挂钩的绩效评估机制”的基本思路。深化生态保护补偿制度改革的目的，旨在加快健全有效市场和有为政府更好结合、分类补偿与综合补偿统筹兼顾、纵向补偿与横向补偿协调推进、强化激励与硬化约束协同发力的生态保护补偿制度①。

目前，国内生态补偿主要分为三类，即重点生态功能区生态补偿、流域生态补偿、生态要素补偿，其中，流域生态补偿是我国生态补偿实践中最为广泛、深入的领域。本节结合丽水实际，特梳理较为成熟的市域内流域生态补偿机制，以及损害赔偿与保护补偿协同推进的环境司法保护机制。

一、瓯江流域上下游横向生态补偿机制

开展横向生态保护补偿，是调动流域上下游地区积极性，共同推进生态环境保护和治理的重要手段。2018 年开始，丽水开展市域内瓯江上下游横向生态补偿试点，建立起“一江清水”送出丽水的长效机制，成为省内流域上下游横向生态保护补偿机制建设的一个缩影。

(一)建立更高的补偿基准

以更好的流域跨界水质作为补偿基准，将水质、水量、水效同步纳入横向生态补偿机制考评指标体系，补偿基准取数不低于上一年度水质水效标准，促进水质稳中向好。充分考虑降雨径流等自然条件变化因素，分析丽水市山溪性河流丰枯水期分化明显的特性，上游的生态流量影响水质能否达标，采取水质稳定系数

---

① 引自：中办、国办发的《关于深化生态保护补偿制度改革的意见》(2021)。

取值 0.8，确定各上下游间统一的生态补偿协议模本，从而获得省级环保部门和各上下游地区的认可。

（二）建立灵活的补偿方式

坚持保护优先、水效优先的原则，充分考虑上下游共同利益，综合水质、水量、水效等因素进行综合评价，确定补偿方向和补偿资金，推进流域生态环境综合整治。根据实际需求和操作成本，采取除资金补偿外，积极探索对口协作、产业转移、人才培训、共建园区等补偿方式。鼓励流域上下游地区开展排污权交易和水权交易。

（三）建立适宜的补偿标准

通过协议明确流域上下游补偿责任主体，上游在充分考虑上下游共同利益的条件下，享有水质改善、水量保障带来利益的权利；下游尊重上游地区为保护水环境而付出的努力，对上游地区予以合理的资金补偿，同时享有水质恶化、上游过度用水的受偿权利。根据流域生态环境现状、保护治理成本投入、水质改善的收益、下游支付能力、下泄水量保障等因素，综合确定适合丽水实际的每年补偿资金 500 万元的标准，从而更好地体现激励与约束，以补促治。

瓯江流域上下流横向生态补偿规则

上下游横向生态补偿规则：上游县、下游县每年各出资 500 万元，瓯江流域上下游横向生态补偿规则依据水质补偿指数 P 和水量水效补偿指数 Q 按 7∶3 的权重计算生态补偿指数，若生态补偿指数≤1，下游县拨付给上游县 500 万元资金；若生态补偿指数>1 或上游出现重大水污染事故（以省环保厅界定为准）或交界断面水质不能满足国家、省、市要求的断面水质目标或上游县用水总量和用水效率，未优于省、市下达的水资源消耗双控指标，则由上游县拨付给下游云和县 500 万元资金。水质补偿指数 P 和水量水效补偿指数 Q 测算说明如下。

1. 水质补偿指数 P。按照《地表水环境质量标准》(GB 3833-2002)，以高锰酸盐指数、氨氮、总磷等 3 项考核指标前三年平均浓度值为基本限值，来测算，公式如下：

$$P = k_0 \cdot \sum_{i=1}^{3} k_i \frac{C_i}{C_{io}}$$

式中：P 为断面补偿指数；k_0 为水质稳定系数，考虑降雨径流等自然条件变化因素，由于丽水市大多为山溪性河流，丰枯水期分化明显，只有上游保证一定的生态流量才能确保水质达标，取值 0.80；k_i 为指标权重系数，按三项指标平均，取值 0.33；C_i 为某项指标的年平均浓度值；C_{io} 为某项指标的基本值。

2. 水量水效补偿指数 Q。按照绿色发展考核和水资源消耗双控的要求，以省、市确定的用水总量、工业和生活用水量和年度万元 GDP 用水量、万元工业增加值用水量指标为基本限值，来综合测算，公式如下：

$$Q = A_0 \cdot \sum_{i=1}^{4} k_i \frac{W_i}{W_{io}}$$

式中：Q 为水量水效补偿指数；A_0 为不平衡系数，取值 0.90；k_i 为指标权重系数，用水总量、工业和生活用水量指标权重分别取值 0.2，万元 GDP 用水量、万元工业增加值用水量指标权重分别取值 0.3；W_i 为上游地区某项指标的当年实际值；W_{io} 为某项指标的基本限值。

二、损害赔偿与保护补偿协同推进的环境司法保护机制

丽水在环境司法护航绿色高质量发展中，主动推进司法保护一体化，推动生态环境损害赔偿与保护补偿有效衔接，将生态环境损害成本内部化，率先探索激活生态损害赔偿资金助力“固碳增汇”，初步形成了损害赔偿与保护补偿协同推进的环境司法保护“丽水样本”。

（一）推进环境司法保护一体化

一是构建专业化审判机构，创新了环境资源民事、刑事、行政案件“三合一”审判模式，准确把握环境案件审判规律，统一事实认定和裁判标准，有效打破环境资源刑事、民事、行政案件的业务壁垒。二是完善专家辅助人制度，邀请林业、水利、环保等领域专家，组建覆盖多领域、多层次的咨询专家队伍，为重大疑难生态案件的审理提供专业支持。三是认真贯彻执行最高法院《关于审理环境公益诉讼案件的工作规范》，依法保障社会组织的环境公益诉权，全面加强检察公益诉讼审判工作，积极构建生态环境损害赔偿诉讼与环境公益诉讼的衔接机制。截至2021年底，受理的环境公益诉讼案件连续三年居全省首位，累计5个案件入选省高院“环境资源十大典型案例”。四是强化部门联动，法院与国土资源、林业、水利等部门签订合作框架协议，建立联席会议、信息通报、回访互通等制度，形成齐抓共管的环境保护大格局。五是践行“环境有价、损害担责”理念，灵活运用“补植复绿、增殖放流、劳务代偿”等修复方式，形成了“生态损害者赔偿、受益者付费、保护者得到合理补偿”的运行机制。截至2021年底，全市法院联合相关部门已设立29个生态修复基地，累计补植复绿面积1023亩，增殖放流鱼苗950万尾，发出补植令、管护令等司法令状67个。

（二）推动生态环境损害赔偿与保护补偿有效衔接

为更好聚焦生态环境保护与修复，2019年起丽水市先后出台《丽水市生态环境损害赔偿磋商管理办法（试行）》《丽水市生态环境损害修复管理办法（试行）》《丽水市生态环境损害赔偿资金管理办法（试行）》，规范磋商和修复行为，强化损害赔偿资金的分配管理，促进受损生态环境修复；设立以“个人赔偿损失+财政支出”为来源的生态环境修复专项资金，统筹用于本地污染防治、生态修复等支出。截至2021年底，筹集修复资金300余万元，有效破解因环境损害带来的生态修复资金“进口”“出口”难题。为提高生态环境修复专项资金使用效率，改善生态补偿效果，庆元县建立“碳汇为主、其他为辅”的赔偿金使用机制，将赔偿金使用和碳汇造林结合起来，由专业机构进行科学、合理使用，既把赔偿金使用落到实处，也因案分类、因地制宜，切实达到生态修复的效果；同时，产生的碳汇指标进行交易后，进一步用于乡村振兴等公益项目，促进共同富裕，达到生态效益、社会效益和经济效益的有机统一。

第五章
拓展基于绿水青山优势发挥的生态产业化机制

“绿水青山就是金山银山”理念已经成为全党全社会的共识和行动，成为新发展理念的重要组成部分。实践证明，经济发展不能以破坏生态为代价，生态本身就是经济，保护生态就是发展生产力。希望乡亲们坚定走可持续发展之路，在保护好生态前提下，积极发展多种经营，把生态效益更好转化为经济效益、社会效益。

（摘自2020年3月29日至4月1日，习近平总书记在浙江考察时的讲话）

在2018年全国生态环境保护大会上，习近平强调要建立“以产业生态化和生态产业化为主体的生态经济体系”。为促进产业生态化和生态产业化进程，需要进一步改革管理体制、创新监管机制、建立健全规制，尤其要科学设计和运用政策工具箱，大力增加绿色产品和绿色服务的有效供给，满足人民群众日益增长的美好生活需求，加速美丽中国建设进程和全面富裕社会建设进程(谷树忠，2020)。

本章所指的生态产业化机制，是指在严格保护生态环境前提下，通过发挥生态优势，按照产业化规律、社会化生产、市场化经营的方式提供生态产品和服务，为其生产、分配、交换、消费等关键环节，提供行政、市场、技术、信息等方面的引导发展工具组合。各地资源禀赋不同，应因制地宜，鼓励采取多样化模式和路径，科学合理推动生态产品价值实现。本章结合丽水实际，突出围绕“生命健康”主题，以“介绍+研究”的形式，主要阐述生态农业、生态工业、气候产品、康养旅居四个领域的变现路径(相关案例参见附录二：案例3及案例4)。

第一节　巩固品质农业基本盘

充分依托丽水山林资源丰富、优质水充沛、山地立体气候多样、生物多样性突出、天然药园优越等优势，推广原生态种养模式，实施农业科技、农业机械“双强”赋能，多渠道、全方位释放农业多重功能价值，争当全国领先的品质农业示范区。

一、推广原生态种养模式

依托不同资源禀赋，积极推广人放天养、自繁自养、相生相克、休耕轮作、抚育间伐的原生态种养模式，因地制宜发展特色生态精品农业。粮食方面，贯彻“藏粮于地、藏粮于技”战略，加大对复耕和修复梯田的政策支持，坚决遏制耕地“非农化”，防止“非粮化”，绝不抛荒一丘田；推广高产良种和先进适用技术，传承利用好“稻鱼共生”农业文化遗产，推广“稻药”“稻菊”“水旱”轮作等“一亩田万元钱”模式，推进粮食“产加销”一体化建设，发展鲜食旱粮、特色旱杂粮等区域优势产业。食用菌方面，注重“香菇砍花法”活态传承，实施老菇区振兴计划，在庆元荷地、景宁英川、龙泉八都等传统香菇集中产区规划恢复建设一批老基地；鼓励在稳固发展香菇、黑木耳、灵芝、灰树花等基础上，积极发展珍稀菇类、药用菌类产品，发挥集聚效应，形成香菇、黑木耳、特色珍稀菇、菌种、加工与资源再利用等优势区域，强化丽水食用菌产业在全国的优势地位。茶叶方面，建设茶树种质资源圃，主攻茶树品种无性系改良，加大茶园换种改植力度，重点推动生态茶产业发展，全力打造“低碳茶叶”产业。水果方面，优化区域布局与品种结构，提高庆元甜桔柚、青田杨梅、云和雪梨、丽水枇杷等区域特色果品的品质和效益；对老果园进行更新改造，加强水果晚熟以及避雨、防晒等设施技术研发，利用设施栽培发展高效、精品、生态果业。中药材方面，培育灵芝、三叶青、黄精、铁皮石斛、覆盆子、浙贝母、华重楼、柳叶蜡梅等道地中药材品种，保护、开发和促进畲药发展。养殖方面，推进食草动物产业、家禽业、蜂业、水产养殖业绿色发展，支持鼓励大水面洁水鱼、稻田养鱼、溪鱼、娃娃鱼和石蛙等“四鱼一蛙”以及渔业种业发展。同时，深化落实“肥药两制”改革，实施种植业化肥农药定额使用行动、兽用抗菌药使用减量化和饲料环保化行动、水产养殖用药减量行动，扩大利用基于植物天然相生相克物质的生物农药，推进有机肥，完善肥药定额使用等农业绿色发展标准体系。

二、实施农业科技、农业机械“双强”赋能

一是“科技强农”赋能。围绕生态安全集约化种植养殖、农产品精深加工、资源高效利用、现代农业装备、农业信息化、智慧化应用等领域，加快推进一站式农业科技转化推广服务链建设。实施一批重大科研项目，推进农业相关科学技术的应用研究。加强水、土、气立体环境研究，利用智能算法，建立土壤改良的智能推荐系统，结合 GIS 技术探索建立土壤空间与属性数据库、耕地质量等级数据库及地下水位数据库和作物生长模型数据库，优化作物生长营养管理方案，牵引、撬动整个农业体系加速转型升级。按照“智慧农业”要求，建立乡村信息基础设施和数据资源体系。结合新一代传感和遥感技术，实时获取和感知农田地面数据信息，依靠大数据分析与人工智能技术快速处理海量农业领域数据，实现农作物监测、精细化育种和环境资源按需分配。全球定位系统（GPS）、5G、物联

网、区块链等技术，确保农产品物流运输可控和可追溯，保障农产品整体供应链流程安全可靠。进一步加强与科技特派员派出单位的合作，加速农业科技成果在丽水的转移转化。二是“机械强农”赋能。围绕水稻、蔬菜、食用菌、茶叶等主要农产品和土地耕整、种植、植保、收获、烘干、秸秆收集处理，以及畜、禽、水产养殖等主要环节，以适用丘陵山区的先进小型农机具为重点，分区域、分产业、分作物、分环节梳理农机需求，梳理形成先进适用农机具需求清单，建立部门协同的动态更新、定期发布机制。加强农机示范县和推广应用平台建设，打造主导特色产业全程机械化生产示范样板，基本建立具有丽水特色的农机化推广应用体系。优化农机购置补贴政策，更多向小型化、多用化、通用化丘陵山区农机具倾斜。以永久基本农田集中连片整治为基础，支持规模化开展农田宜机化示范改造，推动农机服务与农业适度规模经营相适应。健全农机农艺协作攻关机制，组建农机农艺协同创新与产业服务团队，推动品种选育、农作制度、栽培和养殖模式等宜机化改造，推动农机装备与良种、良制、良法有机耦合。鼓励农机服务主体与家庭农场、种植大户、普通农户组建农机服务联合体，推广“合作社购买、农民租用”模式，实现机具共享、互利共赢。高质量推进农业“机器换人”，适应小田块、多落差、作业空间和转运空间有限的需要，加快高端智能、符合山区特点的现代农业“微耕”技术推广应用，探索“雾耕+微耕+数字化”等山区农业发展新技术、新产品、新业态、新模式。

三、强化生态农业发展平台建设

以产业帮扶项目为基础，加快推进高标准生态农林产品基地、无公害畜禽与水产养殖基地、农业科研育种基地建设。市县联动布局打造一批“科创+特色产业”区域性科创基地，建设一批农业科技园区、“星创天地”等科创平台或载体。推进省级食用菌种质资源库工程建设，推动省级食用菌种质资源库、菌物资源研究重点实验基地以及菌物资源保藏与展示中心建设。扩大品质农业示范基地规模，培育食用菌等特色产业园区、现代乡村产业示范带、山地精品农业示范园区、现代农业园区，稳步推进华东药用植物园建设，联合推动特色农业强镇建设。加快建设生态涵养区，做大做强绿色生态农业。重点打造高端生态果蔬种植采摘园、花卉种植基地，形成集种植、养殖、加工、配送、采摘、旅游观光为一体的引领全国的品质农业示范区。继续加大力度推进木本油料良种基地和抚育改造基地建设，加快形成油茶、香氛两大产业集群。加快推动农业科技园区建设，促进生态农业科技创新资源集聚。

第二节 培育生态工业新引擎

推动生态工业平台“二次创业”，依托洁净水源、清洁空气、适宜气候等自然本底条件，科学运用先进技术实施精深加工，拓展延伸生态产品产业链和价值链，适度发展与绿水青山和谐相生的环境敏感型产业，推动生态优势转化为产业优势。

一、推动生态工业平台“二次创业”

生态工业平台(各类开发区)“一次创业”解决的是丽水工业经济“从无到有”的基本问题；平台“二次创业”要解决的是丽水工业经济继续“从有到好、从好到优、从优到强”的高阶问题，为的是开辟丽水新时代生态工业高质量发展新路径，进而推动产业实现从价值链中低端向中高端跃升①。在面临产业基础高级化、产业链现代化和消费升级的背景下，首先，丽水需要创新运用“跨山统筹”金钥匙，全面调整优化市域平台布局，强化一体化、协同化、差异化发展，综合采取“并、提、撤、转”等多种方式，大幅缩减平台数量，拓宽平台发展空间，促进平台可持续发展，推动生产力“由散到聚、以聚促变”；其次，全面推进各类平台生产清洁化、能源高效化、污染减量化，推广清洁生产、绿色认证、节水型企业，促进企业、园区、行业间链接共生、原料互供、资源共享，培育高质量、有效益的循环经济示范园区；再次，引导各类平台建设 5G、工业互联网、数据中心等信息基础设施，以“互联网+”“标准化+”“机器人+”“工业设计+”推动园区数字化转型和企业“上云用数赋智”，以数字赋能实现园区产业数字化、网络化、智能化。

---

① 引自：丽水市委书记胡海峰在丽水市生态工业发展大会上的讲话摘要。

二、壮大农产品加工业

农产品是物质生态产品的重要组成部分，而农产品加工业是对人工生产的农业物料进行工业加工的产业的总称，具有行业覆盖面宽、产业关联度高、中小微企业多、带动农民就业增收作用强等特点，是农业现代化的重要标志，是第一、二、三产业融合发展的关键环节，是保证国民营养安全健康的民生产业。2020年，丽水农产品加工业与农业产值比仅为2.3∶1，与西方国家的3~4∶1的水平相比，还有较大差距，这就需要加大支持力度，统筹发展好农产品初加工、精深加工和综合利用加工，推进农产品多元化开发、多层次利用、多环节增值。一是拓展农业初加工。鼓励农民合作社、家庭农场和中小微企业等农业生产经营主体发展果蔬、畜禽及水产品等鲜活农产品、粮食等耐储农产品以及食用类初级农产品的初加工，实现农产品的减损增效。二是提升农产品精深加工。大力推进食用菌、茶叶、中药材等优势产业农产品精深加工，推进加工技术升级和产品的深度开发。依托“粮头、农头”资源，开发市场适销对路新产品，形成生产、加工、仓储、销售一体化的全产业链发展模式，重点培育食用菌、茶叶、竹木等标志性全产业链。三是推出一批农产品加工用地“标准地”。结合农产品加工的特点，制订“标准地”准入条件，重点在中心镇、特色乡镇，扶持发展一批小微农产加工创业园，鼓励劳动力就近创业。

三、适度发展环境敏感型产业

这里所理解的环境敏感型产业，是指产业对环境选择、地方对产业准入要求均敏感苛刻，能充分释放生态产品价值的产业。对于像丽水这样的生态资源富集的后发山区而言，实践中已梳理出发展基于“验水、验土、验气”等为准入条件的环境敏感型产业，仍需聚焦以下三个方面：一是科学定位主攻方向。立足于自身资源禀赋、产业基础和历史人文渊源，集中力量择优培育半导体产业链条、精密制造、洁净医药、时尚产业、数字经济、智能计算、智能装备、光伏、氢能、储能等产业，全力打造1~2个千亿级主导产业和若干个百亿级特色产业。实施调优存量、增量育优，一方面促进传统产业数字化、绿色化、品质化、资本化、集群化转型；另一方面以高精尖为导向，大力培育基于比较生态优势的特色战略性新兴产业。二是全力推进产业集群发展。紧抓新一轮产业和技术革命机遇，积极对接长三角数字经济高度集聚优势和超大规模市场潜力，创新高端产业植入路径，按照“龙头项目—产业组链(链组)—现代集群—未来基地”的基本框架，统筹抓好建链、补链、延链、强链工作，推动上下游企业加快组链集聚，稳定打造一批丽水特色标志性产业链，进而形成特色优势产业集群。三是全力抓好招商引资、招才引智(双招双引)。聚力项目、科技、人才，靶向盯引未来产业、领军企业、战略项目和相关人才团队，坚持“招商要跟着科技走，科技需要围绕人才转”，实施“蛙跳”战略，全面拥抱“长三角”尤其是上海，紧盯北上广深，以集群化思维理念引领产业招商，以精准化要求科学绘制招商地图，综合运用驻点招商、小分队招商、乡情招商、校友招商、中介招商、园区招商、会展招商、基金招商、大数据招商、飞地招商、海外授权招商，主动出击产业链招商，以结果论英雄，推进丽水生态工业主导产业从“跟跑”到“并跑”再到“领跑”的蝶变。

第三节　引导气候产品促变现

气候是自然生态系统中最活跃、最基础、最重要的因子之一，是山水林田湖草生命共同体的重要纽带，更是人类社会赖以生存和发展的基本条件，在应对全球气候变化和“健康中国”建设的背景下，气候资源愈发显示出“不可复制、难以超越、无法替代”的稀缺价值，如何将气候资源转化为气候产品，是生态产品价值实现的一个全新课题。

一、从气候资源中深化丽水“再认识”

丽水四季分明、冬暖春早，降水丰沛、雨热同步，垂直气候、类型多样，气候条件独特优越，气候资源丰富。广大气象工作者的研究实践发现，丽水气候资源具有七大特色：一是高山云海绚丽壮观。丽水高海拔、多山地，加上降水丰沛，雨日多，水汽条件好，山的高度与水汽条件配合，极易形成云雾景观，云海、云瀑、云幔、云盖、云絮、彩云、波涛、云蔽山等出现频率高，出现范围广。丽水以“云”命名的区域、名山较多，如9个县(市、区)中的缙云县、云和县含有“云”字，还有白云山、披云山、奇云山等。二是养生气候立体多元。丽水中亚热带海洋性季风气候和山地气候交织，气候的水平地域性和垂直差异性明显。冬无严寒、夏可避暑，度假旅游的适宜期长达11个月，等级达到“舒适”和“较舒适”级别，与欧洲地区相比舒适期长，比南亚地区凉爽，属于一类气候适宜区。在国内28个城市休闲养生气候生态关联指标的比较中，丽水与桂林各项指标接近，俱优。三是日霞夜光变幻莫测。丽水空气清新，通透度好，更有山峦、层崖、树林、古村、梯田、湿地、江河以及云海等背景相结合，日出、日落、虹、霓、宝光等日间霞光出现概率高，且多姿多彩，美妙绝伦。四是冰雪凇凌独步江南。丽水的冰雪景观主要集中在海拔超过1000米的高山上，尤其是由于降雨充沛，高山之上溪流纵横，雾气充足，为雾凇、雨凇、雪凇、冰凌、冰瀑、地冰花等冰雪凇凌景观的形成创造了极佳条件，吸引大量摄影爱好者上山拍摄。五是物候景观四季纷呈。丽水最具特色和体量的物候景观主要有山地杜鹃、梯田美景、缤纷花景、古树村落、茶山竹海等方面。少有人类干扰的浩渺森林和纵横河川为生物的生存繁衍提供了优质的栖息场所，享有“华东生物基因库”的美誉。六是气候遗迹景观独特。受经久的冰蚀、风蚀、雨蚀作用，丽水境内多激流峡谷，以及仙人叠箱、仙人头、风动岩等奇峰异石。深幽蜿蜒的高山峡谷中广泛分布着冰臼等古气候遗迹。七是气象人文底蕴深厚。如以通济堰为代表的水利古堰、以庆元为代表的风雨廊桥、以遂昌“班春劝农”为代表的物候风俗等。

2014年，丽水对全市生态气候资源要素和生态气候养生资源适宜性进行了综合分析评估，形成《丽水·中国气候养生之乡评估报告》，并被中国气象学会授予全国唯一“中国气候养生之乡”金名片。2017—2019年，全市9个县(市、区)先后创成“中国天然氧吧”，实现“中国天然氧吧”市域全覆盖。2019年，丽水市被授予全国首个“中国天然氧吧城市”，成为全国首批国家气象公园建设试点地区之一，也是全国第一个以全域实施建设的地区；同年，开展全市气象资源普查工作，据普查统计，丽水具备71个子类资源，全市气象景观点有11740处。

二、推动气候资源变气候产品

气候资源具有美学观赏、科研宣教、文化传承、开发利用等多重价值，为将其转变为气候产品，总结起来，需要“三步曲”。一是建设观测采集网。主要包括：针对城乡、森林、湿地等不同生态系统及山区不同海拔高度的气象、气候及环境等条件，开展温、压、湿、酸雨、雾霾、负氧离子、大气成分(臭氧、二氧化硫等)、能见度等生态气候要素监测；建设高山测风塔和日照时数观测点，实现对气候可再生能源的监测；新建或共享4A旅游景区和主要山区实景监测，开展云海、物候等观测。二是强化标准引领。以“天然氧吧城市”和“国家气象公园”试点建设为抓手，制定云海、避暑、养生等8大类气候资源基(营)地建设要求并制定相关评分标准。同时，接轨国家、地方及行业相关标准，率先出台《养生气候适宜度评价规范》《养生气候类型划分》《山地云海景观分类标准》等团标、地标。三是突出气象景观基(营)地建设。以八大类气候气象景观资源开发利用为重点，打造气象主题景区、气候养生基地、避暑胜地、气象旅游体验示范点、气象研学基地等52个基(营)地，打开气候资源价值转换体验通道，推动气候资源变产品。

三、推动气候产品价值转化

丽水在气候产品价值转化工作上，有三个方面可圈可点，并可进一步细化其努力方向：一是开展气象景观、物候指数等预报服务。如松阳四都开展涵盖雪景、云海、日出、晚霞、星空、雾凇、冰挂等预报服务；云和云海概率预报和朝霞、晚霞预报，气象部门在梯田景区内形成覆盖景区不同高度的视频观测网，提供更精准的预报服务，足不出户便可视频赏云海、朝霞、晚霞，知天气；根据花期、萤火虫等物候发展规律，推动花期指数预报服务，开展高山杜鹃、荷花、桂花花期指数及枫叶、萤火虫观赏指数专题研究。下一步，可整合各县(市、区)预报，建立“大美丽水”预报平台，通过强化气象、旅游、农业等部门合作，构建部门联动共推生态发展大格局，创新服务模式，推进生态相关指数研究、气候品质认证、农产品气象指数保险等工作，推动气候资源开发利用和价值转化。二是打造一批高等级科普研学基地。在安全的基础上，从便于体验观察、科研科普、丰富内容、数字化助力等角度出台建设标准，对现有气象景观基(营)地建设升级改造，打造一批高等级宣教服务中心、气象科普馆、气象博物馆、气象知识科普长廊、气象主题公园等。三是建设一批气象农文旅大观园。以“保护优先、科学利用、合理开发、平衡发展”为原则，充分发挥气象预报的指引作用和气象多元价值，有机融合教育旅游、养生农业等产业，重点开发气象观光、气象研学、气候养生、气候体验等业态，让丽水国家气象公园成为一个四季赏景、四时康养、全民科普、学生研学、全龄运动的气象农文旅大观园，为丽水生态产品价值转化“添金”。

第四节　推动康养旅居大发展

十九大报告提出，提供更多优质生态产品，以满足人民日益增长的对优美生态环境的需要。生态产品是一种舒适性产品或服务，直接影响人类的健康，因此其消费必须高质量、高品质(张惠远等，2018)。在高铁时空压缩、数智万物互联，人们对生命健康需求越来越旺盛的背景下，康养旅居自然成为优质生态产品供需结合的有效方式。康养旅居，顾名思义，就是人们以提高生命的长度、丰度和自由度为价值取向，在不同的季节，去不同的地方居住和旅游，是一种集居住、旅游、休闲、度假、疗养等为一体的全新的生活方式。

丽水早在 2011 年就提出发展生态休闲养生(养老)经济，随后成立相关机构，率先在全国发布《“五养”行业服务管理规范》市级地方标准，出台“五养”技能大师评选制度，培育“食养”“药养”“水养”“体养”“文养”“气养”等特色品牌体系，打造一批生态休闲养生(养老)基地，为接续发展康养旅居业提供了良好基础。但同时，也存在不少问题，如合力不足、发展无序、核心吸引力缺乏、业态单一、服务同质、层次偏低、吆喝方式传统、对目标群体细分研究不深，等等，再附加疫情影响，近两年给行业的发展带来不少阻力。秀山丽水，天赐机缘，恰逢其时。在发展新阶段、新起点上，我们需从政策、供需、开发等机制视角，重新审视和推动康养旅居业高质量发展。

一、政策机制：打造国际康养旅居特区

充分发挥华侨优势，充分借鉴海南博鳌乐城国际医疗旅游先行区的建设经

验，争取一批特殊政策支持，比如，对于进口药品及医疗器械给予特许审批；支持海外华侨华人回国安居养老；支持设立专业健康和养老保险机构，取消健康险、人身险公司外资股比限制；推动与国际国内知名医学院联合设立医学院校；将职工来丽水疗休养纳入浙江甚至长三角地区支持“康养共富”政策；支持建立康养用地“点状供地”机制，等等。自行推进政策方面，可借鉴德国“森林浴”经验，将森林康养度假作为职工年休假的必备内容；对景区、自然保护区、康养小镇等范围内设立的康养机构实行规划管理制度、管理与服务人员持证上岗制度、服务质量溯源追查制度；建立健全森林城市康养大数据统计平台，定期发布森林城市康养发展动态、康养指数、负氧离子数、芬多精等核心森林城市康养指标；依托华东药用植物园、丽水药用植物研究中心，建立丽水康养研究中心；结合“丽水山居”品牌打造，对康养基地实行公开透明的生态评级、服务评星、综合计费制度，为康养、民宿及农家乐的服务收费提供政策依据，等等。

二、供需机制：开发精准适配的康养旅居产品

以引导目标群体到丽水大自然中旅居，治愈心灵、修复机体、孕育未来为目的，打响“养生福地、长寿之乡、秀山丽水、孕育天堂”的康养品牌，可重点针对四大类亚健康①②和慢性病群体，开发精准适配的康养旅居产品。

第一类是针对适龄婚育群体的康养旅居产品。由于工作压力大、育后负担重、生育年龄推迟、人工流产、疾病和环境因素等综合原因，现时大城市适龄婚育群体不愿生育、不孕不育现象③有增多趋向，无不影响人口国策的实施成效。

---

① 注：中华中医药学会发布的《亚健康中医临床指南》指出：亚健康是指人体处于健康和疾病之间的一种状态。处于亚健康状态者，不能达到健康的标准，表现为一定时间内的活力降低、功能和适应能力减退的症状，但不符合现代医学有关疾病的临床或亚临床诊断标准。普遍认为，亚健康分为躯体亚健康、心理亚健康、社会交往亚健康等三类状态。

② 注：“21 世纪亚健康学术成果研讨会”报道，有 15%为健康者，15%为病人，多达 70%的人处于亚健康状态，且亚健康发生率呈明显上升趋势；若个体处在亚健康状态，不及时进行调整，将有九成概率会转化为疾病，直接造成工作质量下降、医疗成本增高、加重社会负担。上述信息转引自：冯叶芳等．我国公务员群体亚健康状况研究——基于 SHMS V1．0 量表的元分析[J]．现代预防医学，2020(15)：2779-2784。

③ 仅 2009 年由中国人口协会公布的《中国不孕不育现状调研报告》显示中国平均 8 对夫妇就有 1 对生育困难。

根据“浙江发布”公众号信息，新生儿当中，丽水、金华、台州这些地方，二胎及以上的新生儿比例是比较高的，其中，丽水最高，占了56.2%①。丽水可放大自然本底优势，依托将来更为便捷的交通条件，先从适龄婚育群体“难以生”的切口入手，以现实案例“生在丽水”现身说法，宣传营造“丽水是一个乐于孕育的地方”的氛围，打磨一批康体锻炼、旅居套餐、孕育宝典、月子中心、母婴保健服务、产后修复中心等产品谱系，吸引发达地区适龄婚育群体“生在丽水”，努力在优质生态产品及衍生品的供给下，提高适龄妇女自然顺产率，打造“孕育天堂”。然后，围绕具备大学学历的市内外适龄婚育群体“不愿生”“生不起”“养不起”等负担，丽水可做好相关研究和测算，争取在全国革命老区、共同富裕等政策支持范畴下试点，最大程度出台“生在丽水、赢得未来”相关政策，如在丽水生孩、托幼、就学、住房、社保、户籍等全链条优惠政策，打造“生育友好型社会”，最大程度培育长三角“浙丽”月嫂产业服务中心，最大程度集聚新生家庭、“生后无忧”网伴(周末)家庭，助推丽水成为最年轻、最有生机的百万级人口城市。

第二类是针对修复机体群体的康养旅居产品。突出运动体验主基调，打造全天候、全方位、立体式、无边界的天然运动场，将生命机体的修复融入到大自然中，提升生态产品渗透率、附加值。一是绿道沿途康养体验产品。面向各类年龄群体，引导“绿道+”像毛细血管一样渗透到绿水青山之上、蓝天白云之下的各行业、各领域，进一步打响“春风百里、丽水有你”品牌影响力，高起点形成“绿道走一走、健康你拥有”的丽水印象，积极开发超马/骑游认证、户外运动装备生产、骑行租赁等产业，将“丽水超马”打造成全民健身嘉年华、国际徒步健身胜地；同时，通过绿道有机串联“丽水山居”、美丽乡村精品村、风景名胜区、A级景区村庄、旅游度假区、历史文化名镇名村、森林公园等，打造若干个标志性康养旅居体验“大美环”，让旅居客在大自然中体验“无时无刻不在康养”。二是赛事康养产品。突出“拥抱自然、挑战自我”主题，借鉴“环法自行车赛”和“环青海湖自行车赛”等赛事，积极打造“环丽水自行车公路赛”，同时布局发展马拉松、

---

① 引自：共富底气在哪里统计数据告诉你[EB/OL]. 浙江发布. https://zj.zjol.com.cn/news.html?id=1799007。

徒步、自行车、定向越野、登山等项目，满足康养群体回归自然生态空间，放松身心的康养需求。三是“丽水山路”自驾体验。突出汽车越野自驾主题，组织各类车队到丽水体验康养之旅，积极开发房车营地、路景驿站、帐篷租赁等设施和产品，打造轮子上的最美户外运动天堂。

第三类针对慢性病中老年群体的康养旅居产品。对标德国巴登巴登森林小镇、法国依云水疗小镇、日本静冈医药谷等发达地区经验，围绕山、水、林、田、湖、湿等综合资源优势，在绿道沿线梯次打造康养小镇、森林康养基地、康养特色村、康养特色人家等康养示范载体，如绿谷药镇、白云山森林康养小镇、龙泉仙仁长寿谷等，努力打造长三角“绿道+森林康养”核心基地。倡导“慢生活”休闲理念，积极开发森林浴、美体美容、温泉理疗、中医药康养、康复医疗、亚健康防治、健康检测、营养膳食、心理诊疗等康养相关产品与服务。

第四类针对科创文创群体的康养旅居产品。因应科创、文创群体释放压力、激活灵感等需求，以丽水的“天工”“纯净”“原真”为康养卖点，配套与城市无差别的智慧服务设施，引导科创文创群体“流浪”到丽水、大隐于丽水，催化自然生态和创新生态“化学反应”，让丽水“无处不是办公室”，“无处不是安放心灵的山水”，打造长三角“科技创新的第二空间、未来生活的第二居所、城市社群的第二故乡”，使“康养旅居”成为中高端要素循环集聚丽水“开道释物”的重要载体。

三、开发机制：培育多元投入的可持续经营模式

积极开展遂昌仙侠湖流域等生态环境导向的开发(EOD)模式试点，推动生态环境治理与康养旅居科学合理开发共赢。做好与长三角等区域康养政策的对接、协调工作，通过“共绿一座山、共享一片绿”吸引对方企业来丽水，因地制宜地选择“飞地”模式、援建模式、托管模式、股份合作模式、产业招商模式、委托招商综合模式等多种园区共建模式，合力共建共享长三角后花园综合康养基地。

针对科技工作者、乡贤、华侨等群体以及发达地区特定康养群体，可采取多种投资组合方式，打造丽水“北京村”“上海村”、乡贤苑、院士村、侨巢总部等一批康养基地。

第五节 升级山系品牌与认证

生态产品认证是优质生态产品的辨识标签，而品牌又是生态产品的品质溢价。面对新发展格局，丽水只有融入世界，才能立足世界，甚至引领潮流，需要以品牌的力量激发新的增长动力，以高质量供给创造更多市场需求，以标准提档、品牌增效融入和引领价值链重塑，占领生态产品品质消费制高点。本节将在介绍国内外生态标签制度和分析丽水现状基础上，提出升级丽水“山系”品牌和开展“丽水认证”相关思路。

一、国内外生态标签制度简介

生态标签是一种新的政策工具，通过在生物基产品上贴标签与石化产品区分开，鼓励消费者增加绿色消费①。生态标签是由政府管理部门或公共和私人团体依据一定的环境标准，向自愿的申请者颁发的表明其产品或服务符合特定要求的一种标志(那力和何志鹏，2002)，是产品畅通特定区域的通行证。

图 5-1 欧盟生态构签

欧盟生态标签制度建立于 1992 年，后经颁布 66/2010/EC、782/203/EC 等法律制度文件不断完善，该制度从设计、采购、生产、包装、运输、销售、使用到回收等产品生命全周期考察其环境影响，并采用第三方认证将信息公开，以赢得消费者信赖(张越，2017)。欧盟生态标签(Ecolabel)(图 5-1)是一种自愿性产品标志，获得该标签的产品和服务被称为“贴花产品”，意味着相对同类产品而言对环境影响较小。生态标签实际上是在向消费者提示：该“贴花产品”符合欧盟规定的环保标准，是欧盟认可的并鼓励消费者购买的“绿色产品”。为促使政府带头使用“绿色产品”，欧盟曾专门出台了一项《政府采购应符合生态标准》的指南，鼓励政府采购并

① 引自：安信证券. 碳中和系列 · 生物基行业：政策保驾护航下潜力巨大的新蓝海[R]. 2021-01-05. https：//baijiahao. baidu. com/s? id=1688122811159329053&wfr=spider&for=pc。

使用“绿色产品”。截至2021年9月，欧盟市场已有83590种产品(商品和服务)获得2057张生态标签许可证①。此外在欧洲还有其他的绿色(生态)认证项目，如德国蓝天使和北欧白天鹅认证，这些认证都在相应的领域内具有极高的认可度。

在北美，有美国农业部(USDA)标签认证，其采用的标准ASTM D6866D在日本、德国、韩国和巴西等国家被采信为生物基碳含量的检测标准；美国环保署(EPA)开展的产品安全性的论证项目(如洗涤剂产品)——安心之选认证(Safer Choice)，以及在美国和加拿大具有广泛知名度的北美生态标签(Ecologo)。

中国环境标志计划诞生于1993年。1994年5月17日中国环境标志产品认证委员会成立，与国际生态标签计划对接的中国环境标志计划开始实施。2003年9月成立了国家环境保护总局环境认证中心②，承接了中国环境标志产品认证委员会秘书处的职能，成为国家授权的唯一环境认证机构。中国环境标志(图5-2)是一种官方的产品证明性商标，图形的中心结构表示人类赖以生存的环境，外围的10个环紧密结合、环环相扣，表示公众共同参与保护环境；同时10个环的“环”字与环境的“环”同字，其寓意为“全民联合起来，共同保护人类赖以生存的环境”。获准使用标志的产品，不仅要质量合格，而且其生产、使用和处理过程均符合特定的环境保护要求，与同类产品相比，具有低毒少害、节约资源等优势。截至2019年10月，中国环境标志产品涉及汽车、建材、纺织、电子、日化、家具、包装等多个行业，形成101大类产品标准，涵盖了93万多种型号产品，环境标志产品年产值约4万亿元。中国环境标志已经与澳大利亚、韩国、日本、新西兰、德国、泰国、北欧等国家环境标志机构签署了互认合作和代理协议，同时，中国环境标志也已加入到GEN(全球环境标志网)、GED(全球环境产品声明网)，成为环境标志国际大家庭中的一员，这为中国企业跨越绿色贸易壁垒提供了有力的武器。

图5-2 中国环境标志

值得一提的是，上述的生态标签制度，绝大多数是基于产业生态化领域的比

① 引自：欧盟委员会网站. https://ec.europa.eu/environment/ecolabel/facts-and-figures.html。
② 注：实体为中环联合(北京)认证中心有限公司。

较成熟的认证制度。而对于生态产业化领域中物质生态产品的认证，目前主要有FSC森林产品认证、MSC海洋产品认证、Fair Trade农产品认证、农产品地理标志产品以及中国、欧盟、美国、日本等国的有机产品认证，还有近几年的大熊猫友好型认证，现简要梳理如表5-1所示。

表5-1 物质生态产品认证

类别	概况	标识
FSC森林产品认证	管理机构：森林管理委员会（forest stewardship council，FSC），总部设在德国波恩，是一个非营利性的国际组织，在全球46个国有设有分支机构。FSC制定了一套包括10项原则和56项标准在内的森林认证体系，并授权第三方审核机构认证。 认证概况：是一种运用市场机制来促进森林可持续经营，实现生态、社会和经济目标的工具，包括森林经营认证和产销监管链认证。 认证动态：国际认可度高。截至2022年2月，分布于全球89个国家总面积超过2.3亿公顷的森林获得了FSC认证。 网址：https：//annual-reports.fsc.org/growing-fsc-through-effective-management。	FSC www.fsc.org
MSC海洋产品认证	管理机构：海洋管理委员会（marine stewardship council，MSC），是英国一个负责提供可持续渔业标准的独立非营利性组织，于1996年在伦敦设立。 认证概况：制定MSC可持续渔业环保标准和MSC海产品可追溯性产销监管链标准，口号是“认可的可持续发展海鲜”，授权第三方机构认证。 认证动态：根据MSC2020—2021最新年报显示，目前共有446个获得认证的渔场，有70家渔场正在接受MSC项目的审核。 网址：https：//www.msc.org/。	MARINE STEWARDSHIP COUNCIL
Fair Trade农产品认证	管理机构：国际公平贸易标签组织（FLO International），其拥有20个团体会员、生产者组织、贸易商和外部专家，是世界上唯一一个专门从事公平贸易标准制定的非营利性组织。 认证概况：对生产者、经销商及交易过程制定公平贸易标准，授权由独立的认证机构FLO-CERT开展。 认证动态：全球数十个产品使用这个国际公平贸易认证标签，包括咖啡、茶、米、香蕉、芒果、可可、棉花、糖、蜂蜜、果汁、坚果、新鲜水果、奎宁、药草、香料、红酒等产品。	FAIRTRADE
农产品地理标志产品	管理机构：中国农业农村部下设的农业部农产品质量安全中心负责农产品地理标志登记的审查和专家评审工作。 认证概况：根据《中华人民共和国农产品质量安全法》《农产品地理标志管理办法》开展农产品地理标志登记工作。认证的是特定地域的农产品，该农产品来源于农业的初级产品，即在农业活动中获得的植物、动物、微生物及其产品。 认证动态：由2008年开始登记“农产品地理标志”，截至2020年1月21日，全国累计有2930个“农产品地理标志”品牌。	农产品地理标志 中华人民共和国农业农村部

（续）

类别		概况	标识
大熊猫友好型认证		管理机构：世界自然基金会（WWF）。 认证概况：一个合格的“大熊猫友好型产品”也需要符合一系列“严苛”的要求，其核心是：来自野生大熊猫分布区的林农产品；采集或种植的过程符合可持续利用的要求；对大熊猫保护、社区生计有贡献。 认证动态：2008 年世界自然基金会（WWF）发布大熊猫友好型认证，2019 年京东携手 WWF 发起“大熊猫友好型企业联盟”。	
有机产品认证	中国	管理机构：中国国家认证认可监督管理委员会（国家认监委）。 认证概况：分为植物、畜禽、水产和加工四类，按照国家质量监督检验检疫总局（现国家市场监督管理总局）《有机产品认证管理办法》、国家认证认可监督管理委员会《有机产品认证实施规则》等法律法规和《有机产品国家标准》（GB/T 19630-2011），企业要想将自己的产品作为有机产品销售，必须通过有机认证。 认证动态：根据《中国有机产品认证与有机产业发展报告（2021）》，截至 2021 年 9 月，我国共有 94 家认证机构经批准开展有机产品认证活动，共有 1.4 万家企业获得有机产品认证证书 2.27 万张。	
	美国	管理机构：美国农业部（USDA）。 认证概况：主旨是支持自然资源循环、促进生态平衡和保护生物多样性。所有在美国市场流通的有机产品必须符合国家有机计划（NOP）实施的标准，其认证有效期为一年。产品由 100%有机成分制成，可以使用 USDA 有机标志，可标识“100%有机”；产品至少含有 95%以上的有机成分，可以使用 USDA 有机标志，可标识“有机产品”，等等。 认证动态：截至 2022 年 2 月，共有 146 个国家或地区，超过 45795 家公司通过该项认证。	
	欧盟	管理机构：欧盟委员会农村与农业发展委员会。 认证概况：欧盟有机认证（EU）规定了欧盟的有机生产、加工、标签、控制和认证要求；机配料含有不少于 95%的产品才可以标注“有机”标签（“欧洲之叶”）。 认证动态：暂无。	
	日本	管理机构：日本农林水产省（MAFF）。 认证概况：JAS（Japanese Agriculture Standard）有机认证是日本农林水产省对食品农产品最高级别的认证，由日本农林水产省（MAFF）负责管理。所有在日本国内流通的有机产品和原料必须要遵从日本农业标准并获得 JAS 认证，且获证组织需至少每年接受一次监督检查，以确保其持续符合性。 认证动态：截至 2020 年，已有 8534 家公司通过 JAS 认证，其中，5052 家企业为日本本土企业，3482 家企业为海外企业。	

综上，基于产业生态化和基于生态产业化的生态标签，共同出发点都是为倡导绿色消费和促进可持续发展。但两者明显不同的是，基于生态产业化的生态标签，着重发挥生态优势、挖掘生态价值，满足人们健康消费、品质消费的需求。

二、丽水“山系”品牌建设基础

品牌是价值的表征，更是价格的背书，公用品牌彰显了区域生态产品的价值精华，在日益激烈的市场竞争中凝聚起消费者的信赖与忠诚。长期以来，丽水坚持念好“山字经”，写好“水经注”，培育出“丽水山耕”“丽水山居”“丽水山景”“丽水山泉”等“山系”公用品牌，初步形成生态溢价持续增长、品牌价值日益提升的良好局面。

（一）“丽水山耕”：农业版的浙江制造

“九山半水半分田”的丽水，生态农产品虽好，但受制于知名度低、农业主体小散弱等问题，农产品难以被广大消费者知晓。面对消费者对“品牌农产品”的旺盛需求，众多弱小主体单打独斗创牌的无力感，丽水市政府委托浙江大学卡特中国农业品牌研究中心策划、创建了一个覆盖全市域、全品类、全产业链的农业区域公用品牌“丽水山耕”。2017 年 6 月 27 日，“丽水山耕”成功注册为全国首个含有地级市名的集体商标，以政府所有、生态农业协会注册、国有公司运营的“母子品牌”运行模式，对标欧盟实施最严格的肥药双控，实行标准认证、全程溯源监管，建立以“丽水山耕”为引领的全产业链一体化公共服务体系（图 5-3）。

截至 2021 年 12 月底，丽水生态农业协会会员总数达 521 家，全省共 537 家企业获得“丽水山耕”品字标认证，发放证书 683 张，其中，丽水地区获品字标认证企业 207 家，发放产品证书 252 张；协会会员加入“浙食链 · 丽水山耕”融合溯源平台，食品加工会员 133 家，种植养殖 41 家。“丽水山耕”2018 年、2019 年和 2020 年连续三年蝉联中国区域农业品牌影响力排行榜区域农业形象品牌类榜首；2021 年，“丽水山耕”运营单位——丽水市农投公司被农业农村部评选为全国农业社会化服务创新试点组织。

图 5-3 “丽水山耕”品牌管理系统

（二）“丽水山居”：隐于“长三角”的山水家园

丽水拥有众多依山而建的传统村落和历史文化古村，被誉为“最后的江南秘境”。近几十年，随着城市化和下山移民工程的加速推进，一些农民或进城务工经商置业，或在区位条件更好的地方另建新居，原有民居成“废居”，甚至出现一些“空心村”。近年来，随着民宿经济兴起，一些已被废弃的乡村民居经改造后成为乡村民宿，吸引了一大批以长三角地区为主要群体的游客，但由于规模小、布局分散、规范缺失、特点缺乏，很多民宿缺乏竞争力。为提高丽水民宿特色和竞争力，2015 年 12 月，丽水市委、市政府在全市民宿经济推进会上提出，打造“丽水山居”民宿县域公用品牌。2019 年 4 月，“丽水山居”民宿区域公用品牌集体商标注册成功，成为全国首个地级市注册成功的民宿区域公用品牌。一大批“小而美”乡村特色精品民宿，镶嵌在丽水青山绿水间，犹如一幅幅美丽的风景画。同年，丽水市发布《“丽水山居”民宿服务要求与评价规范》，要求“丽水山居”民宿产品拥有舒心、贴心、放心、开心、养心的“五心”标准和有主人、有山水、有业态、有乡愁、有创意、有体验、有故事、有主题、有智慧、有口碑的“十有”特色，为乡村旅游持续发展注入动力和提供保障。2021 年，全市累计培育农家乐民宿 3507 家、四钻级以上民宿 218 家；接待游客 2660.9 万人次，实现营业总收入 24.61 亿元，同比分别增长 20%、9%。

2019 年，丽水顺势谋划乡村旅游公用品牌“丽水山景”，面向美丽乡村旅游目的地，参照旅游景区等相关标准，结合乡村实地情况，编制了“乡村旅游品牌认定标准”，对“丽水山景”品牌入驻实行认证，实施包含乡村文化、民俗文化、特色文化传播以及品牌营销在内的标准化管理。截至2021年底，全市建成5A级景区1个、4A级景区23个、省级旅游度假区6家、A级景区村庄866个；同时，高标准建成瓯江绿道网4034千米，秀美的“丽水山居图”和瓯江黄金旅游带初具雏形。

（三）“丽水山泉”：蓄势待发激活新产业

丽水因水而名，全市人均水资源拥有量为全省人均的4倍左右、全国人均的3.5倍(但水资源利用率仅为全省平均水平的1/4)，地表水环境功能区水质达标率98%，自然山水的各项指标均符合世界卫生组织确定的“长寿地区优质饮用水标准”。

2020年，丽水市城投集团注册了水业开发子公司，2021年引进国内最先进的矿泉水生产线，开发生产以丽水为品牌名的“丽水山泉”水产品，一期生产线正式投产后可实现15万吨天然矿泉水生产规模。经国际国内权威检测机构瑞士SGS和中检院检测认定，其水质优异，属稀有矿泉水。清华大学长三角研究院生态环境研究所常务副所长刘锐曾带团队在丽水完成优质水资源课题调查后认为，丽水山泉偏硅酸高、钠含量低，是有利于人体健康的“一高一低”矿泉水。

一瓶丽水山泉，激起水产业发展千层浪。央企中交集团、中铁建集团派人数次前来考察，并已达成合作意向；上海城建实业集团主动提出，将丽水山泉作为“小微环球”平台唯一的线上销售水产品；返乡探亲的著名围棋运动员柯洁，欣然答应担任品牌代言人…… 接下来丽水将借助全市“双招双引”东风引大招强，细化推出不同类别的高附加值水产品，延伸水产业链，做大丽水“水经济”。

总体上，丽水围绕“山系”品牌建设开了好头、起了好步，但存在“山系”品牌影响力各有不同，目标客户不够精准，品牌的生态挖掘力、价值重塑提升力仍显不足，“丽水山耕”产量跟不上需求与乡村资源闲置现象并存等问题，亟待推动由品牌产品输出向品牌产品、品牌模式并重输出的提升转变。

三、思路建议

以“世界眼光、国际标准、中国特色、高点定位”设立生态产品“丽水认证”，统领推进“丽水山耕”“丽水山居”“丽水山景”“丽水山泉”“丽水山路”等“山”字系品牌矩阵建设，以品牌赋能实现优质优价，以品牌模式输出引领消费潮流。

（一）建立生态产品“丽水认证”体系

充分吸收借鉴日本JAS认证、欧盟（EU）有机认证、美国USDA有机认证等地区认证，以及FSC森林产品认证、MSC海洋产品认证等特定领域认证经验，努力在省级、国家级层面支持下筹建生态产品价值实现标准化技术委员会，建立统一的生态产品“丽水认证”标准评价体系和全程可追溯性产销监管链标准体系，努力成为符合山区特色、具有国际先进水平的生态产品标准和技术规范。生态产品“丽水认证”方面，可围绕产品及环境要求，如有机成分、空间地理（如海拔经纬、坡度坡向等）、空气、水、温度、湿度、风力、日照、磁场、土壤有机质、尊重自然循环和动物福利、保护生物多样性、应对气候变化和环境保护，等等；也可围绕农业、畜牧业、林业、水产业等领域，按生产者、加工者、包装者等生产加工环节制定标准。产销监管链标准方面，可包括原产地（保护）、加工地、物流仓储、经销、售后服务等全链条拟定，深化“物联网+大数据”监管链条中的应用。强化“生态产品”的主体地位，丰富生态产品辨识度，对“丽水山耕”品字标认证、《“丽水山居”民宿服务要求与评价规范》《乡村旅游品牌认定标准》再升级，推动“丽水山路（绿道）”等标准制定。

（二）以品牌赋能促进生态产品增值溢价

拓宽生态产品营销渠道，整合形成店商、电商、微商的“三商融合”营销体系，构建“三商融合”品牌推介平台，缩短产品的市场流通周期，实现热销增值。加强与中西部结对山区联动，共同建设包括基于扶贫的网上生态产品超市，努力把高品质农产品销往全国、走向世界，让更多“好生态变成好产品、好产品卖出好价钱”。引导“丽水山耕”“丽水山居”等区域公用品牌企业进行股份制改造，逐步培育规模化、标准化生产的“丽水山耕”产品加盟基地以及“丽水山居”开发设计示范基地等投资加盟产业平台，并逐步向产业链上下游及其他利益相关产业拓展，形成完整有机的商业生态闭环。升级“丽水山居”民宿综合服务平台，助推

“丽水山居”实现服务、管理、营销等智慧化转型，提供各类线上服务、线下引导、农家乐民宿诚信查询等服务。支持建设产地冷链物流设施，鼓励农业产业化龙头企业、大型企业、农产品流通企业和大型商超在丽水建设绿色农产品供应基地，引导在大型商超设立经“丽水认证”的生态产品专区、专柜，引导高消费群体在丽水建立直供基地，使“丽水山耕”等品牌成为品质消费的标配，实现品牌附加值比普通产品增值数倍以上，同时融通带动其他“山系”品牌消费。

（三）以品牌模式输出引领消费潮流

推动成立第三方生态产品质量认证机构，开展生态产品“丽水认证”的认证工作。组建包括国际认证机构的品牌认证联盟，实现认证标准多领域、国标化、世标化，认证结果国际互认，认证标准体系全球共享，着力把“丽水认证”打造成为生态产品服务消费领域的“爱马仕”。探索深化“一次认证、多国证书”国际合作。依托现有“丽水山耕”农产品国际认证联盟，适当扩大国际会员、长江经济带会员，实行最严格准入，提升区域公用品牌认证的权威性和可信度，实现优势品牌高附加值。发挥华侨优势，探索组建农产品食品国际直供基地和供货联盟，推动“丽水山耕”农产品进入海外中餐馆，引导国外农产品食品贴上“丽水认证”在国内销售，把丽水打造成为国际农产品食品领域要素“双循环”的重要节点。可适时与上海复星集团加强合作，共同打造中国山区版“地中海俱乐部”模式，积极探索开展康养服务认证体系研究和实践推广。

第六章

创新生态产品市场化交易机制

生态产品经营开发就是在严格保护生态环境前提下，充分发挥市场在资源配置中的决定性作用，既包括经营开发生态产品，推动生态产业化，也包括生态资源权益的直接交易。健全生态产品经营开发机制，关键就是在供需对接、创新模式、价值增值、权益交易等方面形成良性循环，在市场交易中推动绿水青山蕴含的生态产品价值实现。

（摘自2021年4月28日，国家发改委有关负责同志就《关于建立健全生态产品价值实现机制的意见》答记者问）

增强生态产品的生产能力和市场容量，关键还是要发挥市场在生态产品配置中的决定性作用，大力发展各种形式的市场化交易机制(李忠等，2021)。

在丽水，位于庆元的“中国香菇城”久负盛名，松阳的浙南茶叶市场是国内规模较大的绿茶交易市场，以及龙泉的木耳交易市场、云和的木质玩具辅料市场等均有一定的规模，这些物质生态产品市场交易活跃，市场机制发挥良好。

公共生态产品是一种外部经济，往往不能通过市场交易直接体现，需要通过一定的机制设计，使生态产品价值在市场上得到显现。国际上此类产品的价值一般通过政府财政补助机制(生态保护补偿)的方式来实现，但形式较为单一，未能全面体现“保护者获益、使用者付费”的原则。近年来，国家层面先后出台了一系列制度文件，如《关于健全生态保护补偿机制的意见》《建立市场化、多元化生态保护补偿机制行动计划》等，要求充分利用市场机制，优化资源配置，提高生产效率，实现保护中发展和发展中保护。

本章从生态系统、生态空间、生态权属等三个观察视角，分别围绕森林生态系统生态产品交易、规划发展权与生态用地空间交易、农村产权交易等展开探索。

第一节　建立森林生态系统生态产品市场交易机制

丽水森林资源丰富，林业产权清晰，这为丽水开展森林生态产品交易奠定了重要基础。2021 年 4 月 19 日，丽水市发改委和财政局联合发布《丽水市(森林)生态产品政府采购和市场交易管理办法》，改办法共分为丽水市(森林)生态产品政府采购、(森林)生态产品一级交易市场、(森林)生态产品二级交易市场三部分。其中，一级交易市场，即政府间交易市场，旨在明确政府供给生态产品的责任，提升不同地方政府供给生态产品的灵活性和效率；二级交易市场，即各类主体间的交易市场，旨在激励市场主体主动参与优质生态产品供给，并按照“保护者获益、使用者付费”的原则获得收益。一级市场和二级市场相互补充、联动实施，构成了调节服务类生态产品的市场交易制度体系。

一、丽水市(森林)生态产品政府采购管理

丽水市(森林)生态产品政府采购是云和县县级层面出台生态产品政府文件

之后，在市级层面出台的采购文件，两者理念相似，但市级站位更高。现从谁来采购、向谁采购、采购什么、怎么采购、采购条件、资金来源等维度来梳理其内容及采购流程(图 6-1)。

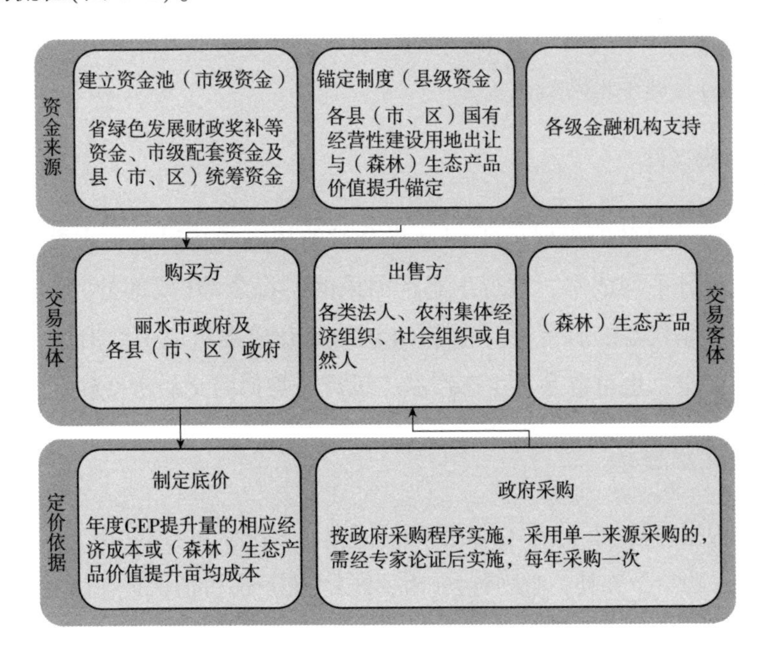

图 6-1　丽水市(森林)生态产品政府采购流程

(一)谁来采购

丽水市人民政府及各县(市、区)政府。

(二)向谁采购

各类法人、农村集体经济组织等其他组织或自然人。

(三)采购什么

森林生态系统为人类提供的调节服务类生态产品(以下简称为生态产品)，含：农村集体所有林地上的生态产品权益，农民以户承包的林地上的生态产品权益，各类法人、社会组织投资林地上的生态产品权益，其他自然人投资林地上的生态产品权益。

(四)怎么采购

按政府采购程序实施，经专家论证后符合单一来源使用情形的，可采用单一来源方式采购，每年采购一次。

(五)采购条件

各县(市、区)政府根据年度 GEP 提升量的相应经济成本，或者按照森林生态产品价值提升平均成本，进行生态产品采购，将全部(或部分)经济成本支付给相应生态产品权益的所有者。相应 GEP 的提升成本可以由政府组织评估机构或专家评估确定，也可以参考生态产品二级市场类似的交易价格确定。

(六)资金来源

市财政根据各县(市、区)GEP 提升目标完成情况，对各县(市、区)(森林)生态产品政府采购给予奖补，激励各县(市、区)生态产品价值保护、修复和提升。各县(市、区)依据锚定的(森林)生态产品价值(GEP)提升任务，合理编制(森林)生态产品采购预算，通过专项安排、资金整合、上级补助等方式，筹措安排采购资金，确保(森林)生态产品采购资金需求。探索研究多元化平台和渠道，导入社会公益资金参与(森林)生态产品采购。建立丽水市国有经营性建设用地出让面积与(森林)生态产品价值提升的锚定制度，结合土地使用性质与生态产品价值(GEP)，优先安排出让经营性建设用地收入用于生态保护修复，进一步增强生态产品供给能力，提升生态产品价值。允许各级政府在丽水市域内跨行政辖区交易锚定指标，即通过向其他辖区购买锚定指标来满足本辖区出让国有经营性建设用地的前置条件。争取将更多的生态产品纳入全国金融系统认可的抵押标的物范围；推动多层次各级资本与丽水市合作设立生态产品价值实现相关基金；争取各金融机构为丽水市生态产品提供融资、担保、保险、优惠利率等方面的支持。

(七)其他

严格按照批准的预算原则进行采购；根据年度变更核算结果，若该年度相应林地上的 GEP 未提升，则该林地上的生态产品不应进入采购范围；保证生态产品功能量不下降。

二、丽水市(森林)生态产品一级交易市场

作为政府间交易，市政府规定各县(市、区)人民政府根据生态产品总量规划任务和年度计划任务，交易生态产品价值的年度目标任务与年度完成任务之间差额的行为规范。现从管理主体、交易平台、交易主体、交易客体、交易程序等方面梳理其内容及交易流程(图 6-2)。

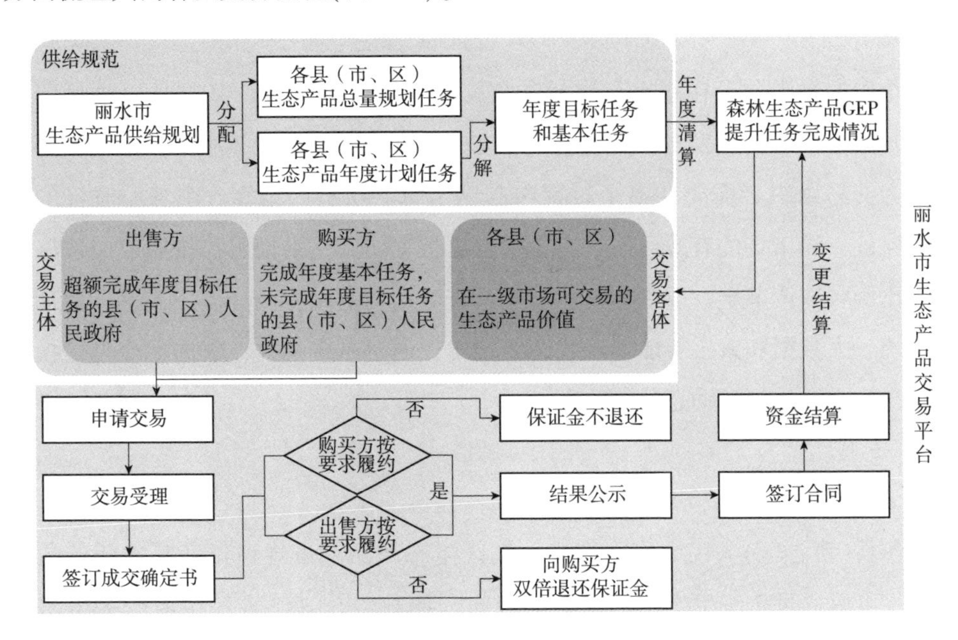

图 6-2　丽水市生态产品一级市场交易流程

(一)管理主体

丽水市生态产品政府采购和市场交易工作领导小组下设办公室，办公室设在市发改委，承担领导小组的日常工作，制定有关规则和管理办法。领导小组办公室和有关行政主管部门对生态产品一级市场交易实施监督。领导小组办公室须重点做好包括但不限于以下三项工作：①负责编制生态产品总量规划和年度计划。以稳定森林面积、提升森林质量、增强森林生态功能为主要目标，以

完成年度计划指标为主要任务，结合相关政策规定和技术标准规范，在广泛征求各地和各方面专家意见的基础上，形成一个具有战略性、针对性、操作性的生态产品供给规划。②科学分配各县(市、区)的生态产品总量规划任务和年度计划任务。根据各县(市、区)水源涵养和土壤保持的GEP现值和2020—2025年总体增长2%的目标，将全市总量规划任务科学分配至各县(市、区)，并进一步分解年度计划任务。③建立森林生态产品价值定期评估制度。根据生态产品价值现状，及时调整地区间交易汇率，保障等功能量交易原则的实现。

(二)交易平台

市级交易平台设在丽水市农村产权交易中心，为生态产品交易提供场所设施、政策咨询、信息发布、交易组织、交易鉴证、交易登记等服务。市级交易平台作为交易组织者需要在整个过程中起到清算、执行、结算、服务、监督的作用，保证一级市场的有效运作。交易平台可根据实际交易情况，按照成交价格的一定比例收取调节金。以森林资源二类调查数据为基础，充分应用遥感、地理信息系统、大数据和人工智能等现代高新技术，通过系统集成、数据融合与建模等方法，建立森林资源动态监测体系。

(三)交易主体

各县(市、区)人民政府在完成本辖区生态产品总量规划年度基本任务的前提下，可以通过市级生态产品交易平台向其他县(市、区)人民政府购买生态产品，代为完成本辖区年度目标任务中未完成的部分①。

(四)交易客体

根据年度目标任务和年度基本任务完成情况，确定各县(市、区)在一级市场中可交易的生态产品价值。市级交易平台应定期发布各县(市、区)年度任务完成情况，实时公开市场交易价格。

---

① 注：年度基本任务是指各县(市、区)每年必须自行完成的任务，一般以年度目标任务的60%比例计算；具体比例可由市生态产品交易工作领导小组根据实际情况进行调整。

（五）交易程序

①申请交易。由购买方和出售方向市生态产品交易平台申请产权交易，同时提交下列材料：生态产品交易申请表；交易双方协商后的交易声明和保证书；市交易平台出具的针对交易双方的年度任务清算信息；按照法律、法规、政策规定需要提交的其他材料。②交易受理。市生态产品交易平台应当对交易双方提交的申请交易资料进行完整性和合规性的形式审查，并自收到全部材料之日起5个工作日内作出是否受理交易的决定。交易双方申请材料齐全、符合规定形式，或按要求提交全部补正申请材料的，交易机构应当予以接收登记。申请材料不齐全或不符合规定形式的，交易机构应当将审核意见或需补正内容及时告知交易双方。③组织交易。出售方应提供具体交易的生态产品的空间位置。交易机构根据工作职责实施现场确认。交易双方在现场签订《成交确认书》，交易结果在统一信息平台公示，公示时间不少于5个工作日。④交易确认。公示结果无异议的，交易双方应当在5个工作日内签订交易合同。生态产品交易合同应当符合法律法规的相关规定。⑤资金结算。交易资金包括交易保证金和交易价款，以人民币结算。交易资金由交易双方按合同约定结算。《成交确认书》发出后，出售方拒签合同的，向购买方退还双倍的交易保证金；购买方拒签合同的，其交易保证金不予退还，给出售方造成经济损失的，由购买方负责赔偿。

三、丽水市（森林）生态产品二级交易市场

作为市场主体间交易，二级市场交易是指法人、社会组织、农村集体经济组织或自然人可以向其他各类主体出售经登记的生态产品权益的行为。现从交易平台、交易主体、交易客体、交易程序等方面梳理其内容及交易流程（图6-3）。

（一）管理主体

丽水市、各县（市、区）生态产品政府采购和市场交易工作领导小组。

（二）交易平台

各县（市、区）生态产品交易平台。主要职责为：向社会购买生态产品并形

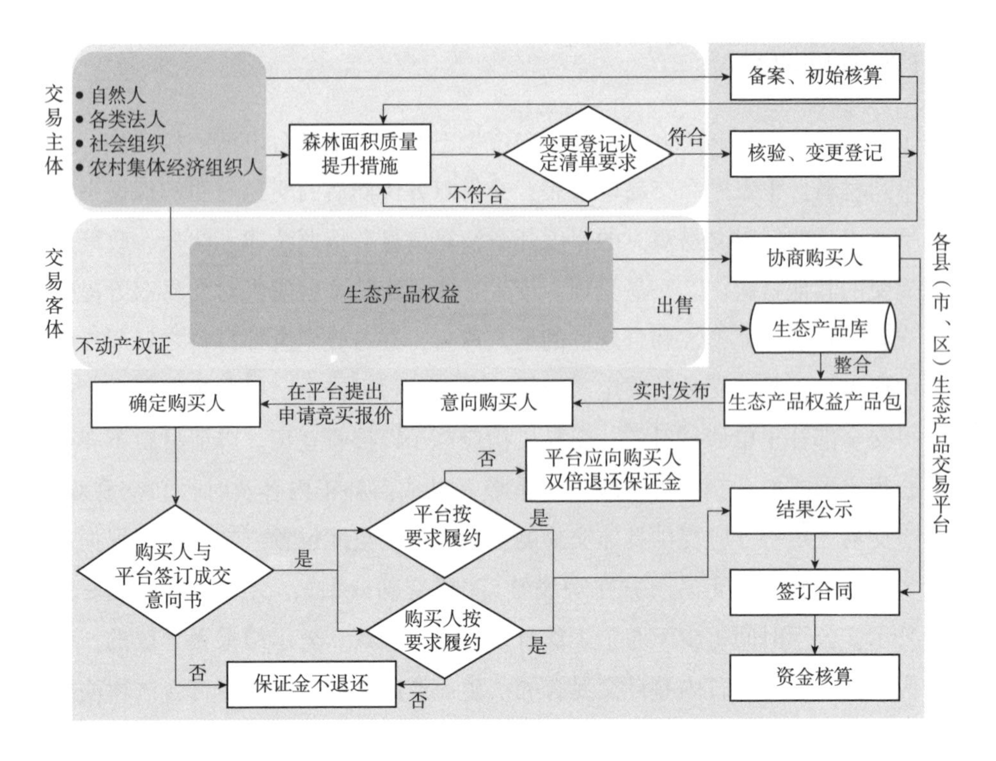

图 6-3　丽水市(森林)生态产品二级市场交易流程

成产品库；组织、整合产品库中的不同产品向社会出售。平台按照当前市场挂牌价格购买各类法人、社会组织、农村集体经济组织或自然人的生态产品权益。平台将分散的生态产品权益入库后，根据市场实际需求，设计生态产品权益整合方案形成产品包，并通过公开招标、拍卖、挂牌等方式完成产品包中的相关权益的集中交易。

(三)交易主体

各类法人、社会组织、农村集体经济组织或自然人。①

(四)交易客体

生态产品权益，具体是指新增森林面积与存量森林质量提升带来的权益。权

① 注：购买人包括因开发活动造成生态负面影响的上述主体，以及维护公共利益的政府、社会组织等。

益大小可以通过生态产品价值（GEP）核算来衡量。

（五）交易程序

①变更登记。各类法人、社会组织、农村集体经济组织或自然人采取新增森林面积或存量森林质量提升措施，符合变更登记认定清单内容要求的，可到不动产登记机构在各级交易平台设立的登记窗口申请变更登记。平台组织专业机构实地评估核实。核实通过后在申请人不动产权证书上进行变更登记，登记内容为变更登记认定清单的相应序号、相应地块的生态产品权益（GEP 值）。②申请交易。各类法人、社会组织、农村集体经济组织或自然人在进行变更登记时可以选择将生态产品权益直接出售给交易平台或自行与购买人协商后在平台交易。③收购入库。在材料审核、现场核实、GEP 核算后，交易平台按照收购时点的市场均价支付价款，并及时更新生态产品库。④发布信息。县（市、区）交易平台根据市场供需信息对在平台登记的生态产品权益进行整合打包，统一、实时发布可进行交易的生态产品信息。⑤受理报名。由意向购买人向所在的县（市、区）交易平台提出申请，提交下列材料：生态产品交易申请表，内容需包括开发项目基本信息、申请购买生态产品数量、《土地开发项目生态影响评估报告》《土地开发项目生态修复方案》等；意向购买人的声明与保证；意向购买人主体资格证明材料；竞买保证金支付凭证；按照法律、法规、政策规定需要提交的其他材料。⑥竞买报价。受理交易的县（市、区）交易平台在指定交易场所以协议、招标、拍卖、挂牌等方式组织开展生态产品权益交易。市场成交价不应低于政府最低采购价格。⑦成交确认。确定购买人后，购买人与交易平台当场签订成交确认书。成交确认书对购买人、交易平台具有法律效力。购买人拒签成交确认书或签订成交确认书后购买人不按照要求履约的，视为放弃竞得标的物，竞买保证金不予退还。如交易平台不按照要求履约的，交易平台应向购买人双倍退还竞买保证金。⑧结果公示。交易结果统一在交易平台进行公示，公示时间不少于 5 个工作日。⑨签订合同。公示结果无异议的，购买人与交易平台应在 5 个工作日内签订交易合同。生态产品交易合同应当符合法律法规的相关规定。⑩资金结算。交易资金包括交易服务费和交易价款，以人民币结算。交易资金按照合同约定结算。⑪其他中止或终止情形。

四、启示与建议

（一）启示

《丽水市（森林）生态产品政府采购和市场交易管理办法》的出台，前后共经历1年左右时间，是丽水市发改委和浙江大学杨武团队共同研究实践的成果。因试点过后，全省需统一GEP核算，受此影响，该办法有待后续实施。以此办法为参照，有五点启示。

1. 产权制度是市场交易的前提条件

丽水坚持林权改革已15年有余，早在2011年国家林业局负责人在丽水调研林权改革时，对丽水林权改革给予了"全国林权改革看浙江，浙江林权改革看丽水，丽水林权改革是全国的一面旗帜"的高度评价。丽水已基本建立了归属清晰、权责明确、监管有效的林业产权制度，这为推进林业资源资产有偿使用，推进引入市场竞争配置，奠定了坚实的基础。

2. 可供有需是市场交易的存在基础

生态产品进入市场交易，首先需要有市场的供需主体。市场供需双方包括了提供和需要提供林业生态资源资产保值增值服务的各类法人、社会组织、农村集体经济组织或自然人。丽水在"保护者获益、使用者付费"交易机制的制定中，实际上是以政府一级市场间交易为突破口，将政府间生态资源资产保值增值责任与目标任务纳入生态产品价值实现的交易范畴，进而带动二级市场交易，在笔者看来，这是供给创造需求的一种制度安排。

3. 价格形成是市场交易的决定因素

在整个制度安排中，坚持成本效益原则，如在一级市场，各县（市、区）政府根据年度GEP提升量的相应经济成本，或者按照森林生态产品价值提升亩均成本进行生态产品采购，将全部（或部分）经济成本支付给相应生态产品权益的所有者——这是一级市场价格形成的决定因素。在二级市场交易的是生态产品权益，如果供大于求，交易价格走低，自然会传导到一级市场价格；如果供小于求，交易价格走高，购买方会权衡利弊，在市场采购或自身组织"占补平衡"间作出选择。

4. 占补平衡是市场交易的核心法则

丽水按照生态优先、总量平衡的原则，将国有经营性建设用地出让面积与(森林)生态产品价值提升来锚定，建立“生态占补平衡”机制，结合土地使用性质与生态产品价值(GEP)，优先安排出让经营性建设用地收入用于生态保护修复，这与美国的“湿地银行”模式有些相似，也是检验二级市场交易是否活跃的关键。

5. 平台培育是市场交易的支撑保障

在整个交易过程中，由国有平台负责运营，为生态产品交易提供场所设施、政策咨询、信息发布、交易组织、交易鉴证、交易登记等服务，并作为交易组织者在交易过程中起到清算、执行、结算、服务、监督的作用，协同建立森林资源动态监测体系，引入金融要素支持，保证市场的有效运作。

(二)建议

同时，结合2018年12月国家发改委印发的《建立市场化、多元化生态保护补偿机制行动计划》等文件要求，提三点建议。

1. 需要考虑制度成本问题

包括组织运营成本、森林资源动态监测成本、GEP核算成本等等。根据以往经验，丽水市每十年一次的森林资源普查都需要近5000万元的投入，GEP核算也需要每年500万以上的支出，如此高额的成本，势必要考虑经济性和各县域的承受力。在作者看来，该交易机制是可以推广的机制，省级、国家层面应加大指导和支持力度，尽量把这些成本降下来(如通过卫星监测支持)，让更多会员参与进来，让市场尽早活起来。

2. 可加入林业碳汇交易内容

在此交易设计中，是采用了“涵养水源”“土壤保持”两项核算项目的GEP现值作为参考来定任务指标的(该两项指标约占GEP的20%以上，占比高且相对稳定)。在与林业、生态环境等部门采用统一核算口径的情况下，可把“固碳”指标纳入(GEP核算目录当中本身也有，但占比不高)，或者把“固碳”指标单独设立，新增林业碳汇交易。

3. 加强交易市场的对接衔接与整合集成

尽快完成华东林业产权交易所资产重组、实体运作、制度建设、资质调整①，在此基础上争设国家级生态产品交易中心，一方面加强与中国绿色碳汇基金会合作，进一步充实交易主体，完善包括管理、碳汇计量、审核、注册、签发、交易等在内的林业经营碳汇项目交易体系(图 6-4)，并适时承接更大区域范围的碳市场交易；另一方面，进一步整合平台，健全排污权有偿使用制度、用能权交易机制，探索建立生态产品与用水权、用能权、排污权、碳排放权等环境权益的兑换机制。

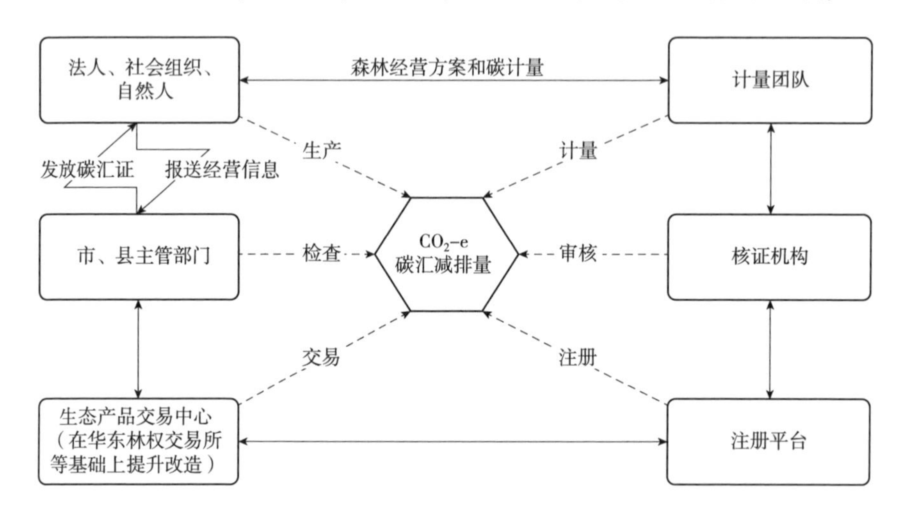

图 6-4　林业经营碳汇项目交易体系②

第二节　探索建立规划发展权与生态用地空间交易机制

习近平总书记指出，“要采取有力措施促进区域协调发展、城乡协调发展，加快欠发达地区发展，积极推进城乡发展一体化和城乡基本公共服务均等化。要科学布局生产空间、生活空间、生态空间，扎实推进生态环境保护，让良好生态

① 注：已由丽水市国资控股。

② 注：该图参考下文并有所修改。李怒云等．林业碳汇自愿交易的中国样本——创建碳汇交易体系实现生态产品货币化[J]．林业资源管理，2015(10)：1-7。

环境成为人民生活质量的增长点，成为展现我国良好形象的发力点。”①

生态空间是生态产品的承载空间，也是国内多数欠发达地区的主体功能区划定位区域。过去省域、国家层面编制国土空间规划时，存在两个不合理：一是增量不合理。过去主要是依据人口分布和增长、经济社会发展状况和布局、基础设施等重大项目布局等因素来分配发展空间，较少考虑生态环境保护因素，编制规划中自然地赋予城市发展区更多的建设用地规模和发展空间。二是存量亦不合理。原有的生态用地保护面积确定机制不合理，在确定耕地保有量和基本农田保护面积等生态保护比例时，按各地实有耕地、基本农田面积和林草面积等确定相近的保护率，如一般要求各地基本农田保护率不低于耕地的85%，这在实际上剥夺了耕地保有量和基本农田保护面积大的地区的发展权，让这些地区承担了更重的生态保护任务，并且各省还把耕地、林地保护和补充任务更多地交给生态保护地区。

在新一轮编制国土空间规划时对“三区三线”②的划定，表明以提供生态产品为主体功能的生态保护地区在规划源头上即失去发展权利，不利于推动区域、城乡协同发展，需要空间上配套行之有效的生态产品价值实现机制，让良好生态环境成为欠发达地区人民生活质量的增长点。

本节在介绍美国土地发展权制度的基础上，再阐述规划发展权与生态用地空间交易机制的思路。

一、美国土地发展权制度简介

土地发展权是从土地所有权延伸和派生出来的一种权利，是源于英国、美国等国家为保护农业用地、森林等而设计的一种土地利用管理机制（吕军书和李天宇，2020），目的就是要建立一种市场化的政策工具，以保障和激励生态功能区内的土地所有者自愿参与生态保护行动，并在总体城市规划管制下通过发展权市场价格调节，避免城市“摊大饼”式发展，促进土地资源集约节约利用③。

20世纪早期，欧美国家城市发展的蔓延，导致了对大量农地的侵占和自然生态

---

① 引自：习近平2015年5月27日在华东七省市党委主要负责同志座谈会上的讲话。

② “三区三线”：是根据农业空间、城镇空间、生态空间三种类型的空间，分别对应划定的永久基本农田保护红线、城镇开发边界、生态保护红线三条控制线。

③ 引自：程郁，张亮．以发展权调节我国土地利用和保护平衡[N]．中国经济时报，2017-10-17。

环境的破坏。土地开发的地域分布不平衡，以及开发区与未开发区土地收益的巨大差异，带来了社会发展和财富分配的不公，也诱使了土地的过度开发。由此，1947 年英国在《城乡规划法》中率先提出了土地发展权概念，旨在建立对城市土地开发有效控制的机制。英国的土地开发权归国家所有，由国家向土地所有者授予开发许可来实现土地的规划管制，获得开发许可者必须在开发前先向政府缴纳开发税。

1968 年，美国借鉴英国经验在纽约的标志性建筑保护中引入了土地发展权制度。美国的土地发展权项目分为两大类，即土地发展权购买(purchase of development right，PDR)和土地发展权转让(transfer of development right，TDR)。土地发展权购买，即由政府或公共机构通过公共资金向土地所有者购买土地发展权，以支持特定区域农地、生态资源、开放空间等的永久性保护，或对未来的发展或区划功能调整进行储备。土地发展权转让，即土地开发者向生态保护区农地、林地及其他自然空间的所有者购买发展权，用于获得或增进其开发区域的开发权。保护区因出售发展权而取得收入，从而获得对无权发展自己土地的隐性损失的补偿。通过制度保障生态保护地区发展权，有效避免了城市发展区与生态保护地区出现新的不平衡问题。与发展权的购买项目相比，发展权的转让更具有可持续性和可推广性，并能够为环境保护提供更高的激励。在严格土地利用管制的基础上，美国通过明确划定发展权转入区和转出区、合理设置转出区的发展权分配率、提高对转入区发展的密度奖励、建立土地发展权银行和推动发展权跨区域转让，有效创造了土地发展权交易市场，支撑实现了对大量生态保护用地的市场化补偿。

二、设立规划发展权与生态用地空间交易机制思考

结合本研究，先简要梳理十多年来我国国土空间保护利用发展情况：2010 年，我国制定了《全国主体功能区规划》，但由于缺乏有效补偿机制，限制开发区和禁止开发区的可持续保护面临困难，这些地区的发展权理应得到重视。2017 年，中共中央国务院印发了《关于加强耕地保护和改进占补平衡的意见》，但部分相对落后地区落实“变形走样”，为获得耕地占补平衡指标，违法违规毁林开垦、生态破坏严重、水土流失等问题突出，同时还存在“毁林开垦”与“耕地撂荒”并存乱象。2018 年，国办印发了《跨省域补充耕地国家统筹管理办法》和《城乡建设用地增减挂钩节余指标跨省域调剂

管理办法》，两份文件分别指出，跨省域补充耕地资金和城乡建设用地增减挂钩节余指标跨省域调剂资金，都将全部用于巩固脱贫攻坚成果和支持实施乡村振兴战略，但目前提供补充耕地和空间规模的地区能够提供的补充耕地和建设用地空间规模存量已经不大，且原来分配的建设用地总规模较小，随着经济社会发展和基础设施投入的加大，自身发展空间也不足，能用于交易的也不多。

当前，我国已进入严控城市建设用地增量扩张和严格土地规划管理阶段，各级城市土地成交溢价率持续攀升，初步具备了开发土地增值收益反哺农业和生态用地保护的市场条件。作者认为，土地是大多生态产品的载体，生态产品的价值都可以通过生态用地量化。可借鉴美国土地发展权交易的经验做法，构建由“生态用地价值+GEP”或“生态用地价值×R(GEP)①”为价值单元的国土生态空间单元，作为规划发展单元，在新一轮国土空间规划中，争取支持丽水在长三角地区(浙江)开展“规划发展权与生态用地空间交易机制”试点，重点围绕生态用地保护率、生态保护地区“留权不落地”的建设用地发展规划权等两项指标开展交易，建立起保护“绿水青山”的内在激励，主要操作模式如图6-5所示。

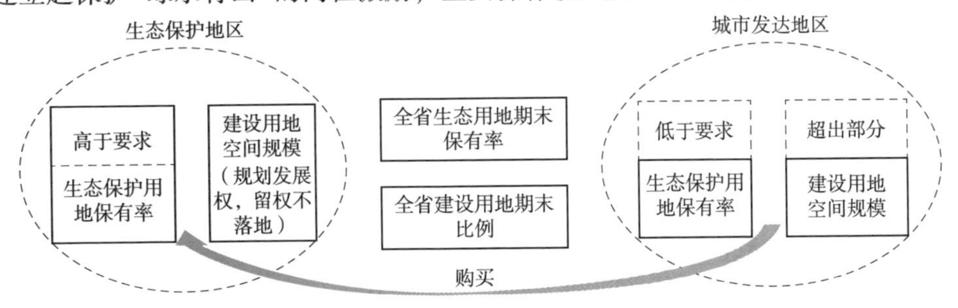

图6-5　规划发展权与生态用地空间交易示意图②

① 注：可参考案例6及其点评。

② 示例：先假设将农用地面积当作生态用地面积，如2018年末某省农用地(生态用地)面积约占全省土地总面积的45%，建设用地占土地总面积的4.1%，同期甲市和乙市生态用地(农用地)面积分别占土地总面积的38%、81%，建设用地面积分别占土地总面积的37%、2%，假设该省生态用地规划期末保有率为48%、建设用地比例为5%，甲市、乙市生态用地规划期末保有率经修正后分别为42%、75%，建设用地比例分别为32%、4%，则甲市至少应购买4%(42%~38%)的生态用地指标，购买5%(37%~32%)的建设用地规模空间，乙市则可以出售6%(81%~75%)的生态用地指标，至少可以出售1%(5%~4%)的建设用地空间规模，这个1%的建设用地空间规模即为赋予规划发展权可用于交易但乙市不能在本地区使用的建设用地空间规模。

（一）分配标准和模式①

通过三调全面摸清全省各类用地面积，测算出现有生产空间、生活空间、生态空间面积，以及生态空间中各类生态用地面积，分别测算各类生态用地和建设用地占全省土地总面积的比例，即得出全省各类生态用地平均保护率和建设用地规模比例。相应地，各市、县（市、区）、乡（镇、街道）进行相同的测算，摸清各地现有各类生态用地保护率和建设用地比例。在国土空间规划编制中，改变以各地现有各类生态用地比例定保护面积的模式，合理确定规划期末全省平均的生态用地应保有率和建设用地总规模比例，根据全省各类生态用地平均保有率，依据“人地挂钩”的原则，按照人均建设用地面积、常住人口和社会经济发展情况等进行修正，确定各地规划期末本地区生态空间应保有率和建设用地总规模比例。总的原则，根据全省规划期末生态用地保护率和建设用地比例，结合生态产品价值量化，适当降低生态保护地区的生态用地保护率，或适当增加生态保护地区建设用地总规模，但不论是降低还是增加的部分，均只能用于指标交易，但不能改变现状。

（二）可交易量的确定

以县一级行政区域为基本单位，对于现状生态用地面积同时高于全省生态用地平均保护率和全省生态用地应保有比例的地区，超过规划期末应保护比例的生态用地部分可以作为补充指标用于交易，但实际保护面积不能减少；规划期末建设用地比例低于全省规划期末数的，差值部分即作为可用于交易的规划发展权（建设用地空间规模），以留权不落地或留空间规模不留地的方式分配给该地区，建立台账，允许按照国家规定用于集中统一交易。现状建设用地面积已超过规划期末面积的，必须通过购买规划发展权才能拓展城镇开发边界。

---

① 注：关于分配和模式、可交易量的确定、交易模式，参考了自然资源部督查上海局王学新、上海交通大学谷晓坤合作的论文《构建基于规划发展权和生态用地的生态产品价值实现新机制——国土空间规划与生态产品价值的整体思考》。

（三）交易模式

在设立交易账户，采取政府确定底价和市场交易定价相结合的方式。交易方式有两种，一种是可以采取直接买卖指标的方式，这种方式当前收益明显，可在短期内为生态保护地区提供较大规模的发展资金；另一种是以"飞地"模式落到沿海发达地区，共同开发建设，积极促进生态产品价值异地转化。按照符合规划和用途管制以及产权主体自愿的原则，"山区"和"沿海"地区自主决定采用哪种交易方式，使生态保护地区能享受规划红利和发展红利，推动不同主体功能定位的地区均衡可持续发展。

第三节　推进农村产权交易机制再深化

乡村是具有自然、社会、经济特征的地域综合体，兼具生产、生活、生态、文化等多重功能，与城镇互促互进、共生共存，共同构成人类活动的主要空间。乡村生态空间是具有自然属性、以提供生态产品为主体功能的国土空间，拥有丰厚的生态、社会和经济价值。要缩小乡村与城市的差距，迈向共同富裕，关键是要把广大乡村所蕴含的生态产品价值转化出来，而当中的产权交易制度设计显得非常重要。本节先分析丽水现状、周边改革形势，然后提出乡村产权交易机制再深化思路。

一、丽水农村产权交易平台建设情况①

丽水在 2014 年就成立了农村产权交易平台，该平台由市农投公司独资设立的丽水市农村产权服务有限公司负责营运，主要为农村各类产权流转交易提供信息发布、登记、业务咨询、代理等服务，实行会员制管理。截至 2021 年底，全市农村产权线上交易累计 5688 宗，交易金额 9.05 亿元（表 6-1）。

① 参见网址：http：//lsnccq. 1shengtai. com/。

表 6-1 全市农村产权交易情况汇总(2014.01 至 2021.12)

序号	类型	挂牌项目数量(个)	挂牌金额(万元)	成交数量(个)	成交金额(万元)	成交率(%)
1	土地承包经营权	3699	44932.86	3696	37206.87	99.92
2	水域养殖	50	168.29	50	168.94	100.00
3	农村房屋所有权	584	8277.48	583	8406.41	99.83
4	林权	710	11423.10	710	11627.77	100.00
5	宅基地使用权	33	547.30	33	691.51	100.00
6	农村集体物业租赁	612	6296.89	611	6629.66	99.84
7	水电股权(市级)	5	18681.00	5	25748.00	100.00
合计		5693	90326.91	5688	90479.15	99.91

经过 7 年多的运营，平台运营累积了不少问题，主要表现在：一是体制不顺。市级层面产权交易平台，由市国资公司(农投)管理运营，县—乡级交易平台虽落实专兼职工作人员负责，但大多以应付考核为主，平台实际成了线下交易后的线上登记所，没有真正发挥应有功能。二是整合不畅。农村产权确权信息存在系统不通的问题，交易流转“一张图”没有真正实现，需要与自然资源、建设、水利、农业等部门进一步对接。三是机制不全，包括交易鉴证的官方认可、评估鉴定、交易层级分类等环节。四是激励不足。对农村产权经纪人及评估专家予以激励的政策未落实到位。同时，平台所面临的乡村形势已发生重大变化，如随着更多的农民进城和外出创业，乡村资源资产闲置浪费现象突出，单一、零散、量小的点对点产权交易难以吸引工商资本“下乡进村”，难以撬动乡村全面振兴。平台既要破解发展中所累积的问题，也要在新形势下，顺势而为，推动自身重塑再造。

二、周边改革形势

福建省南平市在国务院参事室等专家指导下，2018 年在全国首创了“生态银行”平台机制。“生态银行”不是金融机构，而是借鉴商业银行“分散化输入、集中式输出”的模式，将分散零碎的自然资源资产集中起来形成“自然资源资产包”，并促成绿色产业与“自然资源资产包”进行对接的市场化中介平台，旨在破解资源分散难统计、碎片化资源难聚合、优质化资产难提升、社会化资本难引进等问题，推动生态产品价值可量化、能变现。

浙江省在多次组织人员到南平考察学习后，于2019年开始在丽水市、安吉县、常山县等地建设“两山银行”试点，其中，“安吉两山银行”①在专业化运营上较有代表性。“生态银行”与“两山银行”虽然名称不同、牵头实施主体不同，但内容实质异曲同工。事实上，福建南平“生态银行”做法，在丽水并不是没有，而是碎片化的存在，如丽水(青田)侨乡投资项目交易中心②、莲都下南山古村整体开发案例等。目前，“两山银行”的平台模式已推广至江西、湖北、安徽、山东等省份。

不得不提的是，因使用“银行”名称，涉嫌违反《中华人民共和国商业银行法》第十一条“未经国务院银行业监督管理机构批准，任何单位和个人不得从事吸收公众存款等商业银行业务，任何单位不得在名称中使用‘银行’字样”的法律规定，银保监会于2022年1月27日要求纠正③。名称虽然不妥，但其内在的理念与运作模式不妨是我们努力深化的方向。

三、两山转化平台：乡村产权交易机制再深化

结合丽水实际，把握周边形势进展，推动农村产权交易平台在原有核心业务基础上，再优化顶层设计、整合重塑再造，使之成为“两山转化平台”。现做三个方面的阐述：

(一)“两山转化平台”内涵及功能

两山转化平台，即促成绿水青山与金山银山之间相互转化的准公共服务平台。该平台内植“GEP、GDP两个较快增长”的逻辑，一方面，将山水林田湖草以及农村宅基地、集体用地、农房等碎片化资源像银行存款一样分散式输入，经规模化收储、专业化整合后，最终以项目包的形式集中输出，完成

① 网址参见：http：//www. anjilsyh. com/cms。
② 网址参见：http：//www. qtpec. com。
③ 注：中国银行保险监督管理委员会．关于不规范使用“银行”字样的风险提示[EB/OL]. http：//www. cbirc. gov. cn/cn/view/pages/ItemDetail. html？docId=1035353&itemId=915。

市场供需对接，实现“绿水青山”端向“金山银山”端的转化，进而做大“金山银山”；另一方面，对生态环境修复、生物多样性的保护等加大投入和交易，从而实现“金山银山”端向“绿水青山”端的转化，进而做靓“绿水青山”。

平台包括资源整合、价值评估、信息发布、交易撮合、信用服务等功能，主要集成以下五项业务：一是推动“绿水青山”权益资源有效集聚。即在自愿的前提下，将零碎、分散的山水田林湖草湿、集体用地、古建筑、闲置宅基地等资源资产权益，进行集中集聚、价值评估。二是发布“绿水青山”“金山银山”两大信息。即在绿水青山端，基于 GEP 向 GDP 转化，发布林木所有权、水电产权及股权、用能权、用水权、碳排放权、承包经营权、宅基地和农房使用权等权益流转、转让信息；重点是发布以上述权益为基础的产业招商项目策划信息。在金山银山端，基于 GDP 向 GEP 转化，发布生态保护、增值与修复项目信息，比如，补植复绿、流域整治、湖库清淤、边坡治理、灾害防治、园林绿化、珍贵林种植、生物多样性保护、静脉产业等项目信息。三是撮合“绿水青山”与“金山银山”相互转化。通过依法转包、租赁、托管、合作、特许经营、折价入股、基金投入、购买服务等形式，撮合多方主体交易，包括资源资产权益及其基础上的生态产业项目撮合，以及生态保护、增值与修复项目撮合等，旨在促进“两山”加快转化。四是开展增信服务。针对会员，依法开展担保、抵押融资、生态信用评价等服务。五是开展生态资源资产“收储”服务。在以底线思维防范金融风险的基础上，开展“收储”工作。

（二）健全市、县两级平台服务体系

聚焦解决资源变资产变资本过程中的难点和堵点，增强“两山转化”服务支撑能力。一是推进平台功能重组（图 6-6）。市级两山转化平台可分为交易与数据服务部、项目评估与收储部、项目策划与招商部、生态占补与修复部、项目融资与风控部等部门，县级平台可参照设置，乡镇层面设立服务窗口。交易可分为两个部分，即传统的农村产权交易（相当于初级市场）；基于资源资产包策划的产业项目交易，包括规模以上的农业开发项目、农文旅开发项目、生态修复保护项目等。二是强化数字赋能。结合数字化改革，围绕资源摸底清单化、策划评估个

性化、资源收储多元化、招商运营平台化、生态反哺制度化等，打造“两山转化”应用场景，实现资源资产管理开发可视化呈现、动态化管控、自动化分析、科学化决策。三是强化招商推介。按照“招大商、招好商”的思路，坚持目标导向，利用各种招商推介平台和途径，引入优质产业投资机构、优秀运营管理团队开展合作，对自然资源进行开发运营。四是提升投资融资服务能力。有效发挥财政资金杠杆效应，加大支农资金整合，优先支持生态产品价值实现项目。创新绿色金融产品，为农业企业、农民合作社、家庭农场等生态资源经营主体提供融资担保、产业化服务。

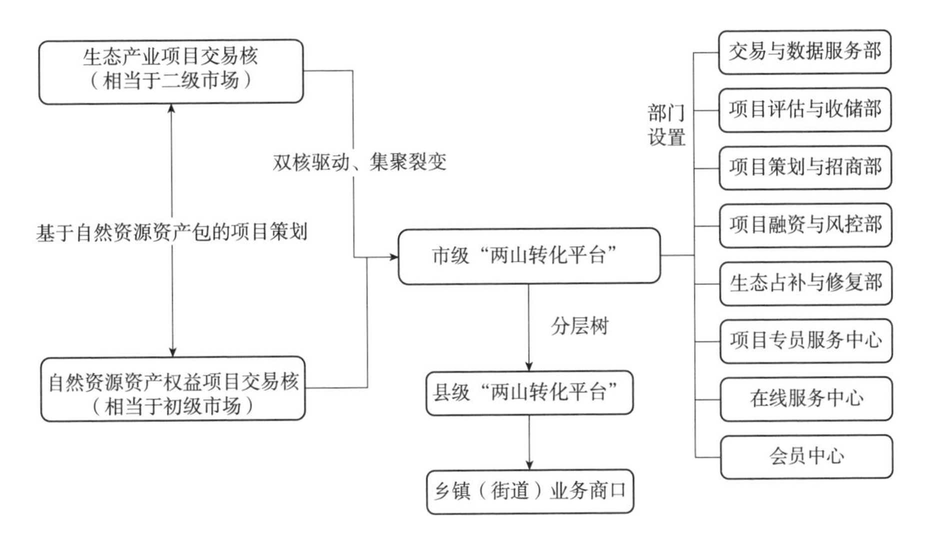

图 6-6　丽水市“两山转化平台”组织脉络图

（三）重点推进“两单一库”建设

提高“两山转化平台”运转效率，“两单一库”建设必不可少：一是建立自然资源资产清单。结合国土空间规划和自然资源资产清单一张图，根据乡镇（街道）上报和现场调查及确权，确定县级自然资源资产整体情况，通过数据整合，形成县级自然资源资产库目录清单，相关数据通过授权导入县级两山经营公司，然后汇总形成市、县两级自然资源资产数据库。二是建立重点资源资产管控清单。根据调查摸底情况，对市域范围内可供开发的自然资源资产实行统一管理，由专家委员会及专业评估机构进行价值评估，县、乡镇、村分别建立重点资源资产管控清单，所有自然资源资产项目开发需经统一平台流转，加强规划空间、用地指标统一管控，按照分类分级原则分别报备。三是整合提升形成项目库。对可供开发的闲置资源及低效开发项目，根据所有者意愿，通过租赁、入股、托管、赎买等多种形式，由县、乡镇(街道)公司开展集中收储，将资源流转到县"两山转化"平台，由相关专业团队对分散资源进行整合提升，按照区域、产业分类，策划形成集中连片优质的县级自然资源资产项目包，进而汇总形成全市自然资源项目包。

第七章

活络金融支持生态产品价值实现机制

要始终坚持以人民为中心的发展思想，推进普惠金融高质量发展，健全具有高度适应性、竞争力、普惠性的现代金融体系，更好满足人民群众和实体经济多样化的金融需求，切实解决贷款难贷款贵问题。

（摘自2022年2月28日，习近平总书记在中央全面深化改革委员会第二十四次会议上的讲话）

纵观实体经济，但凡金融活跃的领域，均是资本潮涌逐利的方向。金融既是检验生态产品价值实现程度的试金石，也是推进生态产品价值实现的重要资金来源和支撑保障。丽水早在2012年就被列为全国农村金融改革试点三个地级市之一，现又向国家申报“普惠金融服务乡村振兴改革试验区”“全国气候投融资试点城市”双试点，具备金融支持生态产品价值实现的良好基础。

本章沿着基于生态产业化、产业生态化和生态保护补偿的金融支持逻辑开展研究梳理，并就前阶段的探索提炼出四类支持模式(见附录二：案例5)。

第一节　基于生态产业化的金融支持

生态产业化与乡村产业振兴高度重合，是生态产品价值实现的重点领域和薄弱环节，尤其需要加大倾斜支持力度，增加金融供给。

一、丰富生态产品金融工具

(一)支持发展“碳排放抵消”金融业务

一是大力发展林业碳汇金融。林业碳汇主要指在相关机构、碳减排主管部门成功登记或备案的一定期限内的碳减排量。可着重支持发展以林业碳汇核证减排量(即森林吸收二氧化碳的净增量)未来收益权质押或投保对象，由银行保险机构向符合条件的市场主体办理的林业碳汇收益权质押贷款和价格指数保险等林业碳汇金融产品，推广“林业碳汇未来收益权+森林险”质押贷款。鼓励主体在国际VCS、GS、VER+等自愿减排机制，国内自愿减排项目(CCER)或碳减排主管部门中登记或备案，并给予一定激励。进一步完善林业碳汇质押价值评估、风险补偿等配套机制。二是全产业链支持清洁能源发展。引导银行机构利用大数据平台信息，对与清洁能源核心龙头企业紧密相关的能源输送、装备制造、技术服务等产业，通过应收账款质押、货权质押等方式开展全产业链融资支持，重点在风电光伏、抽水蓄能、低碳技术项目等清洁能源领域绿色项目及基础设施建设项目给予倾斜；创新清洁能源资产证券化、银行投贷联动等业务模式，鼓励银行机构推动绿色投融资产品和服务创新，以“商行+投行”的模式，有效整合传统信贷产品以及并购、债券、股权、基金等金融工具，有效助推华东绿色能源基地建设。

（二）探索发展基于生态产品增量项目核证的金融业务

充分借鉴 CCER 核证，依托丽水森林生态系统生态产品市场交易中所列的土壤保持(既是碳源，也是碳汇)、水源涵养、GEP 等项目纳入核证范围，也可将湿地生态系统生态产品指标纳入核证范围，同步完善相应的测算标准和方法学，拓展开发与森林、湿地生态系统生态产品相关的金融产品，包括为生态产品增量建设提供的信贷、债券、信托、基金等金融支持，未来收益权质押贷款，交易端的期权、期货等金融衍生业务(图 7-1)。

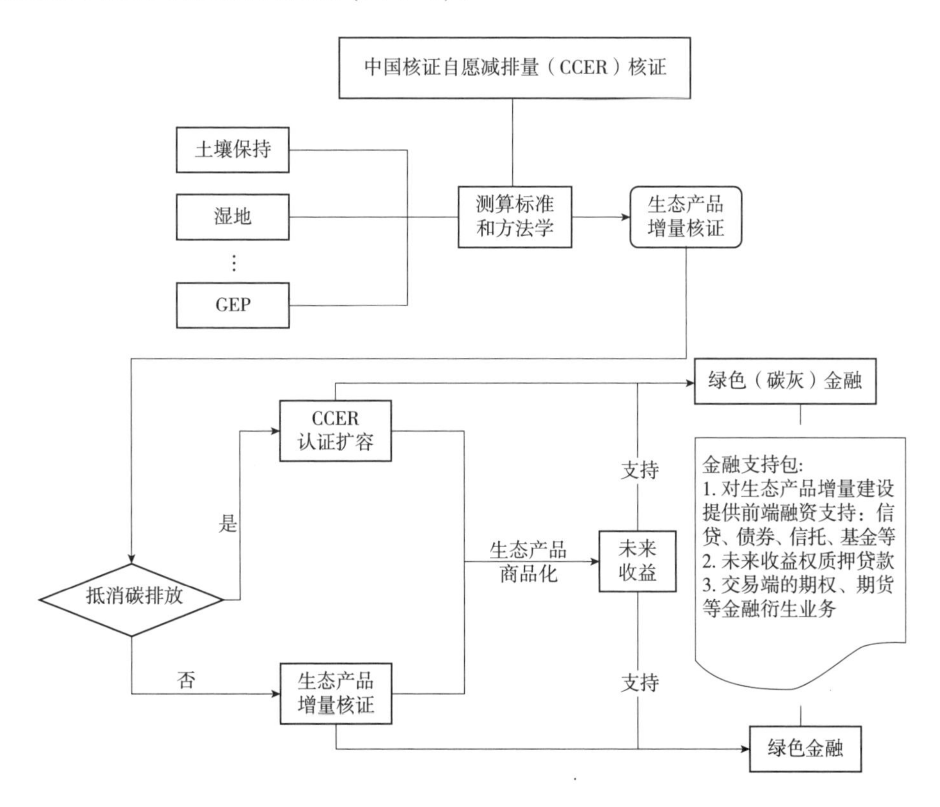

图 7-1　生态产品增量核证与绿色金融

(三)加大"三农"生态产业化领域金融支持

积极发展供应链金融，充分应用区块链技术，总结推广松阳茶产业供应链融资模式(图 7-2)，围绕茶叶、香菇、杨梅、甜桔柚、洁水渔业等优势产业在种养、加工、采购、销售等各个环节，为核心企业及其产业链上下游的农户提供整体授信、批量放款，促进小农户和现代农业发展有机衔接。推动休闲农业、乡村旅游、特色民宿和农村康养等产业发展，创新打造农村产业融合、基础设施建设、绿色金融、普惠金融、产权改革等领域金融产品体系，持续创新开展"生态贷""两山贷""生态区块链贷"等业务，提供"融资+融智""资金+方案"等综合服务模式，实现产品供给更加丰富，服务品质更加优良。

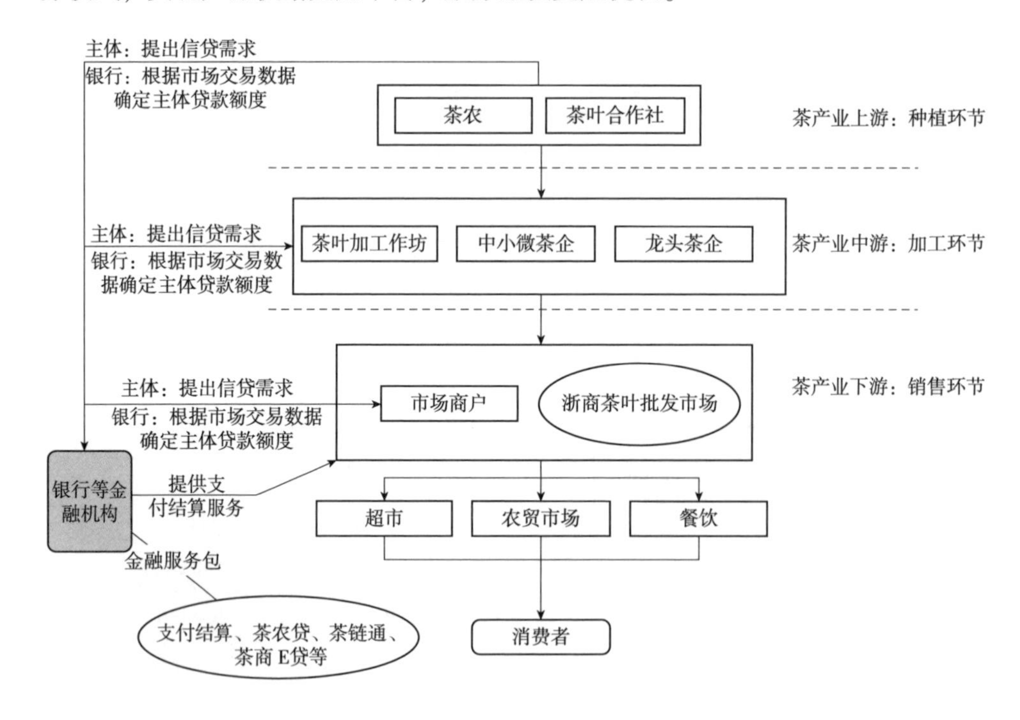

图 7-2　基于浙南茶叶批发市场的松阳茶产业供应链融资模式架构

(四)推动担保方式再创新

积极拓宽农业农村抵质押范围，推动厂房和大型农机具抵押、活体畜禽抵押、动产质押、仓单、农业保单质押、知识产权质押、景区收益权等应收账款质押担保方式的信贷业务，积极稳妥推广农村承包土地经营权抵押、林业经营权流转证抵押等贷款业务，形成全方位、多元化的农村资产抵质押融资模式。支持村集体利用闲置宅基地、农房发展精品民宿、农家乐，创新基于农地产权、股权、入托收益权等新型农村产权担保贷款产品，激活农村生产要素，让农民融资渠道更加便捷、融资选择更加多样。推广景宁农村信贷与保险、政府相结合的“政银保”互动合作机制。完善丽水市政府性融资担保体系配套机制，加速推进政府性融资担保体系一体化建设，提升全市政府性融资担保实力和抗风险能力。

（五）夯实生态保险业务

进一步升级完善茶叶低温气象指数保险、杨梅采摘期气象指数保险等机制，逐步健全特色农业气象指数保险覆盖范围，加大农业自然灾害保障补偿力度，可参照广泛性、普及性、多层次原则建立巨灾保险制度。聚焦重点行业节能增效、低碳能源发电、生态增汇等绿色低碳循环发展关键核心技术，创新绿色低碳技术研发、知识产权保护保险服务模式，推广风电、光伏、水电等领域保险产品。引导保险资金投资气候项目，鼓励保险机构为地方气候项目和气候友好型企业提供增信措施。

二、争取加大生态环境导向（EOD）的开发金融支持

生态环境导向的开发模式（eco-environment-oriented development，EOD），是以生态文明思想为引领，以可持续发展为目标，以生态保护和环境治理为基础，以特色产业运营为支撑，以区域综合开发为载体，采取产业链延伸、联合经营、组合开发等方式，推动公益性较强、收益性较差的生态环境治理项目与收益较好的关联产业有效融合，统筹推进，一体化实施，将生态环境治理项目带来的经济价值内部化，是一种创新性的项目组织实施方式①。可紧抓“瓯江源头区域山水林田湖草沙一体化保护和修复工程”获得中央财政支持的机遇，加强与开发性金融机构深度合作，推动生态导向（EOD）产业开发等绿色金融试点落地，系统化、

① 引自：《关于推荐生态环境导向的开发模式试点项目的通知》（环办科财函〔2020〕489号）。

一体性助推山上山下、地上地下、流域上下游的生态治理，形成“抓好 GEP 同样是为了 GDP，抓出 GDP 才有更好 GEP”的生动局面。

三、推动生态信托和生态投资基金发展

积极引导金融机构、大型企业、慈善公益组织合作开展以生态产品项目为标的的信托业务，促进信托投资与生态产业融资有机结合，推动生态保护与生态产业发展、社会效益“一举多得”。可充分借鉴杭州龙坞水库“善水基金”信托模式（图 7-3①），建立多方参与、可持续的生态补偿机制。统筹协调推进政府产业基金投资运作，优先支持、参股符合高质量绿色发展产业基金及生态经济产业基金等相关标准、绿色投资相关指引的绿色低碳项目。鼓励社会资本设立绿色低碳产业投资基金。充分发挥好政府产业“母基金”的引导、撬动、杠杆作用，引导社会资本合作设立“可劣后”的各类生态产业发展“子基金”。支持企业引进风险投资基金，获得技术指导和资金支持，鼓励有条件的企业通过发债和上市寻求更大的发展机会。

第二节　基于产业生态化的金融支持

2021 年 4 月 30 日，习近平总书记在主持中共中央政治局第二十九次集体学习时强调，“‘十四五’时期，我国生态文明建设进入了以降碳为重点战略方向、推动减污降碳协同增效、促进经济社会发展全面绿色转型、实现生态环境质量改善由量变到质变的关键时期。”②从国内这个层面，应对气候变化、降低碳排放工作是“一举四得”的事：第一，有利于推动经济结构绿色转型，加快形成绿色生产方式和生活方式，助推高质量发展；第二，有利于推动污染源头治理，降碳的同时，也减少了污染物的排放，从而与环境质量改善产生显著的协同增效作用；第三，有利于提升生态系统服务功能，保护生物多样性；第四，有利于减缓气候

---

① 引自：自然资源部发布的《生态产品价值实现典型案例》（第三批），第 20 页。

② 引自：习近平主持中央政治局第二十九次集体学习并讲话（2021）[EB/OL]. 中国政府网 . http：//www.gov.cn/xinwen/2021-05/01/content_ 5604364. htm。

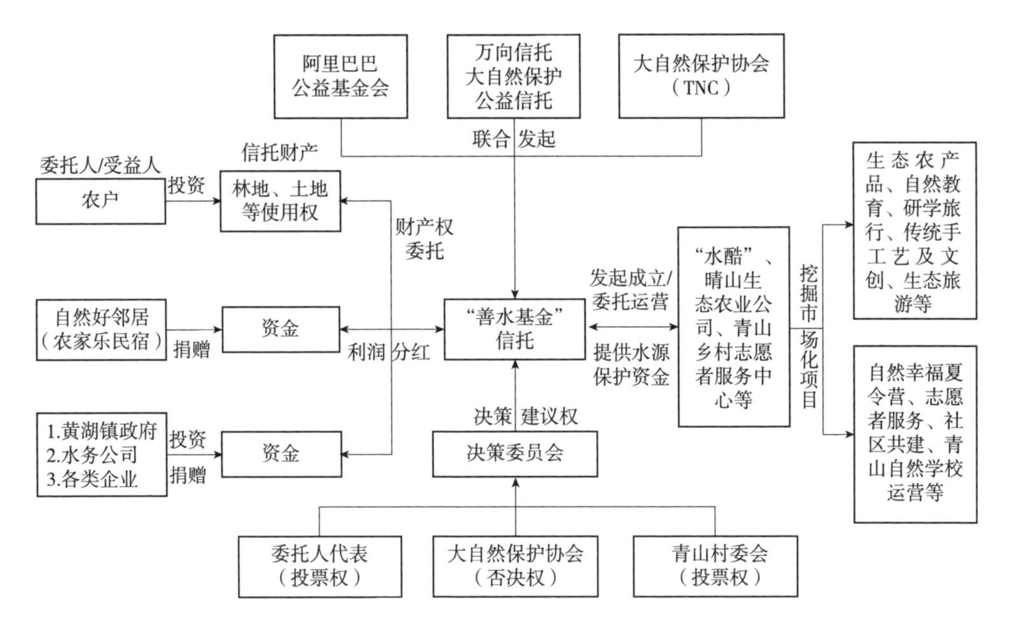

图 7-3 "善水基金"信托运行结构图

变化带来的不利影响，减少对经济社会造成的损失①。围绕产业生态化的"减污降碳协同增效"导向，可推动以下金融服务支持。

一、创新碳核算和信息披露机制

推动建立碳核算和信息披露工作，是开展金融服务的前提工作，可聚焦以下三个方面。

（一）构建区域气候投（融）资"可视化驾驶舱"

在丽水市"花园云"城市大脑平台中创设气候投（融）资"可视化驾驶舱"，构建清晰准确的碳账户体系，动态监测气候投（融）资相关的项目进展、融资对接、风险状况等情况，可视化展示气候投（融）资的资金支持、节能降碳增效、碳账户清单等成效，为政府部门和金融机构开展气候投（融）资工作提供数据支撑。

① 引自：减污降碳，推动高质量发展——访生态环境部部长黄润秋（2021）[EB/OL]. 人民网 . http：//qh. people. com. cn/n2/2021/0103/c182756-34508326. html。

进一步完善企业账户平台，重点建设碳排放数据、碳排放强度数据和重点发电企业碳排放三大板块，丰富碳交易、碳分析、碳金融、碳指数四大应用模块应用场景，指导企业科学管理碳排放配额，方便管理部门及时掌握区域碳排放交易情况，并实现金融机构与企业碳资信信息互通，有效衔接碳减排与多种金融产品。

（二）积极推行重点领域碳评价

探索形成全市统一的碳排放评价数据库及培育碳排放评价第三方机构，建立碳排放评价的监督监管机制。鼓励银行机构将重点用能企业（项目）碳表现作为授信审批重要依据。针对碳表现劣变的已授信项目，建立信贷资金退出机制。探索引入第三方专业机构碳核查机制，评估核查重点绿色项目碳减排情况，实现绿色金融环境效益数据真实可靠。

（三）强化企业碳排放信息披露

建立健全重点企（事）业单位年度碳排放报告制度，编制碳排放监测计划，实施动态管理。深化落实企业碳排放权交易会计制度，探索企业碳资产委托管理。开展第三方核查与复查，严格核查复查工作流程、技术标准、机构准入条件，切实加强第三方核查机构和人员的备案管理、技术标准实施。分梯次推进全市金融机构环境信息披露，推动探索披露持有资产碳足迹、高碳资产风险敞口和自身运营碳足迹信息。

二、丰富金融服务支持

首先，加强与金融机构合作。依托革命老区、山区 26 县、共同富裕等政策支持，探索与国家政策性银行、省内主要银行签订绿色金融合作协议，引导合作银行围绕当地传统产业绿色改造和新动能培育，可在绿色债券、绿色基金、绿色信贷、绿色 PPP 等产品服务创新以及绿色保险合作上先行先试。

其次，明晰基于产业生态化的金融支持重点领域。聚焦能源、工业、交通、建筑、农业、生活和科技创新“6+1”重点领域，引导金融机构为低碳产业发展、高碳产业转型、理论技术创新攻关提供长周期、低成本资金，鼓励开发性政策性金融机构按照市场化法治化原则为碳达峰行动提供长期稳定融资支持，促进传统高碳产业向低碳产业转型。积极参与浙江省制造业“腾笼换鸟、凤凰涅槃”攻坚行动，落实“两高”企业(项目)清理整治工作要求，重点支持高碳产业绿色改造、减碳脱碳技术项目等的融资需求，提升对绿色经济活动的风险保障能力。探索将碳排放情况纳入差别化绿色信贷和绿色保险政策，试点“整园授信”“保险整园服务”，支持绿色低碳园区和绿色低碳工厂建设，为符合安全环保要求、有订单、有效益的企业提供技术改造贷款等融资保障，大力推广环境污染责任险等保险产品。

再次，推动碳融资工具创新。基于企业碳信息，“碳效贷”“低碳贷”“减碳贷”等新型金融产品和服务。帮助市场参与者更有效管理碳资产，为其提供多样化的交易方式，助其提高市场流动性、降低价格波动风险。鼓励金融机构和碳资产管理机构创新开展碳债券、碳资产质押、碳资产回购、碳资产租赁、碳资产托管等融资业务。主动对接落实，争取开展碳远期、碳期货、碳掉期、碳期权，以及碳资产证券化和指数化的碳交易产品等。

最后，推进环境权益融资。推动集成建立排污权、节能量(用能权)、水权等环境权益交易市场，发展基于碳排放权、排污权、节能量(用能权)等各类环境权益的融资工具。

三、支持对接资本市场

深入实施“凤凰行动”，支持符合条件的绿色低碳产业企业境内外上市融资和再融资。鼓励优势龙头企业通过并购重组等方式整合技术、人才、品牌、市场等要素资源，引领和带动一批现代绿色低碳产业集聚发展。鼓励企业发行绿色债务融资工具。

第三节　基于生态保护补偿的金融支持

农民的抵押物不足、抵押范围狭窄一直是农村金融发展的绊脚石。生态保护补偿是生态保护地区居民的重要收入来源，就丽水而言，受益面最广的是生态公益林补偿。上一轮农村金融改革以来，丽水有赖于生态公益林等补偿的逐年增加，生态公益林当前和未来的补偿逐步开发成为金融产品，助推丽水在涉林贷款方面走在全国前列，为进一步拓展金融支持奠定了基础。

一、省级以上公益林补偿政策演变

自实施森林生态效益补偿制度以来，省级及以上公益林补偿标准逐步提高，16年间先后提高了11次，已从2004年的每亩8元提高到2020年的最低每亩33元(表7-1)。2016年开始，对省级及以上公益林实施分类补偿。从2017年起，提高主要干流和重要支流源头县以及国家级和省级自然保护区公益林的补偿标准至40元/亩。2020年，浙江省发布《关于实施新一轮绿色发展财政奖补机制的若干意见》，对省级以上公益林实施分类补偿范围扩容，即主要干流和重要支流源头县、淳安县等26个加快发展县、国家级和省级自然保护区的公益林补偿标准为40元/亩；首次开展省级重要湿地生态补偿试点，补偿标准为30元/亩。截至2019年底，浙江省级及以上公益林面积4549万亩，各级财政已累计投入补偿资金150亿元，资金惠及330万户1300余万人，公益林建设发挥了巨大的生态效益和社会效益，对助推全省大花园建设和乡村振兴起到了积极作用。

表7-1　浙江省省级及以上公益林历年最低补偿标准　　元/亩·年

年度	最低补偿标准	其中		
		损失性补偿标准	护林员管护费用	公共管护支出
2020	40(提高档)	35	3.5	1.5
	33	28	3.5	1.5
2017	40(提高档)	35	3.5	1.5
	31	26	3.5	1.5
2016	35(提高档)	30	3.5	1.5
	31	26	3.5	1.5
2015	30	26	2.5	1.5
2014	27	23	2.5	1.5
2013	25	21	2.5	1.5
2012	19	15	2.5	1.5

（续）

年度	最低补偿标准	其中		
		损失性补偿标准	护林员管护费用	公共管护支出
2011	19	15	2.5(集体、国有不低于4元)	1.5
2010	17	13	2.5(集体、国有不低于4元)	1.5
2009	17	131	2.5(集体、国有不低于4元)	1.5
2008	15	111	2.5(集体、国有不低于4元)	1.5
2007	12	8	2.5(集体、国有不低于4元)	1.5
2006	10	67	2.5(集体、国有不低于4元)	1.5
2005	8	5	2.0(集体、国有不低于3元)	1.0
2004	8	5	2.0(集体、国有不低于3元)	1.0

二、基于公益林质押融资的丽水经验

（一）建立完善顶层设计

2016年，市政府制定出台了《推进公益林补偿收益权质押融资工作指导意见》，重点围绕公益林补偿收益权证明、质押登记、融资方式、不良贷款处置等核心环节，在全市范围内建立了统一规范的公益林补偿收益权质押融资机制。同时，由人民银行丽水市中心支行制定质押贷款管理办法，市级林业部门制定证明管理办法，各县（市、区）政府制定具体实施办法，金融机构制定贷款实施细则，确保全市公益林补偿收益权质押贷款规范有序推进。

（二）创新推出多形式公益林质押融资方式

为有效满足不同贷款主体的资金需求，目前丽水市已探索出了三种生态公益林收益权质押融资模式。一是公益林补偿收益权直接质押贷款模式，即借款人将自有或他人所有的未来一定期限内的公益林补偿收益权直接质押给金融机构，金融机构根据未来公益林补偿收益总额的一定比例发放贷款。二是公益林补偿收益权担保基金贷款模式，即村集体或农户以公益林未来一定期限内的补偿总收益为质押，成立担保基金，为农户向金融机构贷款提供担保，担保倍数一般不超过收益担保基金规模的 10 倍。三是公益林未来收益权信托凭证质押贷款模式，即农户或村集体将公益林未来补偿收益集中托付给信托公司管理，信托公司向农户发放信托权益凭证，农户向当地信用社办理信托权益凭证质押贷款。

（三）建立风险补偿和不良处置机制

一是建立履约承诺机制。要求借款人在申请贷款时提供同意在贷款无法按期偿还时由金融机构处置公益林补偿收益权的书面承诺书，确保发生不良贷款时能顺利处置质押物。二是建立反担保机制。明确公益林补偿收益权担保基金贷款模式中，借款人申请担保基金为其担保时，必须向村集体提供宅基地、农房、林地等农村产权等进行反担保，并同意在债务到期未清偿时在本县范围内流转处置反担保物的书面承诺。三是建立风险补偿金制度。明确公益林补偿收益权担保基金贷款模式中，村集体每年按集体公益林补偿收益的 10%提取风险补偿金，用于不良贷款处置。四是建立扣划制度。对借款人无法偿还到期质押贷款的，根据收益权人的履约承诺，县(市、区)林业局、财政局协助金融机构划转公益林补偿金，直至还清贷款本息为止。五是建立转让制度。金融机构可以通过将借款人的公益林补偿收益权转让给第三方的方式代偿贷款本息。

三、下一步建议

梳理起来，总共有五点：一是进一步提高生态公益林补偿标准，将补偿标准与全省居民人均可支配收入增幅相挂钩，进而提高融资杠杆基数。二是进一步扩大省级及以上生态公益林面积，增加村集体收入，从而扩大惠普金融潜在收益面。三是可借鉴生态公益林收益权质押融资模式，增加湿地收益权质押融资业务。四是可借鉴山东青岛经验，建立针对重点水源地村(含重点库区移民村)、生态湿地村等生态奖补机制，进而提高所在村及村民的融资杠杆基数、增信水平。五是可建立山区重要地区梯田(湿地)生态奖补机制(如“稻鱼共生”国家重要农业文化遗产保护地)，在确保山区梯田不撂荒、农耕文脉不间断的同时，扩展金融普惠领域。

第八章

初创生态信用体系

人与自然是生命共同体。生态环境没有替代品，用之不觉，失之难存。“天地与我并生，而万物与我为一。”“天不言而四时行，地不语而百物生。”当人类合理利用、友好保护自然时，自然的回报常常是慷慨的；当人类无序开发、粗暴掠夺自然时，自然的惩罚必然是无情的。人类对大自然的伤害最终会伤及人类自身，这是无法抗拒的规律。“万物各得其和以生，各得其养以成”。

（摘自2018年5月18日，习近平总书记在全国生态环境保护大会上的讲话）

信用是现代社会、经济的核心，信用体系作为一项软性基础设施，在促进经济发展和社会治理过程中有举足轻重作用。生态信用建设是社会信用体系建设的新兴领域，也是生态产品价值实现机制试点的重要内容，对于全面提升公民生态文明素养，高水平推进市域治理现代化有重要作用。

《浙江(丽水)生态产品价值实现机制试点方案》中明确指出，“建立生态信用制度体系。建立企业和自然人的生态信用档案、正负面清单和信用评价机制，将破坏生态环境、超过资源环境承载能力开发等行为纳入失信范围。探索建立生态信用行为与金融信贷、行政审批、医疗保险等挂钩的联动奖惩机制。”本章围绕生态信用的相关内涵、制度架构、实操场景等方面开展较为系统的探索实践①(其实践应用进展，可参见附录二：案例 7，以及附录三：咨政内参 2)。

第一节　生态信用内涵及特征

一、信用的内涵

信用的概念起源于伦理道德领域。《论语 · 述而》中提到，“子以四教：文、行、忠、信”；《左传 · 宣公十二年》中提到，“其君能下人，必能信用其民矣。”随着经济社会发展，货币和商品出现，信用概念延伸到社会的各个领域。“信用”在《辞海》中的解释是：“以偿还为条件的价值运动的特殊形式。多产生于货币借贷和商品交易的赊销或预付之中”；《牛津法律大辞典》中解释是：“指在得到或提供货物或服务后并不立即支付报酬而是允诺在将来付给报酬的做法。”

狭义上而言，信用是经济学概念，是指经济交易的主体 A 在向主体 B 承诺未来偿还的前提下，主体 B 向其提供商品或服务的行为。信用不仅反映交易主体主观上是否诚实，也反映他是否有履行承诺的能力，在信用活动中，可能会发生借钱一方“说话不算数”的情况，包括主观故意不还(如赖账)，或者愿意还，但客观上确实做不到。因此，经济学意义上的信用具有履约能力和履约意愿两层含义。

① 本章内容系丽水市发改委委托作者团队开展研究的阶段性成果。

近年来，信用概念已突破经济学范畴，不断多元化，成为一种社会治理工具。《社会信用体系建设规划纲要(2014—2020)》(国发〔2014〕21号)中提出，社会信用体系是我国市场经济体制和社会治理体制的重要组成部分，强调“政务诚信、商务诚信、社会诚信和司法公信”为主要内容。其中，社会诚信中的环境保护和能源节约领域信用建设对于社会治理的意义逐渐凸显。《国务院办公厅关于加快推进社会信用体系建设　构建以信用为基础的新型监管体制的指导意见》(国办发〔2019〕35号)中更是指出要将生态环境作为信用规制的重点领域。生态信用正是基于生态文明建设的大背景下，从传统信用体系中分化出的新型信用因子。

二、相关研究综述

在学术界，国内外学者对生态信用相关理论进行了一定的研究。Labatt和White(2002)指出，生态信用是为了改善生态环境、降低环境风险而建立的人与生态之间的信用关系。马雁(2003)研究了生态信用的立法基础，指出生态信用建立在人与自然生态利益交换契约的基础上，将其纳入立法是社会发展的必然要求——这与本研究观点较为相符。杨兴和吴国平(2010)对环境信用未被重视的原因进行了分析，指出其根源在于得不到法律保障，建议建立企业绿色信用评价制度。鲁小波和陈晓颖(2011)认为通过建立生态信用管理系统实现对游客旅游行为的有效管理是十分重要的举措。杨丽伟(2012)主张在企业环境信用评价中引入独立的第三方机构，保证评价结果的客观、公正。陈英(2012)建议通过分类管理的模式来突出企业绿色信用评价成果的效用。关阳和李明光(2013)选取广东省和浙江省部分城市进行实证研究，发现绿色信用评价中存在指标缺乏关联性、评价方法和步骤不科学等问题，而且单纯依靠环保部门参与，难以发挥出在企业发展中环境行为的干预作用。王文婷(2019)研究了我国环境信用制度构建问题，指出环境信用制度构建应坚持法治化的框架，考虑评价标准、评价依据、联合激励惩戒机制和修复机制。方轻(2021)认为完善环境信用评价是回应生态保护与环境规制时代要求的必由之路。

通过分析国内外生态信用相关研究成果，不难发现，社会各界已经充分意识到信用建设对于生态环境保护的重要作用，并对生态信用建设进行了一些研究探索。但是，现有研究主要局限于企业的绿色信用建设和环境信用建设，对于生态信用体系建设缺乏系统的研究和实践。

二、生态信用、绿色信用与环境信用的区别及联系

生态信用是一个创新的概念，涉及信用管理、绿色金融、生态环境保护等多个学科领域，从国内外现有的研究和实践来看，尚没有对生态信用的权威定义。通过与环境信用、绿色信用等相似概念的对比分析，有利于理解生态信用的内涵。

（一）生态信用与环境信用、绿色信用的区别

环境信用即环境保护信用，指环境主体在环境保护领域履行法定义务或遵守约定义务的状态，目的是通过信用手段解决环境污染治理难题，在实践中主要表现形式为企业环境信用评价，侧重于推动有环境污染风险的企业的环境行为显性化、公开化。绿色信用是伴随绿色发展、绿色金融等概念产生的，强调信用的经济属性，目的是通过构建绿色信用体系，解决市场交易中的信息不对称问题，引导经济金融资源向绿色和环保产业流动，实践中主要是基于金融交易为目的来评判企业和项目的绿色信用状况。生态信用是基于生态文明建设而出现的概念，用于反映各类社会主体在“人与自然和谐共生”约束条件下的践约情况，既强调环境保护义务和责任，又兼顾推动生态经济发展，具有道德和经济的双重属性。

（二）生态信用与环境信用、绿色信用的联系

首先，三者都是在资源短缺、环境污染、生态破坏的背景下提出的解决方法，由于环境保护、绿色发展都是生态文明建设的组成部分，生态信用包含了环境信用、绿色信用的应有之义，换言之，环境信用和绿色信用是生态信用的组成部分。其次，环境信用、绿色信用与生态信用建设过程是高度统一的，都要经过信息共享、信用评价、联合信用奖惩等信用建设共性环节。再次，三者目标高度一致，旨在运用信用手段解决生态问题，以保护和改善人类生存环境为最终目标。

三、生态信用内涵、特征与生态信用体系

(一)生态信用内涵及特征

根据上述分析，作者认为生态信用是指社会成员在“人与自然和谐共生”问题上遵守法律法规或社会约定，践行承诺，而建立的人与自然生态之间的信用关系，具有以下五个特征。

一是生态信用体现的是人与自然生态之间的平等关系表达。从人与生态之间的关系来看，人类以尊重自然资本价值、遵循自然规律为前提，把自然生态作为人类敬畏的平等主体来对待，这种平等关系表现在人与生态、现代人与后代人、生态资源权利人与责任人之间，是人与生态作为生命共同体的信用关系。

二是生态信用反映的是基于生态产品交换契约的践约情况。各类社会主体在与生态系统互动过程中，实质上等同于与生态系统签订了生态产品交换契约，这种契约既包括生态保护法律法规的刚性约束，也包括绿色生活、移风易俗等社会软性约束，还包括绿色金融交易等市场规则约束，基于上述契约的践约情况，可以反映一个主体的生态信用状况。

三是生态信用建设的参与主体是全体社会成员。重点领域信用建设涉及主体相对单一，如政务诚信涉及政府部门、司法公信涉及司法机构、商务诚信涉及市场主体，生态信用比这些领域信用建设涉及面更广，其参与主体不仅包括了自然人、企业、社会组织、政府部门，还包括基层群众自治组织等。

四是生态信用的基础是生态信用信息。生态信用信息是信息主体在生产、经营、生活、消费等活动中履行生态相关法律法规或社会约定情况的客观记录，是生态信用建设的基础，可以说没有生态信用信息，就无法判断某一主体的生态信用状况。

五是生态信用建设的核心是建立“生态守信激励、失信惩戒”机制。以生态信用手段让对生态环境负责的主体能以较低的交易成本获得更多市场机会，享受更便利的社会服务，而缺乏良好生态信用记录的主体则相反，从而在生态保护问题上，形成对社会成员的有效约束。

(二)生态信用体系

生态信用体系是基于生态信用概念的一系列信用管理机制集合，是基于人与生态的信用制度、市场规则、技术、文化构成的综合体系。它以生态保护相关法律法规、标准和契约为依据，以建立社会成员生态信用记录为基础，以应用服务为支撑，以守信激励和失信约束为奖惩机制，目的是促进社会成员自觉履行生态保护承诺。

第二节　生态信用体系建设的必要性、思路框架与发展愿景

一、建立生态信用体系的必要性

(一)落实习近平生态文明思想的地方行动

2018 年习近平生态文明思想被正式确立，将党和国家对于生态文明建设的认识提升到了一个崭新高度，标志着生态文明建设已进入从认识再到实践的贯彻落实阶段。思想引领行动，价值决定方向。为更好贯彻落实习近平生态文明思想，须牢固树立生态价值观念，通过加强与生态文明制度体系相匹配的生态信用建设，人人参与生态保护，人人受益优质生态产品，为加快形成具有时代特征、地方特色的绿色生产生活方式注入新活力。

(二)保障生态产品加快变现的地方实践

信用是市场主体之间形成良性合作机制的必要条件，良好的信任关系可以使陌生交易中信息不对称以及复杂、无序等问题得到削弱。丽水通过生态信用体系建设，对生态守信主体给予更多资源的支持，将在全社会形成强大的正面导向，逐步推动市场在资源配置过程中，自发将生态信用状况置于优先考虑的位置，即市场主体的生产经营活动对生态环境的破坏程度越小，或对改善生态越有利，那么在投融资、市场交易时就越便利。通过市场机制的

作用，有利于促进社会资源和资金向生态产业流动，从而加快生态产品价值有效变现。

（三）丰富社会信用体系建设的地方方案

社会信用体系建设是一个系统性工程。近年来，我国社会信用体系建设取得了较大成就，但是生态环境领域失信等关系人类生存发展的重大问题仍未得到有效解决。生态信用概念的提出，是人类在重新审视人与自然关系，重新思考人类社会发展方式之后作出的理性选择，也是信用原则在现代社会不断发展逐步成熟的标志之一。将生态信用建设作为一个重点领域进行研究实践，是丽水擦亮生态信用品牌，打造生态信用领跑者城市的需要，有利于进一步丰富社会信用体系建设的内涵和外延，形成更加立体化的信用建设框架，为生态文明新时代背景下的信用体系建设探新路、立示范。

二、生态信用体系建设的思路框架

结合现有信用体系建设，经分析梳理出以五大机制为基础的生态信用体系，即生态信用信息集享机制、生态信用多元评价机制、生态信用激励约束机制、生态信用新型监管机制、生态信用权益保护机制（含异议与修复、查询、安全等）。其中，信息集享是基础，多元评价是重点，激励约束和新型监管是核心，权益保护是有效补充，五项机制相辅相成，构成一个完整的生态信用体系（图 8-1）。

三、生态信用体系建设发展愿景

生态信用体系建设分为两个阶段。

第一阶段从 2019 到 2020 年。到 2019 年底，出台《丽水市关于开展生态信用守信联合激励和失信联合惩戒工作的实施意见》《丽水市个人信用积分（绿谷分）管理办法》《丽水市企业生态信用评价管理办法》《丽水市生态信用村评定管理办法》等制度文件。到 2020 年底，初步建立围绕自然人、企业、行政村（社区）的生态信用制度体系。

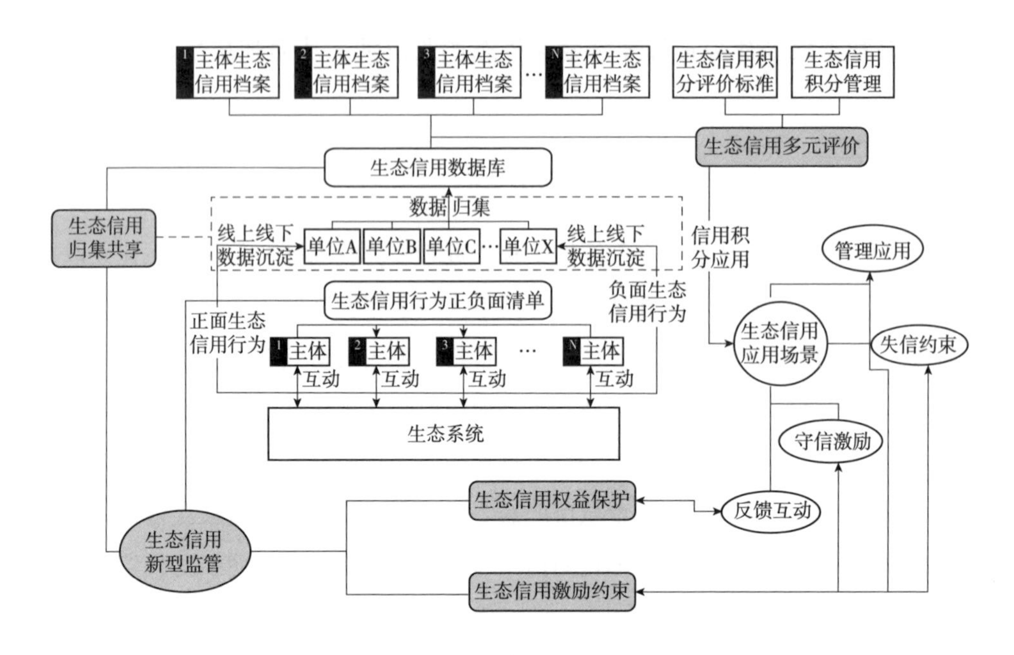

图 8-1　丽水生态信用体系思维导图

第二阶段从 2021 到 2025 年。一是信用服务供给充足。到 2025 年，生态信用信息标准成为地方样本，建立规范标准的生态信用报告制度，生态信用评价对政府、企业、个人、事业单位、社会组织五类主体全覆盖；生态信用评价模型全面升级换代，实现定量化、自动化评价；建立覆盖数据搜集、加工、培训教育等信用服务的完整产业链，向外输出生态信用建设技术与经验。二是信用数字平台健全。到 2025 年，建成全市统一的生态信用大数据平台，生态信用大数据体系成型，形成多维度、多元化信用数据分析体系，各类社会主体生态信用画像清晰立体，信用数据可视化程度大幅提升；生态信用大数据平台，纵向上与全国、全省信用平台全面打通，横向上与长三角等区域信用平台互联互通，信用风险实时智能预警。三是信用基础设施完善。到 2023 年，生态环境监测点实现全市、乡、镇全覆盖；到 2025 年，生态环境监测点实现全市行政村全覆盖；全面实现生态信用数据可得可靠，生态环境监管实现智能化、精准化。四是信用生活应用丰富。每年增加 3~5 个应用场景，到 2023 年，全市所有行政事项以信用为基础实现分类管理；到 2025 年，生态信用应用场景拓展至生产、生活各方面，“生态信用+”应用得到进一步推广，生态信用品牌影响力不断彰显，信用互认共享城市达5个以上。五是信用资源保障充分。到2025年，建成人员稳定、专业性强的跨区域跨部门信用建设工作机构，造就一批生态信用专业化人才队伍，财政政策牵引导向更加科学精准，政府主导、市场和社会公众广泛参与生态信用建设的格局成型。

第三节　生态信用体系五大机制设计

一、建设生态信用信息集享机制

（一）制定生态信用正负面行为清单

生态系统中的各类主体在开展经济、社会活动时，一直在与生态系统进行互动，通过制定、出台生态信用正负面行为清单，可以明确哪些为生态信用正面行为和生态信用负面行为，为参与生态信用体系建设提供行动指南。根据上文对生态信用概念和内涵的分析，判定某一主体生态信用是否良好，主要看其在“人与自然和谐共生”问题上是否遵守法律法规、社会约定。因此，本节以现有生态环境保护相关法律法规、标准、社会公约、规范等为依据，从各政府部门权力清单入手，结合丽水实际，从五类主体中，先整合提炼出针对企业和个人的生态信用正负面行为清单共计49条206项。其中，生态信用正面清单从生态保护、生态经营、绿色生活、生态文化、社会监督等五个维度进行细分，既包括在生态环境保护、绿色生产经营等活动中获得荣誉奖励的行为，也涵盖了节能减排、低碳出行、垃圾分类、植树造林等生态文明建设中大力倡导的行为，合计18条57项内容（图8-2）。

生态信用负面清单从生态保护、生态治理、生态经营、环境管理、社会监督五个维度进行细分，罗列了生态环境、农业农村、自然资源规划、市场监管等部门涉及生态相关行政处罚的失信行为，特别强调乱砍滥伐、非法占用耕地、秸秆焚烧、非法采砂、违反疫木管理等对丽水生态具有严重危害的失信行为，合计31条149项（图8-3）。

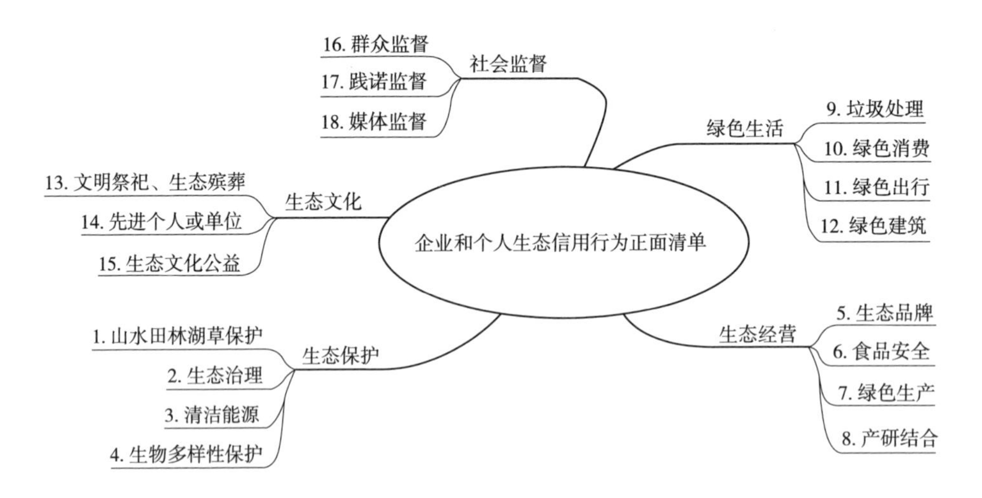

图 8-2　企业和个人生态信用行为正面清单分类

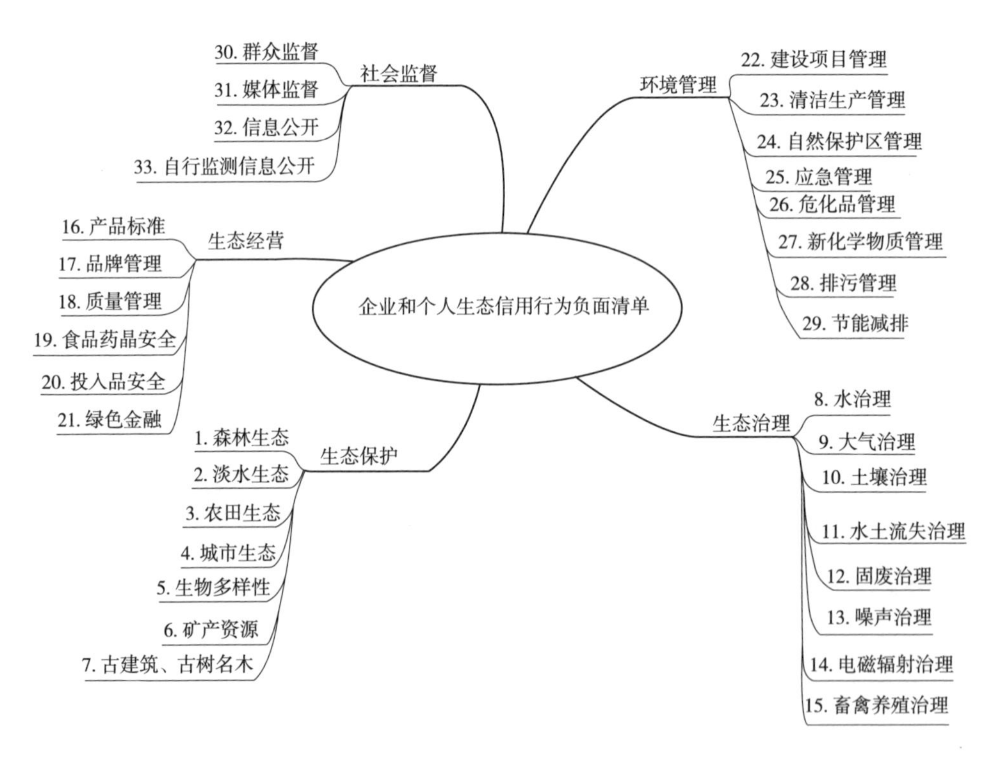

图 8-3　企业和个人生态信用行为负面清单分类

随着生态信用建设工作的持续推进，应根据生态环境保护相关法律法规、标准、社会公约、规范等变化，适时对生态信用正负面行为清单进行补充完善。

(二)明确生态信用信息内容

生态信用信息是各类社会主体生态信用行为的记录，是生态信用状况的客观反映。因实际推动工作的需要，首先梳理明确个人、企业和行政村三大类主体的生态信用信息内容。

1. 个人生态信用信息内容

生态保护信息：指个人在生态保护领域的不良以及良好的信用信息，主要包括各行政单位对个人污染环境、破坏自然资源、破坏人文遗迹等行为的处罚信息，生态相关的法院判决信息，检察院作出不起诉决定的信息等，以及个人在保护生态方面获得的荣誉奖励信息等。

生态经营信息：指个人在绿色生产、生态品牌创建、食品药品安全、生态科研、绿色金融方面的信用信息，主要包括清洁能源使用、资源循环利用、投入品管理、农产品质量、农产品安全、生态科研、绿色金融履约情况、信用户评价情况等。

绿色生活信息：指个人绿色生活行为信息，主要包括自行车骑行里程、公交车乘车次数、新能源汽车使用情况、垃圾分类情况、用水用电情况、绿色产品消费情况等。

生态文化信息：指个人在生态文化宣传教育、志愿活动、移风易俗等方面的行为信息，主要包括生态公益、开展生态信用承诺、文明祭祀、生态殡葬等。

其他生态信用信息：法律、法规、规章规定的其他与个人生态信用有关的信息。

2. 企业生态信用信息内容

生态保护信息：指企业在生态保护领域的不良以及良好的信用信息，主要包括生态相关处罚信息、法院判决信息、检察院作出不起诉决定的信息，环境信用评价结果，水资源、能源使用情况，污水、废气等污染物排放情况，固体、危险废弃物处置情况，以及生态保护相关奖励荣誉情况等信息。

生态经营信息：指企业绿色产业经营、产品质量与安全、生态品牌、生态科研、绿色金融、清洁能源建设与运用等生态经营行为信息，主要包括企业行业分类、生态荣誉认证、食品药品安全、标准化建设、品牌管理、专利与创新、绿色信贷与债券履约、清洁能源建设与运用等信息。

社会责任信息：指企业接受监管、履行生态保护责任等行为信息，主要包括安全生产管理信用等级、生态信息披露情况、生态信用承诺与履约情况、群众监督举报情况等。

其他生态信用信息：法律、法规、规章规定的其他与企业生态信用有关的信息。

3. 行政村生态信用信息内容

空气状况信息：包括空气质量综合指数、$PM_{2.5}$、焚烧秸秆等监测信息及相关处罚信息。

森林资源保护信息：包括森林用火、盗滥伐林木、毁坏林木、开垦林地、运输木材、松材线虫病等监测信息及相关处罚信息。

水生态保护信息：包括交接断面水质监测信息；水土流失、妨碍河道行洪、河滩、湿地、水工程等监测信息；水害防治、水工程建设与保护相关处罚信息。

农田生态保护信息：包括农用地土壤中重金属、禁限用农药等污染物含量监测信息；非法占用耕地监测信息；耕地保护相关处罚信息。

村庄环境治理信息：包括制度建设、垃圾分类、村庄保洁、污水处理运维、违法占地信息。

生态经营信息：包括村庄GEP信息、村庄内生态经营主体及其农产品追溯管理信息、“丽水山耕”“丽水山居”“丽水山景”品牌以及“绿色食品”“气候品质”认证信息；古迹、古建筑(古屋、古桥、古道、古井、古码头、古渡口)、文化遗址等文物以及古树名木监测信息；生产经营相关处罚信息。

生态文化信息：包括获评县级以上道德模范、道德户、五好家庭、六星级文明户等荣誉的典型示范信息；文化公益活动信息；文明婚丧、祭祀信息；美丽庭院、绿色家庭等先进示范户占比信息；获得各级“一村万树”示范村、景区村(A级及以上)、美丽乡村示范村、特色精品村等村集体荣誉信息。

（三）推动生态信用信息归集共享

信息归集是生态信用体系建设的核心环节。目前，生态信用信息分散在多个职能单位，还有部分生态信用信息无从获取。因此，推动生态信用信息共享，必须形成生态信用信息获取、沉淀、存储、加工、交换共享的完整链条。

1. 建设生态信用信息平台

按照集约化建设模式，升级完善丽水市公共信用信息平台，以花园云为数据中枢，整合现有生态环境监管、信用建设等相关信息化资源，在保护隐私、责任明确的前提下，推进各系统互联互通。同时，充分运用大数据、人工智能、区块链等新一代信息技术，加强对生态信用数据的清洗，实现信用数据可比对、过程可追溯，提升生态信用数据准确性，形成生态信用数据汇聚、加工、服务的一体化平台。

2. 建立多元数据共享

掌握生态信用数据的主体包括政府部门、公共服务机构（如供排水公司、电力公司、公交公司）、金融机构、信用服务机构以及信息主体自身等。应在充分调研各单位信息系统和数据结构的基础上，制定《生态信用信息共享目录》，明确数据内容、数据来源、共享方式、频率，推动各单位按照统一的生态信用数据标准，整合到市大数据局，并逐步实现所有生态信用数据自动报送、自动归集管理。建立行政收集、网络搜集、有偿购买、传感采集、自主申报等多种方式并存的数据共享机制。鼓励信用服务机构等市场主体在法律法规框架内，积极参与生态信用数据采集、交易和整合，不断丰富和汇集生态信用数据资源。

3. 大力推进生态信用信息公开公示

在生态行政许可、行政处罚信息集中公示基础上，依托“信用丽水”网站或其他渠道，推动生态相关行政强制、行政确认、行政征收、行政给付、行政裁决、行政补偿、行政奖励和行政监督检查等其他行政行为信息7个工作日内上网公开，做到“应公开尽公开”，提升政府生态信用公信力。

二、建设生态信用多元评价机制

生态信用评价是指对归集的生态信用信息进行深度挖掘和加工，选择合理的评价指标和方法以分数或等级符号直观反映某一主体的生态信用的好与坏，使生态信用状况可量化、可视化。需要强调的是，生态信用评价仅反映某一主体在“人与自然和谐共生”问题上的践约情况，并不是对资金偿付能力的评价。

生态信用评价应遵循分步实施原则，先建立企业、个人和行政村三大主体的生态信用评价体系，在此基础上，逐年拓展生态信用评价覆盖面，实现对企业、个人、社会组织、政府机构、行政村等主体全覆盖。同时，鼓励部门、行业协会、征信机构等主体，将生态信用评价结果作为基准或重要指标，纳入本行业、本领域信用评价模型，丰富生态信用评价体系。

（一）构建个人生态信用评价体系

1. 模型选择

目前，信用评价模型可分为定量、定性、定量与定性相结合三种方法。定量化的信用评价主要使用计量经济方法、逻辑回归方法、非线性回归和神经网络方法等处理个人信用数据，建立信用评分模型，常见的有美国三大个人征信局及其信用评分模型（表 8-1），国内的芝麻信用分、小白信用分等。

表 8-1　美国三大个人征信局及其信用评分模型

征信局名称	主要信用评分模型
益百利	FICO 和 Gold Report
艾奎法克斯（Equifax）	Beacon 和 DAS
环联	Delphi 和 Empirica

该类模型对信贷违约率具有较强的预测能力，但必须依靠大量历史数据样本，而且模型的可靠性取决于数据质量，主要应用于欺诈风险管理、信用卡营销、信贷风险管理等金融场景。

定性化的信用评价主要指专家打分法，根据专家的专业知识和经验来判断确定评价指标及权重。该方法相对简单，具有实施方便快捷、指标可调整性较强等特点，对历史数据量和数据质量要求较低，被广泛应用于公共管理领域。

定量与定性相结合方法介于上述两种方法之间，既有专家法的主观判断，也引入数学定量分析方法来确定信用评价指标体系。

信用评价模型起源于金融领域，在信用风险管理中有成熟的实践应用，并逐步延伸至公共信用管理领域，目前，国内已有多个城市开展个人公共信用评价的探索实践(表 8-2)。

表 8-2　各地个人信用分评价模型比较

城市	信用分	建模方法	方法性质
苏州	桂花分	层次分析法	定量+定性
厦门	白鹭分	差异化分类赋分法	定性
福州	茉莉分	差异化分类赋分法	定性
威海	海贝分	差异化分类赋分法	定性
杭州	钱江分	信用评分卡模型	定量
宿迁	西楚分	差异化分类赋分法	定性

通过比较可以发现，现在国内大部分的公共信用评价采用的仍是比较初级的定性方法，这主要是受到各地信用数据归集量不足的现状所限制。杭州市是唯一使用纯定量评分模型的城市，其主要依托于杭州市民卡中心的数据和技术支撑。

由于差异化赋分法主观性太强，存在公信力和认可度不足的问题，而且丽水市尚无生态信用数据沉淀，无法满足信用评分模型的前置条件，因此，在初期阶段，选择层次分析法作为构建丽水市生态信用评价体系的方法。随着生态信用数据的沉淀积累，可引入机器学习等人工智能算法，提升定量化指标比例，实现生态信用定量化、智能化评价，提升信用评价结果的公信力。

2. 个人生态信用层次分析评价过程

层次分析法(AHP 法)一般遵循以下步骤：建立递阶层次结构模型→构建判断矩阵→层次单排序及一致性检验→计算层次总排序和一致性检验。

步骤 1：将生态信用水平划分为一级指标层，再将每个指标进行逐层细化。在充分考虑指标与生态信用相关性和数据可得性的基础上，结合上节对个人生态信用信息内容分析，我们可将生态保护、生态经营、绿色生活、生态文化、社会责任和一票否决项设为一级指标层，衍生出 21 个二级指标和 44 个三级指标。个人生态信用评价指标层构造递阶层次如表 8-3 所示。

表 8-3　丽水市个人生态信用评价指标

<table>
<tr><th>一级指标</th><th>二级指标</th><th colspan="2">三级指标</th></tr>
<tr><td rowspan="19">生态保护</td><td rowspan="4">山林生态保护</td><td colspan="2">林地保护</td></tr>
<tr><td rowspan="2">植被保护</td><td>林木砍伐</td></tr>
<tr><td>森林消防</td></tr>
<tr><td colspan="2">植树造林</td></tr>
<tr><td rowspan="3">水生态保护</td><td colspan="2">水环境保护</td></tr>
<tr><td colspan="2">水害防治</td></tr>
<tr><td colspan="2">水工程建设与保护</td></tr>
<tr><td rowspan="2">农田生态保护</td><td colspan="2">基本农田保护</td></tr>
<tr><td colspan="2">一般耕地保护</td></tr>
<tr><td rowspan="5">人居环境保护</td><td colspan="2">大气污染防治</td></tr>
<tr><td colspan="2">固废污染治理</td></tr>
<tr><td colspan="2">噪声污染治理</td></tr>
<tr><td colspan="2">城市绿化</td></tr>
<tr><td colspan="2">建筑和谐</td></tr>
<tr><td rowspan="2">生物多样性保护</td><td colspan="2">野生动植物保护</td></tr>
<tr><td colspan="2">渔业资源保护</td></tr>
<tr><td rowspan="3">其他资源保护</td><td colspan="2">自然保护区保护</td></tr>
<tr><td colspan="2">古树名木、自然遗产等保护</td></tr>
<tr><td colspan="2">人文遗迹保护</td></tr>
<tr><td rowspan="11">生态经营</td><td rowspan="3">绿色生产</td><td colspan="2">清洁能源运用</td></tr>
<tr><td colspan="2">资源循环利用</td></tr>
<tr><td colspan="2">农业投入品管理</td></tr>
<tr><td rowspan="3">生态品牌</td><td colspan="2">产品质量</td></tr>
<tr><td colspan="2">品牌管理</td></tr>
<tr><td colspan="2">示范创建</td></tr>
<tr><td>食品药品安全</td><td colspan="2">食品药品安全奖惩</td></tr>
<tr><td rowspan="2">生态科研</td><td colspan="2">绿色、生态技术推广、运用</td></tr>
<tr><td colspan="2">与绿色、生态相关的知识产权、科研成果和发明专利</td></tr>
<tr><td rowspan="2">绿色金融</td><td colspan="2">绿色金融履约</td></tr>
<tr><td colspan="2">信用户评定</td></tr>
</table>

（续）

一级指标	二级指标	三级指标
绿色生活	绿色出行	自行车出行
		公交车出行
		新能源汽车出行
	绿色消费	绿色消费
	垃圾分类	生活垃圾分类
	能源节约	节约用水
		节约用电
	绿色荣誉	美丽庭院、绿色家庭等荣誉
生态文化	文明祭祀、殡葬	文明祭祀、殡葬
	生态公益	开展生态公益活动
		参与生态宣传志愿活动时长
	生态信用承诺	信用承诺履约
社会责任	生态失信监督	举报违法违规案件
一票否决项	严重失信情况	各领域严重失信

步骤 2：对同一层次的各元素关于上一层指标的重要性进行比较，采用 Satty 的 1~9 标度法赋值(表 8-4)。

表 8-4　Satty 标度的含义

标度	含义
1	表示两个因素相比，具有相同重要性
3	表示两个因素相比，前者比后者稍重要
5	表示两个因素相比，前者比后者明显重要
7	表示两个因素相比，前者比后者强烈重要
9	表示两个因素相比，前者比后者极端重要
2，4，6，8	表示上述相邻判断的中间值

注：若因素 i 与因素 j 的重要性之比为 a_{ij}，那么因素 j 与因素 i 重要性之比为 $a_{ij}=1/a_{ji}$。

确定各指标的相互重要性主要由专业人员凭经验进行主观判断，为减少由于个人决策、判断能力不足导致的权重确定不合理，本评价体系构建采用专家组的形式进行权重评估，在此基础上构造判断矩阵。

步骤3：引入权重向量 $W=(\omega_1, \omega_2, \cdots\cdots, \omega_n)T$，其中，$\omega_i$ 表示第 i 个因素的权数，它反映了各因素对上层指标影响能力大小的权衡，计算相对权重的方法有行和归一法、平方根法、特征根法等，这里选用特征根法。判断矩阵的一致性检验：公式 $CR=CIRI$，当 CR<0.10 时，认为判断矩阵的一致性是可以接受的，否则应对判断矩阵作适当修正。其中，$CI=(\lambda_{max-n})/(n-1)$；RI 为查找相应的平均随机一致性指标。

步骤4：计算层次总排序和一致性检验。根据以上法则应用 Matlab 软件编程实现，各判断矩阵均通过一致性校验，计算得出各指标权重。

3. 评价结果与信用等级划分

个人生态信用积分计算公式如下：

$$S = k + \sum_{i=1}^{n} 100\omega_i X_i \qquad （暂定：k=500） \qquad (8-1)$$

根据上式计算结果，个人生态信用评分取值范围为(-200~1500 分)。信用评分结果划分为五个等级：AAA(650 分及以上)代表生态信用优秀、AA(550~649 分)代表生态信用良好、A(450~549 分)代表生态信用一般、B(400~449 分)代表生态信用警示、C(400 分以下)代表生态信用差。各等级对应的分值需根据个人全量评分结果的分布状况进行调整。

对于构建好的生态信用评价模型，应选取大量样本进行实际数据测试，若计算结果服从类正态分布，则表明评价模型合理可信，否则应对评价模型的指标和权重进行调整，直到数据结果满足类正态分布为止。

(二)构建企业生态信用评价体系

结合对企业生态信用信息内容分析，将生态保护、生态经营、社会责任、一票否决项设为一级指标层，衍生出 14 个二级指标和 22 个三级指标。企业生态信用评价指标如表 8-5 所示。

表 8-5　企业生态信用评价指标

一级指标	二级指标	三级指标
生态保护	生态处罚与环境信用评价	生态相关处罚
		环境信用评价
	资源消耗	水资源节约
		能源节约
	污染排放	污水排放
		大气污染物排放
		固体/危险废弃物处置
	生态修复	生态修复与保护
生态经营	绿色产业经营	行业分类
	产品质量与安全	生态荣誉认证
		食品药品安全
	生态品牌	标准化建设
		品牌管理
	生态科研	专利与创新
	绿色金融	绿色信贷、债券履约
	清洁能源建设与运用	清洁能源建设与运用
社会责任	监管合规情况	安全生产管理信用等级
		其他处罚
	生态信息公开	生态信息披露
	社会责任	生态信用承诺
		社会监督
一票否决项	严重失信情况	各领域严重失信情况

企业生态信用评价，采用与个人生态信用评价一样的层次分析法，略过具体计算过程，得出各指标最终权重。

企业生态信用评价结果取值范围为 0 到 100 分，信用评价结果划分为四个等级：A 级（80 分含及以上）代表生态信用优秀、B 级（60 含～80 分）代表生态信用良好、C 级（40 含～60 分）代表生态信用一般、D 级（40 分以下）代表生态信用差。

对于构建好的生态信用评价模型，应选取大量样本进行实际数据测试，若计算结果服从类正态分布，则表明评价模型合理可信，否则应对评价模型的指标和权重进行调整，直到数据结果满足类正态分布为止。

(三)构建生态信用村评定体系

行政村是行政区划的最小单元，是与生态环境保护和治理直接相关的基层组织，通过开展生态信用村评定，可以有效促进农村居民自觉履行生态保护法定义务和社会责任，提升农村生态保护和绿色发展质量。

1. 构建指标体系

为保证生态信用村评定工作简明、易懂、易实施，本节选用定性的专家赋分法。根据运用统一规范的评定标准进行评定，生态信用村评定指标包括空气状况、森林资源保护、水生态保护、农田生态保护、村庄环境治理、生态经营、生态文化及一票否决项 8 项一级指标、28 项二级指标，其中，信用监测信息、信用奖惩信息等可量化指标占 80%，行政村所在的县域主管部门打分确定的指标占 20%。具体指标详见表 8-6。

表 8-6 生态信用村评定指标

一级指标	二级指标
空气状况	$PM_{2.5}$年均值监测
	空气质量指数(AQI)监测
	露天焚烧秸秆监测
	露天焚烧秸秆、燃放烟花爆竹等处罚
森林资源保护	森林资源保护监测
	森林保护相关处罚
水生态保护	交接断面水质监测
	水害防治及水工程保护监测
	水害防治方面的处罚
	水工程建设与保护方面的处罚

（续）

一级指标	二级指标
农田生态保护	农用地土壤污染特含量监测
	非法占用耕地监测
	耕地保护方面的处罚
村庄环境治理	制度建设
	垃圾分类
	村庄保洁
	污水处理运维
生态经营	村级 GEP 情况
	村集体经营性收入
	产品品牌与认识监测
	生态文化产品监测
	生产经营相关处罚情况
生态文化	典型示范
	文化公益
	文明婚丧、祭祀
	先进示范户占比
	村集体先进示范
一票否决项	严重失信情况

2. 明确评定程序

生态信用村评定采用“先申报、后评定”原则，由各行政村自主申报，并建立乡镇、县、市逐级审核机制，通过每年开展生态信用村评定，五年内基本实现生态信用村评定全覆盖。

3. 生态信用村评定结果划分

生态信用村评定结果分为4个等级，依次为：AAA级(90分含及以上)代表生态信用优秀；AA级(80分含~90分)代表生态信用良好；A级(60分含~80分)代表生态信用一般；B级(60分以下)代表生态信用差。其中AAA级、AA级为生态信用村，其余为非生态信用村。

三、建设生态信用激励约束机制

通过建立生态信用激励约束机制，在社会管理、行政监管、市场交易、社会服务等场景中，根据生态信用记录和生态信用评价结果，对生态守信主体提供激励，对生态失信主体实施联合惩戒，促使各类社会主体主动参与生态信用体系建设。行之有效的生态信用激励和惩戒机制，必须以生态信用信息的归集和生态信用评价为基础，在全面梳理信用联合奖惩措施的情况下，分主体、分类别实施联合奖惩。

（一）明确生态信用联合奖惩范围

生态失信联合惩戒对象包括两大类：一类是依据《关于对环境保护领域失信生产经营单位及其有关人员开展联合惩戒的合作备忘录》《关于对食品药品生产经营严重失信者开展联合惩戒的合作备忘录》《关于对农资领域严重失信生产经营单位及有关人员开展联合惩戒的合作备忘录》《关于对旅游领域严重失信相关责任主体实施联合惩戒的合作备忘录》等国家文件精神，跟生态信用信息相关的环境保护、食品药品、农资等严重失信者名单；另一类是在个人生态信用评价或企业生态信用评价中被列为信用差的惩戒对象。

（二）制定出台生态信用联合奖惩政策

坚持以“激励为主、惩戒为辅”原则，制定生态信用联合奖惩政策。

1. 惩戒政策

通过搜集各领域、各城市施行的惩戒性措施（图 8-4），整理出包括“限制或禁止失信主体的市场准入、行政许可”“加强对失信主体的日常监管，限制融资和消费”“限制失信当事人享受优惠政策、评优表彰和相关任职”“其他惩戒措施”四大类 34 条生态信用联合惩戒清单①。

2. 激励政策

通过搜集各领域、各城市施行的激励性措施，整理出包括“给予公共管理、公共服务相关便利”“给予市场交易成本方面优惠、倾斜”“给予评比表彰、任职

---

① 注：因涉及清单内容、条文依据等篇幅过多，本书编排略过。

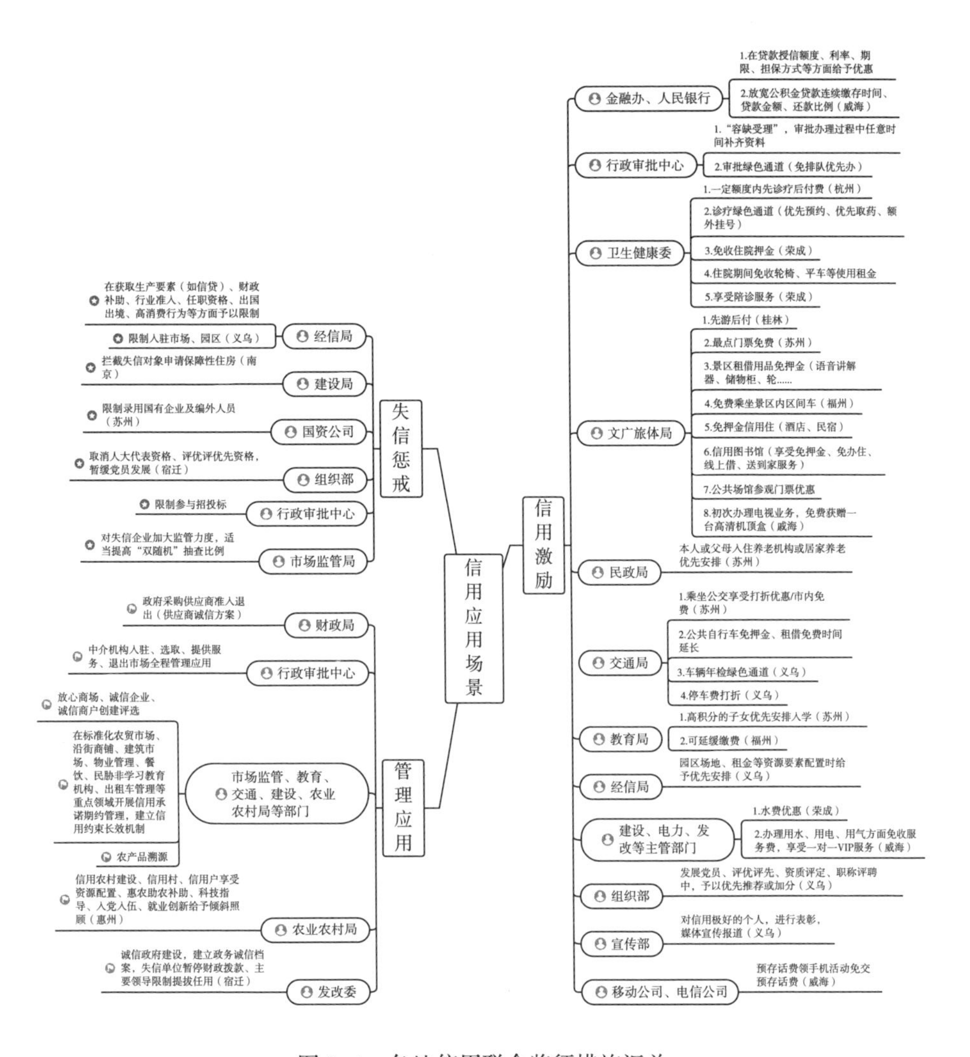

图 8-4　各地信用联合奖惩措施汇总

等方面优先激励”“给予民生领域各项便利、优惠”四大类 35 条生态信用联合激励清单[82]。

（三）分类实施生态信用联合奖惩

1. 依法合规实施失信惩戒

对存在严重生态失信行为的主体，对因生态失信而被列为失信被执行人，受到刑事处罚的，被列入严重失信名单（黑名单）等严重失信情形，采取多部门联合的限制惩戒政策，提高失信成本，如限制参加政府采购，政府投资项目招标投标，国有土地招标、拍卖、挂牌等公共资源交易活动；实施市场和行业禁入(退出)措施；限制参与基础设施和公共事业特许经营活动；限制高消费；限制任职资格；限制享受财政资金补助等政策扶持；限制参加国家机关组织的各类表彰奖励活动；撤销相关荣誉称号等。对于在生态信用评价中被判别为生态信用状况较差，但未出现上述严重失信情形的主体，主要采用加大日常监管力度、在一定范围内告知、提高融资成本等相对轻度的惩戒措施，督促失信主体积极整改，提升自身生态信用水平，如推动生态农业协会、旅游协会等相关行业协会完善自律机制，对失信会员实行警告、行业内通报等措施。

2. 加强对生态守信主体的激励

在上述激励政策的基础上，根据三类主体生态信用评价结果细化应用措施。在市场监管和公共服务过程中深化生态信用信息和信用产品的应用，对生态守信者实行容缺办理、零见面办理、先服务后付费等激励政策。建立完善生态信用优惠产品(服务)目录，根据生态信用状况实施差别化定价或服务，以政府补贴和市场化让利相结合的形式，让生态守信主体在出行、旅游、消费、生产经营等各环节享受优惠。鼓励市场主体在交易过程中，采用生态信用产品，逐步实现从行政领域、公共服务领域激励为主，到市场自发激励为主的转变。

3. 完善生态失信监督制度

强制存在污染风险的企业向社会公众披露生态失信信息，使失信者在市场交易、融资中受到制约；探索建立生态信用等级公示制度，推动生态产品经营单位在门店、种植养殖基地或商品二维码中公示生态信用等级，接受社会监督；建立生态失信行为有奖举报制度，发挥公众监督作用，提升震慑力。

四、建设生态信用新型监管机制

(一)推广信用承诺制

梳理可开展信用承诺的行政许可事项，制定格式规范的信用承诺书，鼓励市场主体主动向社会作出信用承诺，建立健全行业内信用承诺制度，加强行业自律。

（二）建立"信用+生态监管"模式

将市场主体生态信用信息与相关部门业务系统按需共享，在事前、事中、事后全环节加以应用，在市场准入、资质认定、行政审批、政策扶持等方面实施信用分类监管，对严重生态失信主体实施黑名单管理，在多部门、多环节予以限制，形成数据同步、措施统一、标准一致的信用监管协同机制。

（三）建立信用风险预判预警机制

运用生态信用大数据发现和识别违法违规线索，有效防范危害生态环境的违法违规行为。鼓励通过物联网、视联网等非接触式监管方式提升执法监管效率实现公正监管，杜绝随意检查、多头监管等问题，提升生态监管公信力。

（四）开展生态信用示范点创建

通过建设信用可视示范街区、生态信用示范园区，将生态信用建设要求融入商户或企业管理的全流程中，树立正面导向。

五、建设生态信用权益保护机制

通过建立生态信用权益保护机制，包括生态信用信息查询机制、生态信用异议机制、生态信用修复机制、生态信用信息安全管理机制，保证各类信息主体知情权、异议权、救济权、隐私权等合法权益。

（一）建立生态信用异议制度

信息主体认为采集、保存、对外提供的生态信用信息存在错误、遗漏的，有权向信息提供者或生态信用数据库管理机构提出异议，并提供相应证据，要求更正。根据《征信业管理条例》规定，异议受理机构应对信息作出存在异议的标注，在收到异议之日起20日内进行核查和处理，并将结果答复异议人。相关信息确有错误、遗漏的，信息提供者、生态信用数据库管理机构应当予以更正；确认不存在错误、遗漏的，应当取消异议标注。

(二)建立生态信用修复制度

生态失信主体在主动改正违法行为、消除不良影响等情形下，可向作出生态相关行政决定、作出生态失信惩戒决定的职能部门提起修复申请。相关职能部门根据信用修复法律法规决定是否予以生态信用修复，作出信用修复决定的，应及时告知生态信用数据库管理机构。生态信用数据库管理机构根据职能部门作出的信用修复决定，采取删除生态不良信息、缩短不良信息保存时限或对修复情况予以标注等措施。

生态信用修复主要是针对无主观故意的轻微或一般生态失信行为，涉及特别严重的生态失信行为，如被列入严重失信名单的情况，不适用于信用修复。

(三)建立信息分类管理制度

在信息归集端：《征信业管理条例》明确除依法公开的信息外，采集个人信息应当征得本人的同意，《浙江省公共信息管理条例》规定不得归集个人收入、存款、有价证券、商业保险、不动产以及纳税数额等信息。因此，在开展生态信用信息归集过程中，应避免采集涉及个人隐私的敏感信息。

在信息存储端：根据现有的法律法规要求，建立生态信用信息动态管理机制。《征信业管理条例》规定“对个人不良信息的保存期限，自不良行为或者事件终止之日起为 5 年；超过 5 年的，应当予以删除”，但未明确企业信用信息保存期限要求。《浙江省公共信用信息管理条例》规定“不良信息的保存和披露期限为五年，自不良行为或者事件认定之日起计算”。因此，综合国家和地方性法规要求，个人和企业生态不良信息的保存期限为 5 年，自不良行为或者事件终止之日，即法律责任和义务履行完毕之日起计算，超过 5 年的，予以删除或采取技术措施以确保不被直接或间接识别。对于正面信用信息的保存期限，目前国内尚没有相关法律法规要求，鉴于生态信用相关荣誉奖励较少的实际，确定其保存期限 10 年，为自认定之日起计算。

在信息应用端：通过设立人工查询窗口、布放自助查询机或在“信用丽水”网站、“信用丽水”微信公众号、手机 APP 等载体上开发查询端口，方便个人、企业、行政村等主体了解自身生态信用状况，确保及时发现信息差错。丽水市县级以上国家机关、法律法规授权的具有管理公共事务职能的组织，可通过市公共信用信息平台查询行政相对人的信用信息。其他个人、法人和非法人组织查询生态信用信息的，应先获得信息主体授权同意。

（四）建立生态信息安全保护制度

建立和完善数据安全管理规则、管理模式和管理流程，切实保障数据传输安全、数据存储安全和数据利用安全。建立和完善数据安全监测响应体系，加强安全评测、电子认证、监测预警、应急处置等基础性工作，提升数据安全事件应急响应能力。建立生态信用数据库内部运行和外部访问的监控制度，对用户的所有行为记录日志，监督管理员用户和普通用户的操作，防范信息泄露风险。建立灾难备份系统，采取必要的安全保障措施，防止系统数据丢失。制定数据应用违规惩戒机制，加强对数据滥用、侵犯个人隐私等行为的管理和惩戒力度。

第九章

完善主体与共富导向培育机制

充分考虑不同生态产品价值实现路径，注重发挥政府在制度设计、经济补偿、绩效考核和营造社会氛围等方面的主导作用，充分发挥市场在资源配置中的决定性作用，推动生态产品价值有效转化。

（摘自中共中央办公厅 国务院办公厅印发《关于建立健全生态产品价值实现机制的意见》（中办发〔2021〕24号））

良好生态环境是最普惠的民生福祉。民之所好好之，民之所恶恶之。环境就是民生，青山就是美丽，蓝天也是幸福。发展经济是为了民生，保护生态环境同样也是为了民生。既要创造更多的物质财富和精神财富以满足人民日益增长的美好生活需要，也要提供更多优质生态产品以满足人民日益增长的优美生态环境需要。要坚持生态惠民、生态利民、生态为民，重点解决损害群众健康的突出环境问题，加快改善生态环境质量，提供更多优质生态产品，努力实现社会公平正义，不断满足人民日益增长的优美生态环境需要。

（摘自2018年5月18日，习近平总书记在全国生态环境保护大会上的讲话）

“要探索政府主导、企业和社会各界参与、市场化运作、可持续的生态产品价值实现路径”，关键是要把政府、市场、社会等各方面力量拧成一股绳，更好发挥政府作用，充分发挥市场在资源配置中的决定性作用，推动有效市场和有为政府更好结合，畅通社会资本参与和获益渠道，实现生态文明建设、生态产品价值实现与共同富裕的协同推进。为此，本章将围绕生态产品价值实现与共富协同导向，简明论述现代政府职能定位与绩效考核、企业和社会各界参与机制，并就如何发挥以生态强村公司为代表的乡村集体组织作用阐述其制度设计（主体培育的实践进展，可参见附录二：案例 8，以及附录三：咨政内参 3）。

第一节　政府的职能定位与绩效考核

在多元化生态产品价值实现过程中，政府是非常关键的主体。政府职能转变，要适应新发展阶段的新变化、人民美好生活需求的新变化、城市文明占主导地位的新变化、社会主义民主法治不断发展的新变化、高水平对外开放的新变化（李军鹏，2021）。在生态文明视域下，政府职能转变须与生态产品价值实现的市场化机制要求相融合，与人民日益增长美好生活的需要相匹配，与高质量发展建设共同富裕美好社会的目标相适应。

一、生态文明视域下对政府职能转变的新要求

党的十九届四中全会从实行最严格的生态环境保护制度、全面建立资源高效利用制度、健全生态保护和修复制度、严明生态环境保护责任制度 4 个方面，提出了坚持和完善生态文明制度体系的努力方向和重点任务，顺应了人民群众对美好生活的热切期待，彰显了坚持和完善生态文明制度体系在推进国家治理体系和治理能力现代化中的重要意义。政府职能需主动适应发展阶段、人民需求、世界格局变化而主动转变，从而提升生态文明治理体系和治理能力现代化水平。

（一）发展阶段变化对政府职能转变提出的新要求

进入新发展阶段，意味着我们将实现从高速增长到高质量发展的大跨越、从

追赶到引领的大跨越、从全面小康到现代化强国的大跨越①。推动经济高质量发展、建设现代化经济体系，必须以供给侧结构性改革为主线，着力构建市场机制有效、微观主体有活力、宏观调控有度的经济体制。与这一要求相比，在生态文明建设领域，我国政府职能发挥得还不够，以丽水改革试点为例，存在市场主体小而弱、少而散，改革主管部门热、非主管部门冷，市级以上职能单位对改革的热度、支持度冷热不均，省级以下改革权责财不匹配，生态产品的监测、评价不统一，自然资源整合不足、产权制度绩效未充分发挥，国家公园体制尚未发挥更大效应等问题。因此，我们一方面需统合好政府各层级间、平级内部间的合力，更好地发挥政府作用，把已出台的政策抓紧落地，实践成熟的经验及时上升为制度、法律，推进系统集成、协同高效，把制度优势转化为治理效能；另一方面，切实培育好市场主体和社会组织，把该放的权放到位、该管的事管到位、该提供的公共服务提供到位，推动实现更高质量、更有效率、更加公平、更可持续的发展。

（二）人民需求变化对政府职能转变提出的新要求

党的十九大报告中鲜明提出了“中国特色社会主义进入新时代，我国社会主要矛盾已经转化为人民日益增长的美好生活需要和不平衡不充分的发展之间的矛盾”的重大政治论断。满足人民日益增长的美好生活需要，就包括人们所维系的生命和健康对优美生态环境的需要，不仅为新时代的生态文明建设指明了新的发展方向，而且为建立健全生态产品价值实现机制提供了决策依据和理论支撑。提供更多优质生态产品以满足人民日益增长的优美生态环境需要，就是转变政府职能的指挥棒。为此，需要切实履行好政府生态产品公共服务职能，针对不同类型的生态产品供给和消费群体，提供不同的制度安排和技术路线，以提高优质生态产品供给效率。

（三）世界格局变化对政府职能转变提出的新要求

面对世界百年变局，面对方兴未艾的新科技革命浪潮，中国正前所未有地走近世界舞台中央，正秉持人类命运共同体理念，以更加开放的姿态引领全球生态文明

① 引自：高培勇．正确认识和把握新发展阶段[N]．人民日报，2021-12-30(07)。

建设，参与全球气候谈判议程和国际规则制定，推动构建公平合理、合作共赢的全球气候治理体系。在此背景下，就需要政府职能不断向开放型、规则型、数字型治理提升转变，用市场化和法治化手段推进对外开放，加快构建既符合中国国情、又引领国际规则的“双碳”政策体系，以更好推进经济社会发展全面绿色转型。

二、基于生态产品价值实现与共富协同导向的职能定位

梳理起来，政府有七个定位角色。

一是公共政策制定者。一方面，政府持续推进生态环境“放管服”改革，完善生态产权制度，推动生态环境治理体系和治理能力现代化。另一方面，政府在生态空间管制、生态补偿机制、生态产业化和市场化、生态信用激励与奖惩、特许经营、共富机制、普惠性人力资本提升等方面的政策制定上需精准发力，支撑经济高质量绿色发展和生态环境高水平保护。

二是生态资源资产的监守者。一方面，政府需要加强生态产品动态监测，及时跟踪掌握生态产品数量分布、质量等级、功能特点、权益归属、保护和开发利用情况等信息，建立开放共享的生态产品信息云平台。另一方面，政府需要健全部门联动执法机制、生态环保公益诉讼制度和环境信息公开制度，强化环保执法检查和社会监督。

三是公共生态产品的提供者。对于公共生态产品(特别是调节服务类生态产品)，任何人均可享用但无须付出代价，同时其使用不损害其他的享用，容易导致“搭便车”和供给不足现象。在水源涵养、水土保持、洪水调蓄、防风固沙、空气净化、生物多样性保护、病虫害防治、减轻自然灾害等公共服务领域需要政府直接管理和提供，随着生态产品量化的技术水平不断提升，政府可通过采购、外包等方式让非政府组织、企业主体来提供。

四是市场秩序的维护者。政府依据市场化原则，对各类市场主体同等对待，强化知识产权保护、品牌保护，严厉打击商标恶意注册等行为，加强生态农产品领域执法，杜绝恶性竞争，切实为市场主体营造公平竞争的市场环境。在公共生态产品市场失灵领域，政府干预不能损害市场机制固有的竞争性，且干预力度要与市场失灵的程度相适应。

五是市场主体和社会组织的培育者。对丽水而言，需要更高层级打造生态资源资产化、资产资本化平台实施主体，巩固和强化“生态强村公司”作为生态产品供给主体、交易主体的功能定位，培育生态产品市场开发经营主体，激发市场主体的活力；同时，充分发挥好社会组织的作用，积极引育社会组织。

六是公共利益的调节者。一方面，政府需要保障和促进社会公共利益的公平分配，引导建立生态产品价值实现与共同富裕挂钩机制，消弭“两极分化”问题；另一方面，政府需要保障弱势群体免遭强势集团的侵占与压迫，防止工商资本在生态产品富集地区无序扩张。同时，为适应气候变化和防范气候风险，政府需要提高城乡人居环境的安全、韧性与宜居品质，这就涉及城乡供水、排涝、生态移民等，如2017—2021 年丽水连续实施的“大搬快治”除险安居行动、“大搬快聚富民安居工程”，共促进 12.4 万高山、远山、深山地区农民下山进城，彻底改变命运。

七是全球生态文明建设的参与者。我国已成为全球生态文明建设的重要贡献者、引领者。面向未来，我国将继续承担应尽的国际义务，承担同自身国际发展阶段、实际能力相符的国际责任，深度参与全球环境治理，增强全球环境治理体系中的话语权和影响力，形成世界环境保护和可持续发展的解决方案。丽水围绕生态产品价值机制改革与创新领域，在参与国际国内合作、分享丽水经验等方面有积极作为，例如，与国际性绿色发展组织合作建立“两山”高端智库，每年在丽水举办生态产品价值实现机制国际大会，加强与长江经济带相关省份及对口支援地区之间的生态产品价值实现机制合作交流等。

三、建立基于“GEP 综合考评”的绩效考核体系

建立生态产品考核机制既是中办、国办《关于建立健全生态产品价值实现机制的意见》(中办发〔2021〕24 号)的重要内容，也是衡量生态文明治理成效的重要标尺。丽水市通过组建工作专班，由市改革办会同市委组织部、市审计局等市直单位以及中国科学院、中国四维、航天五院等机构开展 GEP 综合考评研究工作，编制形成 2021 年版《丽水市 GEP 综合考评办法》，具有较好的借鉴意义。

(一)GEP 综合考评内容

包括“生态物质产品、生态调节服务、生态文化服务、双增长双转化、生态

产品价值实现机制建设”等 5 个一级指标、18 个二级指标、91 个三级指标（表 9-1）。一是生态物质产品，包括生态农业、生态能源等 2 个二级指标，准确衡量考评区域生态农业、清洁能源产业发展的整体水平和综合绩效。二是生态调节服务，包括水源涵养、土壤保持、洪水调蓄、水质净化、空气净化、固碳释氧、气候调节、病虫害控制、负氧离子浓度 9 个二级指标，科学评价考评区域环境保护、生态治理的成效与贡献，精准考评区域生态环境容量和高质量绿色发展潜力。三是生态文化服务，包括生态旅游、景观价值、文化创意 3 个二级指标，系统评价考评区域环境质量提升与文化创意产业发展的关联度和贡献值。四是双增长双转化，包括双增长、双转化 2 个二级指标，反映考评区域“绿水青山就是金山银山”转化的经济效益，重点考察“两个较快增长”与“协同增长”的实现程度、工作进度、创新力度和实绩效度。五是生态产品价值实现机制建设，包括应用机制、管理机制 2 个二级指标。重点考察市直部门推进生态产品价值实现的工作成效，综合评价全市生态产品价值实现机制改革的保障度和达成度。

表 9-1　GEP 综合考评指标体系

一级指标	二级指标（分值）		三级指标
生态物质产品	生态农业		农业总产值、绿色优质农产品认证数、“丽水山耕”品牌拳头产品数量和核心基地数量
	生态能源		水能、太阳能、生物质能
生态调节服务	水源涵养、土壤保持、洪水调蓄、水质净化、空气净化、固碳释氧、气候调节、病虫害控制、负氧离子浓度	基础指标	林地面积增长率、水资源存量、耕地面积增长率、林木蓄积增长率
		专项指标	水库库容、水资源开发利用程度、地表水质达标率、城市污水处理率、交接出境断面水质达标率、用水效率、水土流失率、主要污染物减排、单位 GDP 二氧化碳排放量下降率完成度、农药使用强度、化肥使用强度、省级以上公益林保有量、空气质量优良天数比例、$PM_{2.5}$浓度、松材线虫病扩散控制率、生态修复率、植被覆盖率、城市建成区绿化率、耕地质量等级、河道非法采砂、河道乱占乱弃、最低等级森林火灾、珍贵树种/本地优势树种种植面积、秸秆焚烧/野外用火、秸秆综合利用率

（续）

一级指标	二级指标(分值)	三级指标
生态文化服务	生态旅游	旅游产业增加值占GDP比重、丽水山居农家乐民宿收入、休闲农业观光区(点)、文旅投资年度完成额、旅游用地新增面积、丽水山居精品民宿数
	景观价值	绿道建设、景区村、镇(乡)数、新增美丽河湖创建个数、自然教育/科研考察基地、“美丽林相”改造面积、“微改造”精品花园乡村数量
	文化创意	文创产业产值、文化创意园(基地)数、公共文化品牌数、生态特色节气数、非物质文化遗产数、品牌赛事和户外运动
双增长双转化	双增长	GEP增长率、单位面积GEP增长率、GDP增长率、人均GDP增长率、盘活存量建设用地、城镇低效用地再开发
	双转化	GEP实现率、GDP向GEP投资强度、财政科技投入增长率、净初级生产力、单位面积固碳功能量、单位面积释氧功能量、“两山银行”交易额、GEP贷新增数、“两山信用贷”余额新增数、“两山金融服务站”新增数、“两山专项激励资金”数、绿色发展财政奖补资金额、林权抵押贷款新增任务完成额、水利管理业投资、规上生态工业增加值
生态产品价值实现机制建设	应用机制	GEP核算统计报表制度、GEP核算智能平台、森林生态产品市场交易制度、公共生态产品政府采购制度、生态信用考核评价制度、土壤数字化平台
	管理机制	GEP应用体系、生态补偿机制、自然资源产权制度、领导干部自然资源资产离任审计制度、双碳管理机制、“两山公司”运营机制建设、GEP典型做法和创新案例、生态环境问题被(中央、省级督察通报批评、挂牌)督办事项、主流媒体曝光生态环境问题造成恶劣影响事项、生态环境破坏的重大案件、较大及以上森林火灾

（二）GEP综合考评方法

一是全面推进数智赋能。突出定量和数字化原则，相关应用系统应依托一体化智能化公共数据平台，充分集成现有数据资源，推动“天眼守望”、i丽水场景化多业务协同应用等数据共享，实现考评指标数据与已建系统直连，指标能穿透到明细数据，自动计算结果(图 9-1)。在数字政府丽水门户中的“重大任务”上开辟特色模块，其他门户(党政机关整体智治、数字社会、数字经济、数字法治)按任务分工设立相应版块。二是建立丽水市 GEP 综合考评系统。实现考核指标实时更新，考核结果实时动态展示。三是实行动态预警和加减分。所有量化指标反向偏离度超过 10%，系统自动预警；森林火灾、河道非法采砂、河道乱占乱弃、秸秆焚烧/野外用火等指标实行即时报警。被全国、省级表彰、推广的 GEP 关联典型做法和创新案例的牵头单位予以加分；生态环境问题被中央、省级督察通报批评、挂牌督办，主流媒体曝光生态环境问题造成恶劣影响，生态环境破坏的重大案件，较大及以上森林火灾等事项的相关单位，实行一票否优并予以扣分。

图 9-1　GEP 综合考评系统

(三)考评结果应用

用于准确衡量区域生态系统质量和运行状况，科学评价环境保护、资源利用、生态治理的进展和成效，作为自然资源资产离任审计内容和评价依据。用于全面反映区域“绿水青山就是金山银山”转化的潜力、现状和实现率，纳入市委、市政府综合考核。用于综合考察领导班子和领导干部服务绿色发展的能力水平，纳入干部考核评价体系。

该考评体系丰富、内容全面，是建立在 GEP 核算基础上，基于生态产品考核机制的操作性、拓展性应用，体现了新发展阶段更为全面反映、精确智能、便捷可视的生态治理导向。值得一提的是，当中的部分指标仍需要充实和深入研究，如果 GEP 实现率指标并不成熟，现阶段可采用 GGI 指数(即 GEP/GDP)替代。待考评机制运行较为成熟后，可适时推进标准化制定，争取成为可推广的地方标准。

第二节　生态强村公司的制度设计

本文所指的生态强村公司，是由乡镇(街道)各村集体等共同持股，以所在乡镇(街道)行政区域为基本服务单元，专门从事乡村生态资源资产保护、修复和经营，推动生态产品价值变现的集体性质(或以集体为主导的混合所有制)公司。针对生态资源富集地区而言，生态强村公司有其存在的内生逻辑、必要性，需要加强生态强村公司的顶层设计，以期高水平协同推进乡村振兴、生态文明、生态富民。

一、生态强村公司设立的内生逻辑及必要性

(一)生态强村公司设立的内生逻辑

生态强村公司是推动优质生态产品供给制度创新，实现“两山”市场化运作的基本组织单元，在新时代高质量绿色发展语境下，有其存在“生态产品主要所有者—生态环境主要守护者—优质生态产品主要提供者”的内生逻辑。

首先，“谁是生态产品所有者”是设立生态强村公司的逻辑起点。乡村生态空间是具有自然属性、以提供生态产品为主体功能的主体空间。丽水山区释氧固碳、涵养水源分别占了长三角地区的 15.7%、14.6%，对于长三角地区而言，整个丽水山区就是一个大乡村、大氧吧、大水塔。虽然丽水广大乡村村集体及农民是生态产品的主要所有者，但所有者内部零碎、分散、弱势，且产权关系错综复杂、供给主体“名存实失、名存难惠”。生态强村公司作为集体组织化、产权化运作的出现，自然成为破解生态产品所有者实体性缺失的合法性存在。

其次，“靠谁来保护生态环境”是设立生态强村公司的逻辑基点。乡村是生态涵养的主体区。生态宜居是提高广大农村居民生态福祉的重要基础和保障。当

前自上而下的政策传导，使得乡镇一级承担了过多的森林防火、垃圾处理、污水治理、村庄绿化美化等事务性工作，且还存在农民对上述事务性工作漠视多、参与度不够、自觉性不强等现象。《国家生态文明体制改革总体方案》指出，构建更多运用经济杠杆进行环境治理和生态保护的市场体系，培育环境治理和生态保护市场主体，着力解决市场主体和市场体系发育滞后、社会参与度不高等问题①。生态强村公司作为广大农民自己的公司，因应生态文明新时代要求而设，是乡村生态环境的主要保护者——这本身是公司最基本的职责。

再次，“由谁提供优质生态产品”是设立生态强村公司的逻辑支点。乡村是生态产品富集地，生态是乡村最大的发展优势。丽水生态产品价值实现机制试点的主线就是提供更多优质生态产品以满足人民日益增长的优美生态环境需要。在试点中，首先需要破题的是到底由谁来提供优质生态产品。对丽水而言，生态强村公司作为生态产品主要所有者、生态环境主要守护者的集中代表，就自然有提供优质生态产品的内在职责。

(二)生态强村公司设立的必要性

一是提升农民主体地位的需要。当前“农村空心化”“农业边缘化”和“农民老龄化”的“新三农”问题日益突出，农民生产方式和生活方式也发生重大改变。在乡村振兴背景下，特别是针对“小、散、偏、远”的后发山区，农民主体的内涵需要由“单一主体”的个体性向“集体主体”的群体性转变。设立生态强村公司，有利于增强农民主人翁意识，发挥农民价值创造主体的作用，克服农民自身的局限性，内化农民自我学习、自我改造、自我参与，从生产、经营、销售、管理等各环节提升农民组织化程度，从而提升为完整的、与时俱进的现代化主体，更好地解决主体性缺失、集聚人力资源等问题。

二是提升优质生态产品供给能力的需要。设立生态强村公司，有利于引导建立“专业的事情让专业的主体去干”的机制，培育优质、专业的生态产品供给主体，促进生态产品供给的质量提升、数量增加、结构优化，形成“供给创造需

---

① 引自：中共中央 国务院印发《生态文明体制改革总体方案》[EB/OL]. 中央政府门户网站：http://www.gov.cn/guowuyuan/2015-09/21/content_2936327.htm。

求”新气象，为实现生态产品供给与需求相均衡创造有利条件。

三是提升市场竞争能力的需要。当前，乡村振兴面临的挑战之一是农民适应生产力发展和市场竞争的能力不足。设立生态强村公司，有利于更好适应市场形势变化，引导农民朝专业化、职业化发展，整合乡村闲置资源，推动新技术、新设施、新场景在生态产业化中的应用与转化，共同提升市场议价能力，真正让“好山好水好空气”卖得“好价钱”。

四是提升乡村治理能力的需要。从乡村投入建设角度看，机构改革仍处于磨合期，国家各层级机构投入到乡村的资金效率低下，涉农资金“九龙治水”“政出多门”问题仍未得到根本性改变；从乡村管理角度看，上级指令性管理多、考核评比多，部分乡村“村规民约”如同虚设，部分村庄在生态保护、垃圾处理、污水管网铺设、改水改厕等方面并未化为“村民自觉”，部分乡镇工作“吃力不讨好”的现象时有发生。设立生态强村公司，有利于科学合理划分任务清单，有利于提高农民和村集体参与的积极性，有利于解决整合资金用到哪里去、怎么用的效果和效率等问题，从而促进提升乡村治理能力和水平。

二、生态强村公司应处理好的几对关系

（一）处理好与其他集体性质公司的关系

2018 年，全市农业系统因应消除薄弱村的工作要求，纷纷成立了以消除薄弱村、保兜底为导向的乡村振兴有限公司（或称老强村公司），共有 170 余家；另外，部分村还存在村一级集体性公司（村一级强村公司），比如，松阳的上田村乡村振兴有限公司。乡镇一级生态强村公司可以新设，也可以在原老强村公司基础上更名新设，扩容经营范围；在与村一级集体强村公司关系处理方面，乡镇（街道）级生态强村公司可以参股、入股村级强村公司。

（二）处理好与专业合作社等市场主体之间的关系

当前农村市场经济组织还包括农民专业合作社、农民合作经济组织联合会、家庭农场等市场主体。各村股份经济合作社是生态强村公司的股东，在现有的体制机制下，对于处理两者相互关系和运营管理，有以下三类：第一类是合作社作

为公司的"子公司"存在，其管理受制于公司，财务由公司统一做账，合作社在公司的统一管理下有序发展。第二类是合作社作为一个单独的主体存在，合作社实行独立管理，其发展既为公司运营配套服务，也可以对外独立经营。第三类是合作社入股公司的部分属于公司的资产组成，需要由公司统一管理运营；合作社没有入股的部分可以独立运行发展不受制于公司管理。受制于现阶段项目资金、补助资金、走账程序、税负、合作社分工等差异，基于多数合作社是资源入股而非资金入股的现状，同时为了更好避免项目资金争取和运营管理上的混乱，建议以采取第一类方式为宜，但不排斥其他两种方式。同时，因农民专业合作社、合作联社有税收优惠政策①，故可适时通过新设立农民专业合作社或合作联社的形式，以新股东名义加入生态强村公司，明确以新股东的名义争取的政府各类项目资金(包括以奖代补项目资金)，由生态强村公司统一管理、调配和建设，可走合作社账户程序(合理避税)，项目建成后，可根据需要，通过协议的形式，将所形成的资产由生态强村公司持有。

(三)处理好与政府之间的关系

在生态强村公司与政府关系处理上，既要厘清两者边界，又要深化两者互动，以共同推动生态产业振兴、生态文明建设。在厘清两者边界上，公司是按照公司法设立的，既要遵循市场规律，也要遵循自然规律，在守住绿水青山"金饭碗"的前提下，把"生态盈利、生态富民"放在工作首位。在市场化运行时，政府不宜介入，更不能以行政指令替代、分摊政府事务。在深化两者互动上，在法治与公平的前提下，政府需提高乡村振兴、生态产品采购等领域供给侧绩效，包括支持"三农"资金整合、采购指标考核、生态资源资产整合、三权分置改革等，营造有利于生态强村公司等主体发展的环境；企业则在政府主导下，通过专业化运营、市场化运作，实现经济与社会效益相统一。

---

① 注：农民专业合作社税收政策(含合作联合社，不含股份经济合作社)的税收政策主要如下。一是对农民专业合作社销售本社成员生产的农业产品，视同农业生产者销售自产农业产品免征增值税；二是增值税一般纳税人从农民专业合作社购进的免税农业产品，可按13%的扣除率计算抵扣增值税进项税额；三是对农民专业合作社向本社成员销售的农膜、种子、种苗、化肥、农药、农机，免征增值税；四是对农民专业合作社与本社成员签订的农业产品和农业生产资料购销合同，免征印花税。

三、生态强村公司的规制

(一)公司使命：回答干什么

习近平总书记指出，“保护环境就是保护生产力，改善环境就是发展生产力”。“生态环境就是生产力”，是推进高质量绿色发展的内生力量。生态强村公司作为乡村生态产品主要所有者、生态环境主要守护者、优质生态产品主要提供者的集中代表、法人组织，作者认为，其存在的使命就是保护和改善生态环境生产力，提供更多优质生态产品，满足优美生态环境需要，加快促进生态富民惠民。

(二)公司架构：明晰谁来干

公司架构包括股权架构、组织架构等，结合丽水各地不同的实际情况，目前主要有两种不同的公司架构，即纯集体型、“集体+政府”混合型。

针对纯集体型的股权架构，一般是由乡镇(街道)所在的各村股份经济合作社担任股东，持股比例根据当地实际情况而有所差异。该种类型股权架构的好处在于独立自主、自负盈亏、运作灵活，有利于发挥各村集体的积极性，吸引农民就近就业，繁荣乡村经济；但弊端也很明显，比如，缺乏能人带头，各村利益可能难以摆平，容易产生短视行为，不受政府意图指引甚至背离初衷等。“集体+政府”混合型股权(集体股份占主导)的好处在于政府与村集体互动充分，可获得政府资源便利，能充分体现政府意志，有利于资源整合，可增强公司对外信用，便于融资；弊端在于容易产生行政性干预和官僚化倾向，可能会增加公司运营成本，弱化市场配置，难以适应各种风险。

上述两种股权架构类型互有优势，建议在公司组织架构设计上，中远期可以建立由股东会即董事会制度和轮值董事长制度，政府这边可委派国资公司人员担任，各村可举荐乡贤、能人担任；可引入职业经理人制度，实行职业经理人负责制，建立职业经理人绩效考核制度；引入拥有一票否决权的独立董事制度或机制(中远期，针对有限责任公司)；由乡贤等组成审查制度，比如，项目准入审查、环境审查等；在财务制度上，运营之初，考虑到运营成本，可由财务代理公司管理。

(三)业务模式：推进怎么干

围绕公司“提供优质生态产品”这一核心使命，建议开展以下主营业务(图9-2)：

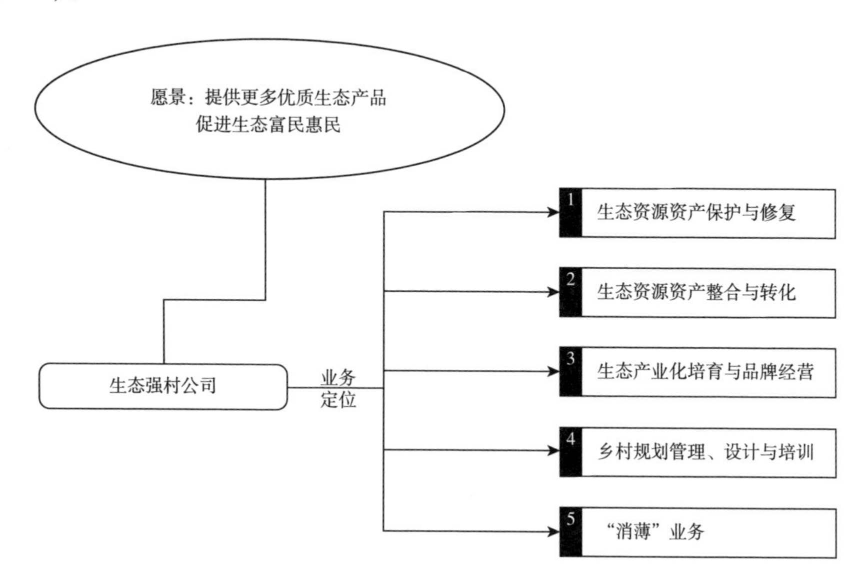

图9-2　生态强村公司愿景与业务定位

一是开展生态资源资产保护与修复，包括镇(乡)村庄保洁、河道整治、森林防火、生物多样性保护、病虫害防治、荒田复垦、古建筑/古道保护与修复、生态设施建设与维护等。可将原属于县级部门、乡镇的职能业务，比如，河道整治、村庄保洁、公路养护、绿化美化等工作，向生态强村公司购买服务，由生态强村公司统一经营管理。

二是开展生态资源资产整合与转化，包括对分散的山水林田湖草、集体土地、闲置农房等资源的整合，将碎片化资产资源的集中化收储和规模化整治，转换成优质资产包，促进资源资产化、资产资本化、资本股份化。生态强村公司可将优质生态资源资产，通过转让、租赁、合作等形式引入工商资本。

三是开展生态产业化培育与品牌经营，包括农产品质量安全防控、生态精品农业开发、数字农业、民宿经营、绿道经营、品牌经营、乡村旅游与康养产业开发、乡村文创开发、产业融合、平台打造等，注重生态文化传承与弘扬。

四是开展乡村规划管理、设计与培训，包括乡村规划管理、规划设计(特别是针对古村落保护与利用领域)、乡村土专家技艺弘扬与传承培训、会务会展、对外承接培训等。

最后，若生态强村公司是在老强村公司改名的基础上设立的，则加入"消除集体经济薄弱村"(简称"消薄")等兜底性经营业务，同时注意账户分列开支。

(四)分配机制：分享干得好

一是可建立"同股同权+生态贡献"分配机制。同股同权分配，是指经营性收益按持股比例分配；生态贡献分配，是指在生态产品采购性收益等按各村所采购的生态产品贡献多少来分配。对于生态产品采购性收益，为防止各自分摊、直接分钱等短视行为，可采取如下举措：①五年内不得现金分配。②按股东持股比例提留生态产品采购收益，提留额度以采购收入最少的股东且占其收入的60%为最低限。③各股东提留后的剩余部分收益，可参照一年期银行贷款基准利率方式，借给公司经营之用。④在提留扩资之后，其产生的收益按同股同权，再进行分红。

二是可建立与消薄、低收入农户收入增长、乡村慈善事业等挂钩机制。设立单独业务模块，承担"提低"社会责任，主动对接上级支持政策，积极引导村集体经济薄弱村①以村生态资源资产入股，同时扩大财政帮扶资金折股量化等试点，促进更多村集体经济薄弱村、低收入农户向"股东"转变，推广"农民/村社入股+保底收入+按股分红"等利益连接机制。承接发展劳务合作业务，多形式开展创业就业培训，实现有劳动能力低收入农户培训全覆盖，更大力度开发乡村公益性岗位。用好用活农村集体建设用地，倾斜性安排落实生态强村公司发展所需用地指标，建立集体经营性建设用地入市增值收益分配机制。对于生态强村公司收益，可拿出适当比例，设立扶持基金，投向乡村幸福食堂(赡养老人)、助幼助学等公益事业。

---

① 注：随着村集体经济薄弱村收入的不断巩固增长，现已将"村级集体经济相对薄弱村"取代"村级集体经济薄弱村"。

第三节　企业和社会各界的参与机制

“有效市场”与“有为政府”的有机结合，既是中国经济长期快速发展成功经验的精髓，也是未来发展应当始终遵循的根本准则(钟茂初，2021)。需凝聚政府、企业、社会组织、个人四方力量，完善社会资本参与机制和产权激励，有效调节发展差距、区域差距、收入差距，以生态产品价值实现推动经济、社会、生态协同可持续发展。

一、明确参与内容

探索建立“负面清单”之外的正面清单引导机制，明确让企业和社会各界参与的内容。

(一)负面清单

负面清单包括生态空间上的触及耕地保护和生态保护等红线的清单，“农药化肥”的限用清单，水产、畜牧养殖的限养、禁养区域和(或)产品清单，外来有害生物禁入排查清单，产业准入上不符合“验水、验地、验气、验耗(能耗)、验碳(碳排放强度)”条件的“五验”清单等。特别在地方实践中，对于严格于国内法律、行政法规、地方性法规和规章规定，国内法律没有规定或仅原则规定的负面清单，可鼓励由行业组织制定并自律实施，如钢筋水泥在乡村治理中的限用(尤其在河道河床、田埂、沟渠、护坡等领域)、农药化肥的限用、对于垂钓经营和垂钓者的限制性规定等。

(二)正面清单

正面清单包括生态保护修复、生态产业化培育两个方面。

生态保护修复方面①，鼓励和支持社会资本参与生态保护修复项目投资、设

① 整理并引自：《国务院办公厅关于鼓励和支持社会资本参与生态保护修复的意见》(国办发〔2021〕40号)[EB/OL]. 中国政府网 . http：//www. gov. cn/zhengce/content/2021-11/10/content_ 5650075. htm。

计、修复、管护等全过程，围绕生态保护修复开展生态产品开发、产业发展、科技创新、技术服务等活动，对区域生态保护修复进行全生命周期运营管护。重点鼓励和支持社会资本参与以政府支出责任为主(包括责任人灭失、自然灾害造成等)的生态保护修复。对有明确责任人的生态保护修复，由其依法履行义务，承担修复或赔偿责任。生态保护修复重点领域，包括针对受损、退化、功能下降的森林、草原、湿地、河流、湖泊等自然生态系统保护修复；针对生态功能减弱、生物多样性减少、开发利用与生态保护矛盾突出的农田生态系统保护修复；针对城镇生态系统连通不畅、生态空间不足等问题的城镇生态系统保护修复；针对历史遗留矿山存在的突出生态环境问题的矿山生态保护修复等。

生态产业化培育方面(详见第五章)，结合资源禀赋和气候地理条件，分领域制定正向引导清单，鼓励和支持参与品质农业、生物科技、康养旅居、清洁能源及水资源利用、环境敏感型产业等发展。建立“低碳高效”产业目录，注重“碳生产力”招商、科技招商，大力发展洁净医药、电子元器件、数字经济等产业(周爱飞和张丰，2021)。支持参与外来入侵物种防治、生物遗传资源可持续利用，推广应用高效诱捕、生物天敌等实用技术。支持采取“生态保护修复+产业导入”方式，利用获得的自然资源资产使用权或特许经营权发展适宜产业，引导当地居民和公益组织等参与科普宣教、自然体验、科学实验等活动和特许经营项目。支持开展产品认证、生态标识、品牌建设，鼓励生态文创产业发展。

二、完善参与方式

梳理起来，共有四种方式可参考。一是企业独立参与，包括企业兴办生态工业、推进生态保护修复等，可鼓励企业以联合体、产业联盟等形式出资参与。二是“企业+乡村集体经济组织”参与，包括“企业+生态强村公司”的生态保护修复与生态产业开发利用，“企业+基地+农户”“企业+专业合作社或股份经济合作社”等方式产业经营，引导乡村集体经济组织以“保底分红”方式适度参股。三是“企业+政府”参与。对有稳定经营性收入的生态保护修复等项目，可以采用政府和社会资本合作(PPP)等模式，地方政府可按规定通过投资补助、运营补贴、资本金注入等方式支持社会资本获得合理回报，同时引导生态强村公司积极参股。四是公益参与。积极引进世界自然基金会、桃花源基金会等公益组织，培育地方公益组织，引导企业公益事业捐赠，鼓励公益组织、企业、个人等与政府及其部门合作，参与生态保护修复。对于以公益参与方式获得的碳汇增量交易收入，引导用于公益事业。

三、完善支持机制

可依托革命老区、山区 26 县、共同富裕等政策支持，进一步完善主体参与支持机制。

（一）建立健全生态环境保护修复与生态产品经营开发权益挂钩机制

对集中连片开展生态修复达到一定规模和预期目标的生态保护修复主体，可允许依法依规取得一定份额的自然资源资产使用权，从事旅游、康养、体育、设施农业等产业开发；对社会资本投入并完成修复的国有建设用地，拟用于经营性建设项目的，可在同等条件下，该生态保护修复主体在公开竞争中具有优先权；对于修复后新增的集体农用地、修复后的河道，鼓励农村集体经济组织将其经营权依法流转给生态保护修复主体；对于修复后的集体建设用地，生态保护修复主体可在同等条件下优先取得使用权。

（二）建立健全自然、农田、城镇等生态系统保护修复激励机制

发挥政府投入的带动作用，探索通过 PPP 等模式引入社会资本开展生态保护修复，符合条件的可按规定享受环境保护、节能节水等相应税收优惠政策。针对社会资本投资建设的公益林，符合条件并按规定纳入公益林区划的，可以同等享受相关政府补助政策。健全以社会捐赠方式参与生态保护修复的制度，鼓励参与自然保护地等生态保护修复；开展公益保护地试点，在自然保护地外，以黑麂等为对象，建立由公益组织提供资金、当地居民有偿保护的机制，给予公益组织、相关个人政治荣誉、生态信用等激励。健全国有经营性建设用地出让面积与（森林）生态产品价值提升锚定机制，积极培育森林生态系统生态产品交易市场，对参与林业碳汇交易的各类法人、社会组织、农村集体经济组织或自然人，给予

一定奖励支持。强化精准帮扶，提高生态搬迁差异补偿标准，对迁出区实施退耕还林还草还湿、开垦地造林等修复措施，确保生态保护与生态价值实现双赢。

（三）建立健全绿色利益分享机制

一是与经济发达地区合作探索生态产品价值异地转化模式。可对发达地区山海协作企业、央企、省国企在生态保护地区建立生态农产品供给基地、疗休养度假基地给予一定激励。二是升级异地开发补偿模式。依托山海协作机制、对口合作机制，在生态产品供给地和受益地之间相互建立合作园区，健全利益分配和风险分担机制。三是建立碳汇富民产权激励机制。支持建设林业碳汇基地，鼓励开展核证自愿减排量（CCER）下的林业碳汇项目交易，探索开展大型活动的碳中和、涉碳企业履约交易等不同形式碳交易，争取打造长三角“零碳”会议指标——丽水采购中心。四是共建以绿色生活为内核的社会文明生态（周爱飞和张丰，2021）。围绕衣、食、住、行、用等构建“绿色生活”数字化评价及应用体系，致力以绿色生活引领社会文明生态，打造国家文明城市建设升级版。探索出台电动补贴政策，推行快递物流、景区游船、公交车等电动化，引导新能源汽车消费，支持“轮子上”的储能基地试点。构建县域、园区、乡镇、公共机构等多层次“低碳—零碳”试点体系，建设一批零碳示范县域、电单景区。建立碳普惠运行机制，加快完善“碳标签”“碳足迹”等制度，推广碳积分等碳普惠产品。升级生态信用制度体系，持续强化生态信用在生产生活各领域的牵引穿透，为低碳行为画像定轨、描摹识迹，丰富更多应用激励场景，完善“让守信者处处受益”机制。

（四）优化生态产业化发展环境

一是营造与“丽水生态第一市”相比肩的营商环境。主动适应数字化时代趋势，以刀刃向内的自我革命推动质量、效率、动力变革，加快流程再造、模式创新和新型业态培育，建立健全国际接轨的营商规则体系，打造营商环境便利化智慧应用平台，依法促进各类生产要素自由流动，保障各类市场主体公平参与市场竞争，构建亲清新型政商关系。二是深化生态产业化领域招商引资。结合地方生态优势、发展潜力，围绕三次产业分类制定招商引资目录，配优配强招商力量，重点引进农业龙头企业、央企、省企以及世界500强、国内500强企业，招引一批有撬动意义的生态化产业大项目、好项目，推进招商项目全生命周期服务管理，实现市场主体总量扩充、存量调优、增量先进和质量提升。三是谋划建设“两山硅谷”。从全球产业与科技发展趋势来看，绿色科技具有增值生态、环境友好、绿色可控、节约高效等特征，是新世纪科技发展的重要趋势。通过全面依托和引领平台“二次创业”，将“浙江绿谷”的“生态洼地”插上科技的翅膀，以“科技绿”赋能“绿谷绿”，以集聚高端人才科创资源制程“丽水芯”，跃阶打造面向未来、把握前沿、影响世界的“两山硅谷”，可成为“浙西南科创中心”聚焦的定位、矢志的方向。四是全方面优化人才科技服务生态。围绕人才科技要素，植入科技中介、金融创投、研究机构等创新资源，推动产业链、创新链、人才链、资金链、政策链“五链”融合，活用“一院一园一基金一政策”创新机制，探索人才与科技银行的服务新模式，浸润“从孵化器到加速器再到产业化”的产业链条，打造像硅谷一样的“雨林式创新生态系统”。构建人才自身、配偶、子女、父母“四位一体”的人才服务矩阵，对符合认定的人才直接赋予最高级别信用“绿谷分”，为其在丽水更加安心创业、畅享“绿福利”等提供更多优质服务；加强宣传营造，厚植生态文化创新土壤，完善以人才荣誉为重点的精神激励机制。

第十章

展望：拥抱已来的未来

生态环境关系各国人民的福祉，我们必须充分考虑各国人民对美好生活的向往、对优良环境的期待、对子孙后代的责任，探索保护环境和发展经济、创造就业、消除贫困的协同增效，在绿色转型过程中努力实现社会公平正义，增加各国人民获得感、幸福感、安全感。

（摘自2021年4月22日，习近平在“领导人气候峰会”上的讲话）

拾笔展望，思绪似乎回到原点，总想为“码字”的琐碎拾遗补阙，却急不可耐地去拥抱已来的未来。下面这张图(图 10-1)胜似千言万语，透视着作者思索的一切。

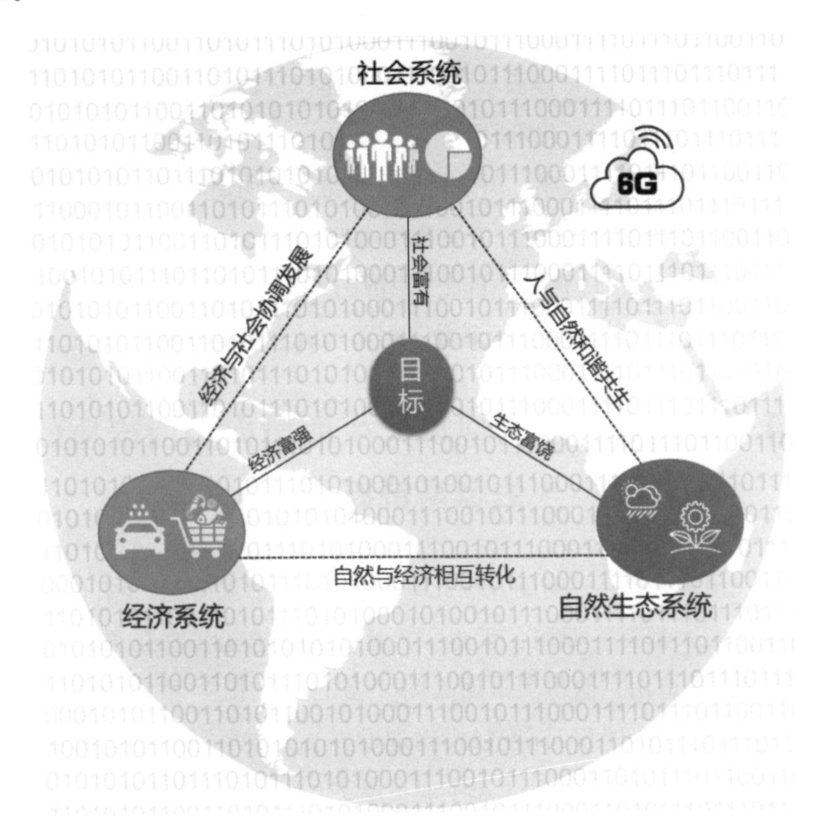

图 10-1 “自然-经济-社会”的复合生态系统与数智化

我们每个人都生活在“自然-经济-社会”复合生态系统中，生活在过去不可理解、无法控制的自然力量转化可应对挑战的气候变化里，从中获得惠益与发展。依托丽水样本，本书切入点是自然，研究的视角是自然，表达的主语也是自然，即自然界以平等的“主人”姿态，与人类及其运行的经济社会系统的对话。“我”作为自然生态系统(即绿水青山)，对话的目的就是在不破坏自然生态系统完整性、稳定性的前提下，通过发挥你们人类的积极性、创造力，把“绿水青山”所蕴含的生态产品价值转化为“金山银山”，探索出一条生态产品价值实现机制上的帕累托最优路径，更好满足你们人类的美好生活需要，尤其是优美生态环境需要，从而让我好、你好、大家都好（即生态富饶、经济富强、社会富有“三统一”）！

当下中国所引领的生态文明新时代，是一个以大数据、人工智能、空间信息设施等新基建为底座的数智化赋能时代。整个自然生态系统，因数智化的到来，而变得可触摸、可感知、可体验、可计量，人们对“绿水青山就是金山银山”的认知，已然到了系统量化转化阶段。

生态加数字，佳偶自天成。识微见远，在生态文明语境里，生态产品实现机制的实质就是“自然-经济-社会”向更高层级“协同跃迁”的一整套“两山”算法，以此重塑更为耦合、更有韧性的“自然-经济-社会”复合生态系统，进而推动人与自然和谐共生、自然与经济相互转化、经济与社会协调发展。

第一节　自然：实现从天生丽质向智治提质的生态富饶跃迁

丽水古代预言大师——明朝开国元勋刘基的《刘伯温碑记》①中有云：“天有眼，地有眼，人人都有一双眼；天也翻，地也翻，逍遥自在乐无边。”正所谓：“大王叫爷（眼）来巡山，偷得美景回人间。”当下及未来，“数字地球”所编织的“天罗地网”将有无数只“手”深度触摸物理世界、无数个“眼睛”守望着“绿水青山”，正推动着“三个实现”，让生态本底更厚实、生态颜值更靓丽。

一、自然生态环境监测监管：实现全域、全要素“智能感知”

过去，自然生态资源监测依靠传统手段不仅耗费人力、物力、财力，且存在信息盲区、信息孤岛、信息假象等问题。通过“天眼（卫星遥感大数据）+地眼（生态感知物联网）+人眼（全科网格四平台）”所构建的生态治理数字底座和高效精准的环境监测体系，可对大气质量、水质环境、地质状况、地表覆被等不同要素进行精确感知，建立智能决策的数智化预警算法模型，形成“监测—分析—预警—处置—反馈—评估”全闭环，提前感知、自动分析生态环境质量变化趋势，为生

① 此碑记中的刘伯温是否就是明朝开国元勋刘基（字伯温），有待进一步考证。

态安全预警及高效处置提供决策辅助。

目前，丽水已建立了11个“护绿出新”场景，即大气、固废、水环境、自然保护地、土壤环境5个生态环境保护类子场景和森林火险、地质灾害、非法采矿、违法违规建筑、生态保护红线、云耕保6个自然资源监测类子场景。自丽水“花园云”多业务协同系统(图10-2)上线运行以来，截至2022年2月底，已成功预警森林火险、地质灾害、水(大气)污染等风险隐患2312件(次)，处置率100%。随着数据沉淀、数据共享的不断丰富，对时空尺度、要素监测精度的需求日益多样化，相信未来还有更多的“护绿出新”智能应用场景。

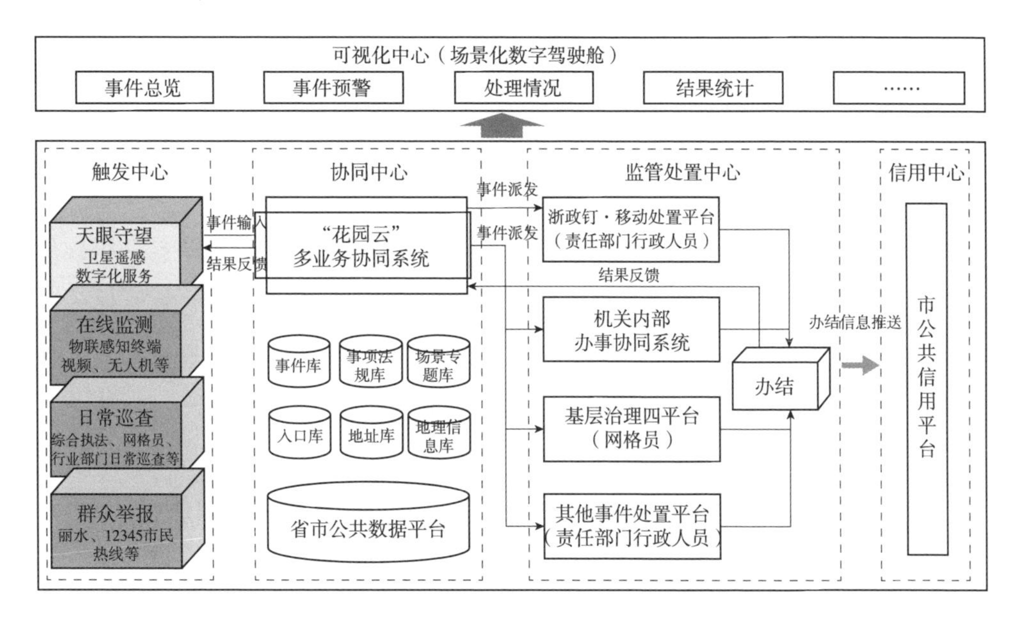

图10-2 “花园云”多业务协同系统流程图

二、自然生态环境健康体检：实现全时、全方位健康管理

2001年，联合国调集了95个国家1300多名科学家，耗时4年，完成了对地球的健康体检《千年生态系统服务评估》(MA)。20年后，浙江成立了全国首个生态环境健康体检中心——浙西南生态环境健康体检中心。中心提供三项服务：一是生态环境的“把脉会诊”。具备生态环境质量全面“体检”、生态环境健康状况评估“诊断”、生态环境问题“治疗”、环境突发事件“急诊”等多元功能，强化生

态环境问题预测、预警、预防，推进生态环境保护预干预、预介入。二是生态环境领域技术培训。定期开展大型仪器设备操作、环境监测质量管理进修培训和应急演练等，强化技术交流与培训。三是人员服务与技术支持。组建一支以年轻技术骨干为主的专业队伍，向基层及企业派遣“环境健康指导员”，重点服务于市、县政府部门及各类经济开发区、工业园区、重点乡镇、重点企业。

随着生态环境监测基础设施更多地被新基建“数智”替代，原先基于线上线下相结合、把脉问诊式、缺什么补什么的“底线式”生态环境健康体验，会因提供更多优质生态产品的需要而被全时、全方位的生态环境健康管理所取代。

三、生态产品调查监测与价值核算：实现生态产品明权属、可量化

过去生态产品调查监测，存在人员调动多、实地调查工作量大、采集难、耗时长等问题；而传统的 GEP 价值核算方式主要利用 ArcGIS 等地理信息分析软件和 Excel 等表格管理软件进行，存在人工误差大、软件易崩溃、配色展示体验差等问题。立足当下、展望未来，依托卫星遥感大数据、地面感知物联网和人工智能技术手段，形成全覆盖、全信息、多尺度、多时相、多元化的“天-空-地一体化”的空间信息数据资源库，可助力“山水林田湖草”的每一分空间权属实现精准落界、精准量化；经 GEP 统计报表制度及服务，可助力 GEP 实现任意区域“一键算”(图 10-3)、GEP 健康码实现“一码清”，为生态产品可抵押、可交易、可变现提供前提和基础。

第二节　经济：实现生态优势向发展胜势的经济富强跃迁

绿水青山，因数智而缤纷多彩。在这个“我干掉你，与你无关”的市场跨界打劫年代，优质生态产品将淋漓尽致地“游刃”于各市场主体之间，成为令人趋之若鹜的优势产业、美丽蓝海，推动该领域发展方式、市场产品、市场配置等转变，为生态资源富集地区实现“经济富强”跃迁提供核心支撑。

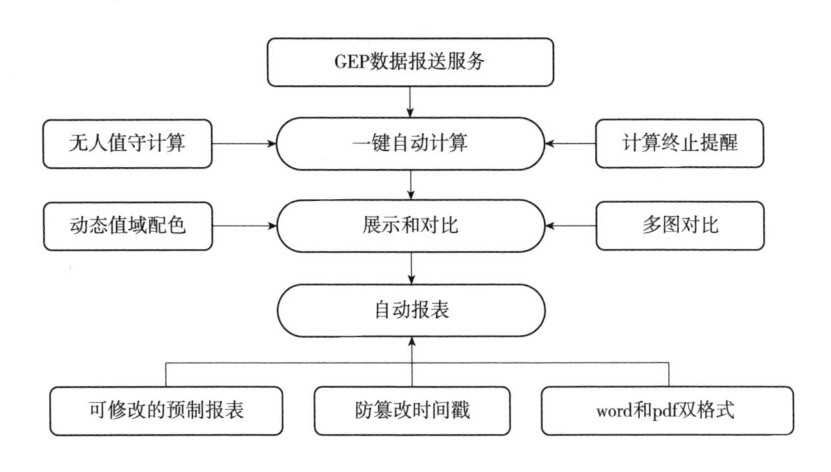

图 10-3　GEP“一键算”开发流程图

一、发展方式：从“要素驱动”向“绿智驱动”转变

自然生态资源是人类生存及经济社会发展的物质基础和活动空间。人类文明的演进过程，是与自然生态资源的协同程度和耦合深度持续得到强化和升级的过程，其发展方式离不开能源动力结构与生产力驱动方式升级。

围绕能源动力结构，纵观人类文明形态从农耕文明、工业文明再到生态文明的变迁，其背后是以相对应的柴薪能源、化石能源再到绿色能源的能源革命为基础和动力支撑。简言之，绿色能源是生态文明社会的能源动力标配。展望到2060年，中国能源消费结构中绿色能源消费占比达到 80%是完全有可能的。丽水市作为国内为数不多的绿色能源在生产端、消费端占比均超过 50%的地级市，具备先行探索与能源动力相匹配的经济社会发展运行机制的条件。

围绕生产力驱动，人类文明与自然生态资源协同发展演变过程(图 10-4①)，本质上是生产力的三要素(劳动者、劳动资料、劳动对象)在自然生态资源领域里的协同递进与效率提升。进入生态文明社会，一个重要标志是人与万物智能网联，意味着生产力的驱动结构、驱动效率发生重大改变，其发展的生产函数因生态要素与新技术、新人才、新知识、新模式、新思维等多种创新要素“亲和”组

① 引自：闫军印等．新时代背景下自然资源与生态文明建设协同耦合关系研究[J]．河北地质大学学报，2021，44(02)：98-102。

合而顺势重建。在创新引领催生下，绿水青山“插上”数智的“翅膀”，推动绿水青山蕴含的生态产品价值在实现环节和供给侧端进行变革和创造创新，进而开创绿水青山价值倍增、高效转化和充分释放的新局面，让“绿水青山也是第一生产力”成为可能的实践。

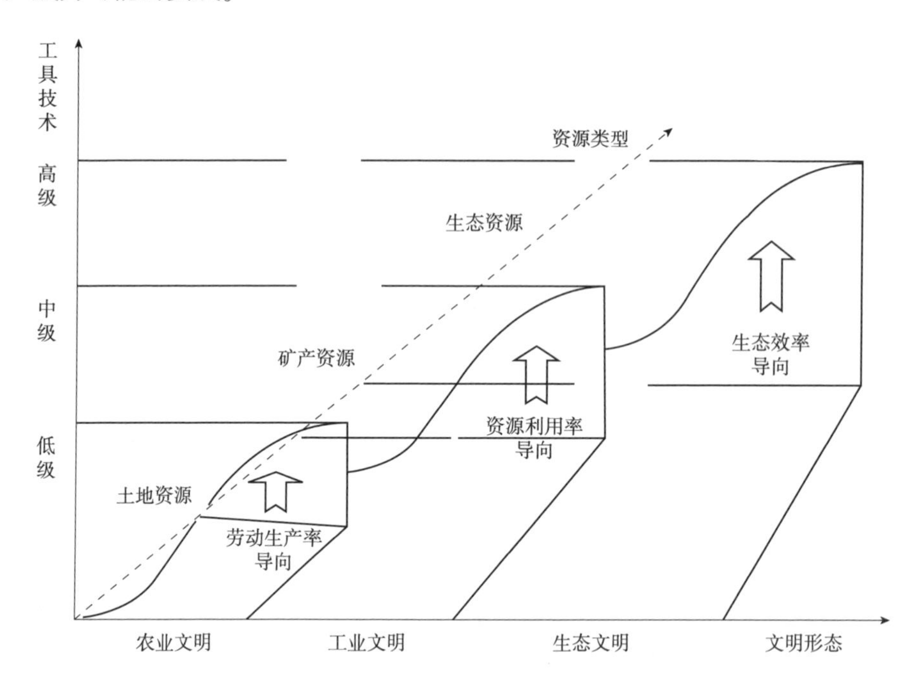

图 10-4　人类文明与自然生态资源协同关系

二、市场产品：从“原生态”向“原生态+”模式转变

在传统的生态产品经济领域里，市场主体主要靠卖生态产品赚钱，但到了数智经济，生态产品会被“智化”，并与人的生命健康建立某种联系，通过“定制的生态产品+数字服务”模式获取利润，再加上品牌溢价，会创造出大于“生态产品”价值的“生态产品+”多重价值，形成“生态产品定制收费、健康数智服务免费”等新型商业模式，推动供需更加精准适配。事实上，这种模式正在发生。以青田县巨浦乡塔曹村的慧耕农业基地为例，该基地在海拔 800 米以上的山地上，使用的经改良且适用山地应用的气雾栽培技术，生产淡季应市的高山蔬菜，种植全程不使用农药，喝的是仰天湖的水，吸的是大自然纯净的空气，蔬菜品质优

良，经第三方检测，蔬菜中的钙含量、维生素C含量等指标超出市场同类蔬菜的1.4倍，蔬菜的微量元素可根据用户健康需求精准订制，属康养产业，前景甚好。

三、市场配置：从“看不见的手”向“看不见的脑”转变

在数智化时代，人力将会进一步被解放，脑力将进一步被开发，基于人和万物智能网联的底层架构和操作系统在不同领域逐步构建、开发、应用。我们通常说，要让“看不见的手”在市场资源配置中起决定性作用，但当市场迈入数智化后，将由“看不见的脑”左右和主导着市场资源配置。相信不远的将来，属生态产业化领域的碳汇交易市场大脑，与属产业生态化领域的碳排放权交易市场大脑，将实现交互联通，进而推动生态产业化、产业生态化向纵深协同发展。

第三节　社会：实现从生态颜值向共富价值的社会富有跃迁

生态环境关系着民生福祉，优良的生态环境是人民幸福生活的增长点、经济社会持续健康发展的支撑点、建设共同富裕美好社会的发力点。串起三点连成线的生态产品价值实现机制，与数智化重构所组成的双螺旋“DNA”，活络弥漫在区域间、城乡间、群体间，将推动更高水平上分享绿福利、共享绿红利，畅享绿生活，促进社会公平正义，增进人民幸福指数。

一、分享更多“绿福利”：让区域发展更加公平

从普惠性财政支持上，中央、省级将会进一步加大财政支持重点生态功能区转移支付规模，加大对生态功能重要性突出地区和生态保护红线覆盖比例较高地区的支持力度；省级以下层面的生态保护补偿资金将进一步得到统筹，流域横向生态补偿机制将更加健全，生态产品价值异地转化模式趋于成熟，基于GEP绿色奖补等“一策奖补”的生态补偿集成数智化应用场景将更

加丰富，生态资源富集地区的生态补偿机制得到系统性重塑。从生态资源富集地区的收入分配看，转移支付收入在农民人均可支配收入中的额度逐年增加；针对中等收入群体、低收入农户的评价和返贫监测更加健全，实现人群精准识别、情况动态监测、政策综合集成、帮扶直达到位，底层群众的“幸福清单”更加殷实，丽水等城市成为数智化精准帮促赋能共同富裕的“山区实践样板”(图 10-5)。

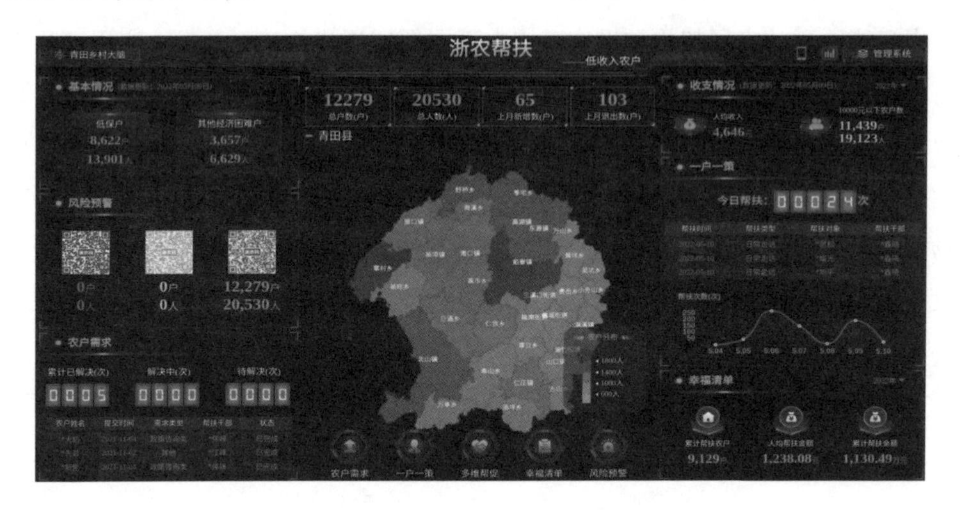

图 10-5　浙江省低收入农户帮促数字化应用系统

二、共享更大“绿红利”：让发展成果人人可享

生态资源富集地区的地区生产总值(GDP)、生态产品生产总值(GEP)实现两个协同较快增长，转化效率持续提高。金山银山“反哺”绿水青山的支持力度不断加大，涌现出一批有代表性的新时代山水花园式未来社区、未来乡村，数字河川、数字国家公园、数字城市等，数字治理应用场景更加丰富，未来城市、未来乡村适应气候变化的能力变得更有韧性、更有智慧。生态强村公司等生态产品供给主体的作用得到更大程度发挥，与工商资本的合作更加紧密，市场化竞争能力逐步增强；村集体与农民收入持续“双增长”，生态产品价值在乡村人头股、资源股、集体股、慈孝股、发展股等“多股丰登”中充分绽放，城乡间、群体间的差距显著缩小。

三、畅享更优“绿生活”：让绿色行为成为风尚

在我们向往的未来生活里，绿色生活将引领社会文明生态，成为生态文明社会的标志性烙印，以下十种趋势可畅想预见：一是青少年与大自然的互动交往增加，相对应的生物多样性保护体验地增多，从乡村、野外的体验中享受到更多的大自然惠益，与大自然的亲和感增强。二是在“生态产品+”的健康管理下，人类的寿命将延长，丽水等一批城市成为“绿野仙踪”样板地。三是居民肥胖比例有所降低，人们的绿色生活习惯像“广场舞”一样名震中外，绿道及沿线成为居民生活的重要“打卡地”。四是零碳城市、零碳乡村、零碳景区成为标配，“逆城市化”现象有所增强，乡村更让人向往。五是基于政府、企业、社会组织、个人共同参与的数智化碳普惠机制得以建立并广泛运行，碳资产成为“香喷喷”资产。六是生态信用与各类主体的低碳行为挂钩更加紧密，成为各类主体身上的“金名片”“身份证”；信用积分作为激励积分，成为“数字货币”的激励伙伴。七是以丽水市为代表，绿色公益组织实现城乡全覆盖；企业和个人的绿色公益行为，除了得到荣誉之外，还享受各方面的优惠及便利。八是生态文明司法保障体系更加健全，围绕生态环境损害赔偿与保护补偿、生态信用失信修复等方面形成一批数智化闭环应用场景。九是生态产品价值实现与共同富裕、适应气候变化等领域国际交流增加，丽水、昆明、贵阳、库布齐等成为展示中国生态文明建设的窗口城市。十是“生态文明”专业被列入普通高等学校本科专业目录，并赋予专业代码。

主要参考文献

陈英，2012. 林业碳汇金融监管法律制度之构建[J]. 中国政法大学学报(05)：133-137，160.

杜鸣皓，2020. 数智经济：5G+AI 时代商业新思维[M]. 北京：中国铁道出版社：50-66.

恩格斯，2015. 自然辩证法[M]. 北京：人民出版社：303.

方轻，2021. 完善环境信用评价 健全生态文明规制[J]. 厦门特区党校学报(02)：59-63.

葛学斌，2018. “两山”重要理念在丽水的实践[M]. 杭州：浙江人民出版社：2-21.

谷树忠，2020. 产业生态化和生态产业化的理论思考[J]. 中国农业资源与区划(10)：8-14.

关阳，李明光，2013. 企业环境行为信用评价管理制度的实践与发展[J]. 环境经济(03)：47-51.

国务院发展研究中心，2019. 生态产品价值实现路径、机制与模式[M]. 北京：中国发展出版社：5-10.

国务院发展研究中心资源与环境政策研究所，2021. 丽水市生态产品价值实现“十四五”规划[R]. http://www.lishui.gov.cn/art/2022/1/12/art_1229283446_2389252.html.

洪睿晨，崔莹，2021. 碳交易市场促进生态产品价值实现的路径及建议[J]. 可持续发展导刊(05)：34-36.

胡海峰，2019. 高举发展的行动旗帜奋力书写“丽水之干”的“两山”时代答卷[R].

黎祖交，2019. 对生产力理论的重大发展——学习习近平总书记关于保护和改善生态环境就是保护和发展生产力的论述[J]. 绿色中国(11)：38-41.

李宏伟，薄凡，崔莉，2020. 生态产品价值实现机制的理论创新与实践探索[J]. 治理研究(4)：34-42.

李军鹏，2021. 面向社会主义现代化新发展阶段的政府职能转变[J]. 中共中央党校(国家行政学院)学报(08)：71-80.

李怒云，袁金鸿，2015. 林业碳汇自愿交易的中国样本——创建碳汇交易体系实现生态产品货币化[J]. 林业资源管理(10)：1-7.

李忠，等，2021. 践行“两山”理论建设美丽健康中国——生态产品价值实现问题研究[M]. 北京：中国市场出版社：164.

丽水市发改委 丽水市气象局关于印发《丽水国家气象公园建设规划》的通知[EB/OL]. 丽水市人民政府网站 . http：//www. lishui. gov. cn/art/2021/9/10/art_1229542830_ 4728351. html.

丽水市发改委 丽水市财政局关于印发《丽水市(森林)生态产品政府采购和市场交易管理办法(试行)》的通知[EB/OL]. 丽水市人民政府网站 . http：//www. lishui. gov. cn/art/2021/4/29/art_ 1229454591_ 2281135. html.

丽水市发改委 丽水市农业农村局关于印发《丽水市农业农村现代化“十四五”规划》的通知[EB/OL]. 丽水市人民政府网站 . http：//www. lishui. gov. cn/art/2021/12/28/art_ 1229564498_ 4850217. html.

联合国千年生态系统评估委员会，2005. 生态系统与人类福祉综合报告[R]：1-2. http：//www. millenniumassessment. org/zh/Reports. html.

鲁小波，陈晓颖，2011. 基于生态信用管理系统的生态旅游游客管理模式研究[J]. 北京第二外国语学院学报，33(03)：17-24.

吕军书，李天宇，2020. 我国建立土地发展权制度的运行条件分析[J]. 农业经济(03)：95-97.

马克思，恩格斯，2009. 马克思恩格斯文集(第 1 卷)[M]. 北京：人民出版社：161.

马克思，恩格斯，2009. 马克思恩格斯文集(第 7 卷)[M]. 北京：人民出版社：67.

马克思，恩格斯，2009. 马克思恩格斯文集(第8卷)[M]. 北京：人民出版社：170.

马雁，2003. 论生态信用的立法基础[J]. 武汉理工大学学报(社会科学版)(04)：389-393.

那力，何志鹏，2002. WTO与环境保护[M]. 长春：吉林人民出版社：22-23.

欧阳志云，林亦晴，宋昌素，2020. 生态系统生产总值(GEP)核算研究——以浙江省丽水市为例[J]. 环境与可持续发展(06)：80-85.

欧阳志云，王如松，赵景柱，1999. 生态系统服务功能及其生态经济价值评价[J]. 应用生态学报(05)：635-640.

欧阳志云，徐卫华，宋昌素，2018. 2017年丽水市生态产品总值(GEP)核算报告[R]. 中国科学院生态环境研究中心.

欧阳志云，徐卫华，宋昌素，2019. 2018年丽水市生态产品总值(GEP)核算报告[R]. 中国科学院生态环境研究中心.

欧阳志云，朱春全，杨广斌，2013. 生态系统生产总值核算：概念、核算方法与案例研究[J]. 应用生态学报(11)：6747-6761.

全国干部培训教材编审指导委员会，2019. 推进生态文明建设美丽中国[M]. 北京：人民出版社：7-17.

任暟，2018. 中国马克思主义经济学理论的新拓展——基于生态文明的视角[J]. 北京行政学院学报(02)：65-74.

孙博文，彭绪庶，2021. 生态产品价值实现模式、关键问题及制度保障体系[J]. 生态经济，37(06)：13-19.

王文婷，2019. 我国环境信用制度构建研究——兼论对社会信用法治的理论反哺[J]. 阅江学刊，11(04)：89-103，123.

王学新，谷晓坤，2019. 构建基于规划发展权和生态用地的生态产品价值实现新机制——国土空间规划与生态产品价值的整体思考[R].

文森特·莫斯可，2021. 数字世界的智慧城市[M]，上海：格致出版社：

8-35.

习近平，2016. 干在实处 走在前列[M]. 北京：中共中央党校出版社：198.

习近平，2018. 在深入推动长江经济带发展座谈会上的讲话[M]. 北京：人民出版社：11-12.

杨丽伟，2012. 我国第三方评价的应用探析[J]. 现代商贸工业，24(08)：7-9.

杨伟民. 建立系统完整的生态文明制度体系[N]. 光明日报，2013-11-23(02).

杨兴，吴国平，2010. 完善企业环保信用立法的思考[J]. 法学杂志，31(10)：83-86.

杨雪婷，2020. 公共产品理论回顾、思考与展望[J]. 中国集体经济(33)：89-90.

杨勇兵，方文，2019. 马克思生产力理论的绿色意蕴[J]. 社科纵横(01)：59-65.

尤瓦尔·赫拉利，2017. 未来简史[M]. 北京：中信出版社：1-50.

张惠远，张强，郝海广，2018. 生态产品及其价值实现[M]. 北京：中国环境出版集团：20-39.

张林波，虞慧怡，李岱青，2019. 生态产品内涵及其价值实现路径[J]. 农业机械学报(06)：173-183.

张琦，2015. 公共物品理论的分歧与融合[J]. 经济学动态(11)：147-158.

张越，2017. 欧盟生态标签制度对中国的政策启示[J]. 国际贸易(08)：45-48.

赵海兰，2015. 生态系统服务分类与价值评估研究进展[J]. 生态经济(08)：27-33.

中共中央办公厅 国务院办公厅印发《关于建立健全生态产品价值实现机制的意见》(中办发〔2021〕24 号)[EB/OL]. 中央政府门户网站 . http：//www. gov. cn/zhengce/2021-04/26/content_ 5602763. htm.

钟茂初，2021. “有为政府”在市场经济发展中的作用机理[J]. 人民论坛

(36)：42-45.

周爱飞，张丰，2021. “碳达峰、碳中和”双约束下生态资源富集地区的发展路径探寻——以浙江省丽水市为分析个案[J]. 环境保护，49(Z2)：65-68.

朱其太，刘天鸿，孟祥龙，2011. 关注欧盟生态标签新规则力促我国食品出口[J]. 中国检验检疫(08)：49-50.

曾贤刚，2021. 生态产品价值实现机制与路径[R]，中国人民大学生态产品价值实现高端论坛.

Costanza R d，Arge R，Rudolf D G，et al，1997. The value of the world's ecosystem services and natural capital[J]. Nature，387：253-260.

Daily G C，1997. Nature's Services：societal dependence on natural ecosystems [M]. Washington D C：Island Press：1-10.

Labatt S，White R R，2002. Environmental finance：a guide to environmental risk assessment and financial products[M]. Hoboken：John Wiley & Sons：1-35.

附录一

丽水“两山”创新实践主要历程

2000 年，丽水撤地设市，市委确立“生态立市、绿色兴市”发展战略。

2001 年，实施《丽水市生态示范区建设总体规划》。

2002 年，时任浙江省委书记习近平第一次来调研，发出“秀山丽水，天生丽质”的赞叹。

2003 年，确立“生态立市、工业强市、绿色兴市”的“三市并举”发展战略；滩坑水电站作为浙江省省委、省政府提出的“五大百亿”工程中“百亿帮扶致富”的一项重要工程，经国务院批准正式开工建设。

2004 年，国家环境保护总局命名丽水市为“国家级生态示范区”；市人大常委会批准实施《丽水生态市建设规划》。

2006 年，习近平第七次在丽水调研时明确指出，“绿水青山就是金山银山。对丽水来说尤为如此”，叮嘱丽水“一定要正确处理好经济发展与环境保护的关系”；丽水被水利部命名为“中国水电第一市”，被列为国家水生态保护与修复的 5 个试点之一；市政府印发《关于建立和完善生态补偿机制的实施意见》。

2007 年，全国第一笔林权抵押贷款在庆元县隆宫乡发放；遂昌金矿国家矿山公园开园。

2008 年，丽水在全国率先发布《丽水市生态文明建设纲要(2008—2020)》；成为全省唯一整体成为省级林改示范区。

2009 年，市政府出台《丽水市生态文明指标体系及考核办法》，印发《丽水市生态环境功能区规划》。

2010 年，市政府审议通过《丽水森林城市建设总体规划(2010—2020)》，印发《丽水市城市绿化管理办法》。

2011 年，丽水被列为省级环境保护模范城市；所有县(市、区)均创成省级生态县；被列为全国低丘缓坡综合开发利用首批试点市。

2012 年，丽水被列为全国首个经中国人民银行批准的农村金融改革试点地区，发布《丽水市创建国家环境保护城市规划实施方案》；省政府批复同意《丽水山区发展综合改革试验区总体方案》。

2013 年，丽水入选国家级扶贫改革试验区试点三个试点城市之一；被授予全国首批“中国长寿之乡”地级市；丽水市本级及云和、遂昌 2 县被列入环保部全国生态文明建设试点。

2014 年，丽水在全省率先创成省级生态市，入选全国第一批生态文明先行示范区，被命名为“国家卫生城市”；省委决定对属于生态保护区的庆元、景宁等 6 县取消 GDP 考核。

2015 年，市人大审议通过《关于坚持走“绿水青山就是金山银山”绿色生态发展之路的决定》；丽水市被列为全省第一批省级生态市，成为首批国家级生态保护与建设示范区；省委给包括丽水 9 县(市、区)在内的 26 个欠发达县“摘帽”。

2016 年，市人大确定每年 7 月 29 日为丽水“生态文明日”；龙泉、遂昌、云和、庆元、景宁等 5 个县被列为国家重点生态功能区；市委、市政府出台《丽水市生态环境损害党政领导干部问责暂行办法(试行)》。

2017 年，丽水被列为全国气候适应型城市建设试点；浙江省政府发布了《浙江(丽水)绿色发展综合改革创新区总体方案的通知》；丽水正式获得“全国文明城市”荣誉称号。

2018 年，习近平在深入推动长江经济带发展座谈会上“点赞丽水”；丽水被列为省级生态文明建设示范市；丽水探索生态产品价值转化途径的经验，受到国务院办公厅正式发文通报表扬；被国家生态环境部授予“绿水青山就是金山银山”实践创新基地；丽水国家水生态文明城市建设试点通过验收；生态产品价值实现机制“丽水样板”案例成功入选“全国改革开放 40 周年地方改革创新 40 案例”。

2019 年，丽水被列为全国首个生态产品价值实现机制试点城市；市委、市政府召开“两山”发展大会；市政府印发《百山祖国家公园集体林地设立地役权改革的实施方案》；中国科学院生态环境研究中心发布《丽水市 2018 年生态产品总值(GEP)核算报告》；丽水荣获“2019 年度中国全面小康特别贡献城市”殊荣。

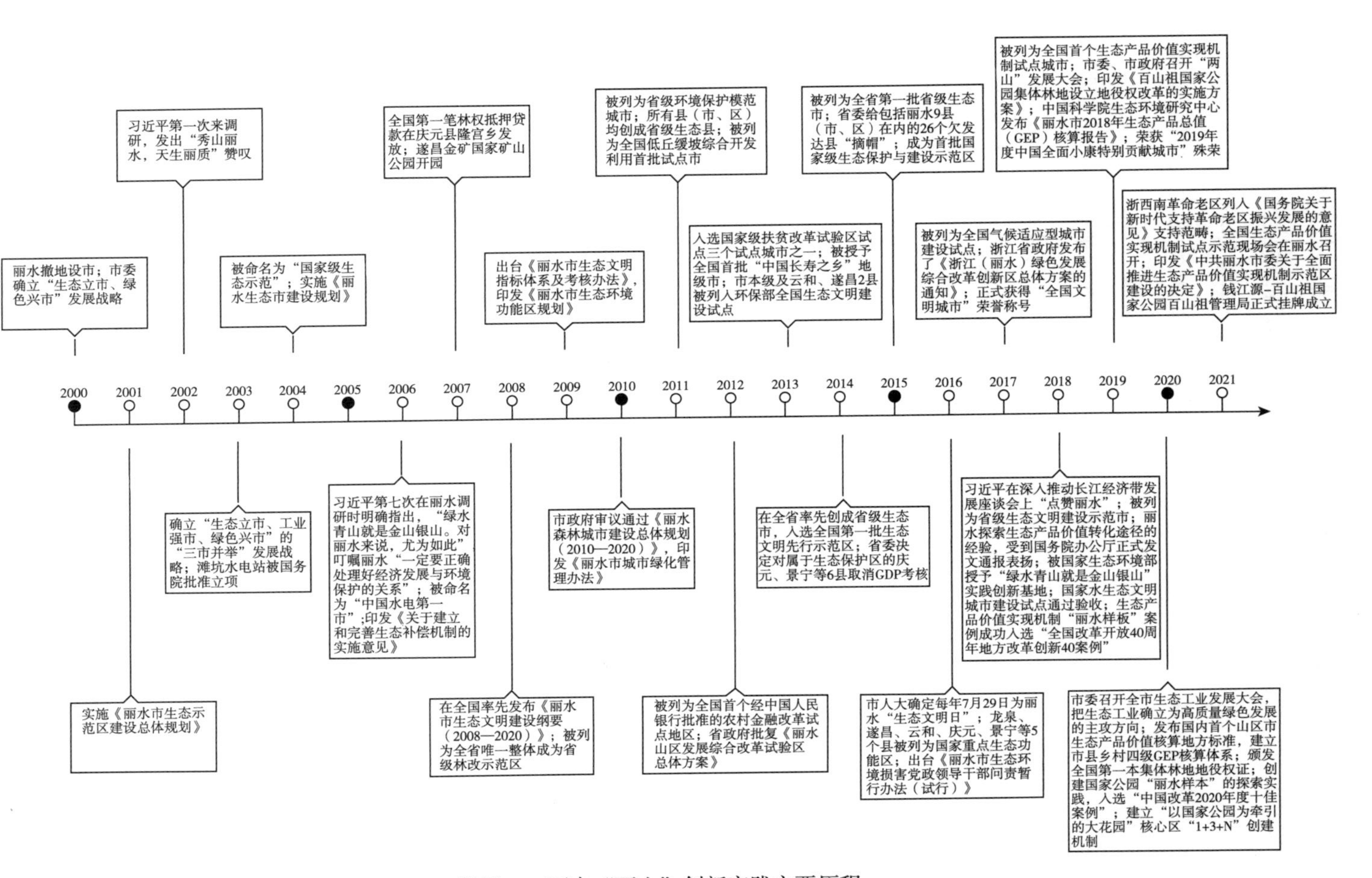

附图1　丽水“两山”创新实践主要历程

2020 年，丽水市委召开全市生态工业发展大会，把生态工业确立为高质量绿色发展的主攻方向；丽水发布国内首个山区市生态产品价值核算地方标准，建立市、县、乡、村四级 GEP 核算体系，颁发全国第一本集体林地地役权证；创建国家公园“丽水样本”的探索实践，入选“中国改革 2020 年度十佳案例”；丽水建立以国家公园为牵引的大花园核心区“1+3+N”创建机制。

2021 年，浙西南革命老区列入《国务院关于新时代支持革命老区振兴发展的意见》支持范畴；全国生态产品价值实现机制试点示范现场会在丽水召开；丽水市委印发《中共丽水市委关于全面推进生态产品价值实现机制示范区建设的决定》；钱江源-百山祖国家公园百山祖管理局正式挂牌成立。

附录二

案例1：龙泉“益林富农”场景应用带来的多重效益

龙泉市林业大市，森林覆盖率84.4%，林地面积占市域面积86.6%，林农人口占全市总人口82.4%，林业收入占农民人均可支配收入51.1%。近年来，该市立足公益林信息化管理平台，开发“益林富农”场景应用，推动实现林农创收增收、林区治理增效目标，于2021年6月15日在“浙里办”“浙政钉”上线运行。龙泉市公益林数字化改革被国家林草局发文认定为全国集体林业综合改革试验首批16个典型案例之一。

一、场景建设

聚焦“精准划分界址、及时发放补偿金、快捷办理贷款、多维盘活资源、高效化解纠纷、监控廉政风险、振兴竹木产业”等群众关注的服务和管理需求，梳理出公益林“落界管理、绿色金融、经营流转、产业联动、林区智治”5项核心业务，场景建设主要如下。

（一）任务拆解

针对存在的短板弱项，确定精准落界、生态信用、绿色金融、流转交易、林区智治5项一级任务，并向下拆分二级任务26项、三级任务56项。其中，“精准落界”拆解为指界勾绘（含地图绘制、航拍确认、实地勘验等）、数据比对、协议签订、编制清册、资金发放等二级任务。“生态信用”拆解为公益认养（含认养项目、捐赠项目、资金管理等）、正向激励、失信惩戒等二级任务。“绿色金融”拆解为产品规划、一键放款、还款管理等二级任务。

“流转交易”拆解为林地流转(含我要找地、有地流转、市场评估)、信息广场、碳汇交易等二级任务。“林区智治”拆解为腐败防治、信访派单、纠纷调处(含纠纷受理、矛盾预警等)等二级任务。

(二)建立指标

设立“管理规范度、经济活跃度、群众满意度”三大指标来评价改革进度和成效，并细化为54个具体指标。其中，“管理规范度”包括落界指数(主要含公益林确界面积、公益林落界率、年度资金发放额、资金发放进度、年度新增公益林面积等)、清廉指数、平安指数(含纠纷调处率、调处成功率等)3个二级指标。“经济活跃度”包括经济指标(含林下经济、竹木产业等)、流转指数(含信息发布量、流转面积、流转金额等)、金融指数(含贷款累计额、贷款余额、贷款笔数、不良率等)3个二级指标。“群众满意度”包括群众访问量、林农活跃度、反馈好评率(含信用评价、廉政评价、平安评价等)3个二级指标。

(三)数据归集

由市林业局牵头，联动资规、财政、信访、公安等22个部门及农商行、农业银行等金融机构，贯通县乡村组户，打通公益林信息化管理、涉林廉政风控、基层治理“四平台”等10个系统30余个数据接口，归集打造数据专题库。比如，“精准落界”一级任务归集了国土空间信息、林地图斑、卫星遥感标准底图、公益林管理、不动产登记等数据资源。

(四)集成“一舱两端”

数字驾驶舱集成到“城市大脑”，绘制林业整体画像，支撑科学决策。治理端上线“浙政钉”，具备5大功能：一是精准落界，明晰公益林边界，精准发放补助金；二是生态信用，建立生态信用行为正负面清单、信用档案和评价积分，与金融信贷、经营开发等协同联动；三是绿色金融，为林农提供“益林贷”担保贷款服务，实现随借随还；四是流转交易，打造“生态超市”，提供森林资源资产供需信息并实现可流转、可交易；五是林区智治，通过智能分析，建立风险预警机制，打造纠纷调解、防治微腐、林区安全的智治平台。服务端上线“浙里办”，为林农企业提供“我要查询”“我要贷款”“我要交易”“我要认养”“我要反馈”“我的积分”6项服务，其中，通过“我要认养”可公益认养古树名木，推动全社会参与森林生态建设；“我的积分”综合评价个人、企业在生态保护、生态经营、绿色生活等方面的生态信用等级，并给予相应的激励性措施。

二、取得成效

截至2021年底，该应用完成公益林落界15774宗，归集竹木产业信息24类225项，发放贷款735笔，发布流转信息254条，发布预警信息89条；现有用户9万，目标用户15万，日均访问量1000人次以上，获得广大林农认可，取得四大成效。

一是重塑涉林业务办理流程。在林界精确划分到组户的基础上，应用集成林地流转、涉林反馈、贷款授信、还款管理、林证变更等56项具体业务，实现涉林事项100%网上申报审批，林农可在手机端一键查询、快速办理。如公益林补助金发放实现“一键直达”，时间从原来的3个月缩短至7天；林农的收益证明变以往“农户申请→村小组签字→村主任确认→村委会开具证明→部门调查核对”的复杂流程，为系统一键派发电子“益林证”，并作为公益林流转、补偿收益权质押和林地地役权补偿收益质押贷款的权益证明；林地资源流转由“碎片发布、零散求租”创新为“线上集成发布—系统智能评估—供需精准对接—资源高效流转”的全流程线上操作。

二是实现林区灾害智能防控。贯通省级护林巡护系统和丽水“云森防”智控综合管理平台，实时动态监测预警森林火灾、“松材线虫病”防治等，实现“人防+物防+智防”。

三是健全公益林生态价值转化机制。出台《“益林贷”贷款管理办法(试行)》，以公益林补助、地役权补助等收益为依据，由农商行开发推出公益林补助收益权质押贷款、地役权补助收益权质押贷款、村级合作社担保贷款等“益林贷”绿色金融系列产品，实现线上“一键贷款”，全市已有78%的林农申请到涉林贷款，累计发放“益林贷”贷款5283笔41656万元。制定《龙泉市集体林权流转管理办法》，明确集体林权的流转范围、方式、期限、程序等内容，规范林权流转行为，引导社会资本参与经营开发，进一步盘活森林资源资产，今年新增资源（林地、林木）流转 2300 亩。

四是完善山林纠纷调处化解和廉洁监督机制。通过“林区智治”模块，围绕山林纠纷化解前中后三个阶段，推进山林纠纷分级调解、调解资源智能共享、调解数据全程留痕，有效提高纠纷调处效率。依托涉林廉政风控系统，抓取分析涉林项目数量、资金、公益林面积、地块数量和补助金额等数据，对异常数据实行“黄橙红”三色预警，实现林业项目建设和资金发放全过程智慧监管。

案例点评：龙泉立足林业大县实际，聚焦“生态产品价值实现”大场景，率先以公益林数字化改革为突破口，建设运行“益林富农”场景应用，推出了落界确权、生态信用、绿色金融、流转交易、林区智治 5 大核心业务，在更严格保护生态的同时，有效破解林农持续增收渠道不多，林业生态产品难度量、难抵押、难交易、难变现等问题，为推进林农共同富裕探索出一条更为有效地实践路径，成为全省高质量发展建设共同富裕示范区“缩小收入差距典型案例”。

案例 2：地役权改革的百山祖国家公园样本

集体林地地役权改革是百山祖国家公园创建的重要内容和创新举措，破解了在南方集体林地占比较大林区设立国家公园，实现自然资源统一高效规范管理的现实难题，走出了一条集国家、集体、社区群众三方共建共赢的新路子。

一、建章立制明权益

百山祖国家公园境内林地权属复杂，既有国有林，又有集体林；既有公益林，又有商品林；既有流转未到期山林，又有造林后山林进入采伐期等情况。

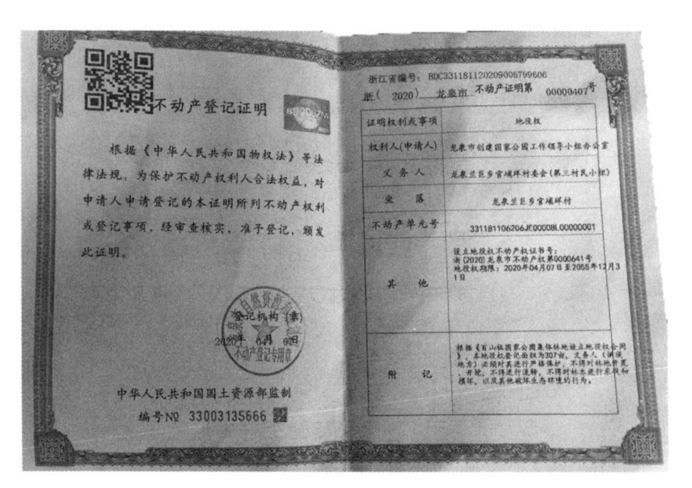

不动产登记证明

根据《中华人民共和国物权法》等法律法规，为保护不动产权利人合法权益，对申请人申请登记的本证明所列不动产权利或登记事项，经审查核实，准予登记，颁发此证明。

登记机构（章）

2020年 6月 9日

不动产登记专用章

中华人民共和国国土资源部监制

编号№ 33003135666

浙江省编号：BDC331181120209005799606

浙（ 2020 ） 龙泉市 不动产证明第 00000407号

证明权利或事项	地役权
权利人(申请人)	龙泉市创建国家公园工作领导小组办公室
义务人	龙泉兰巨乡官埔垟村委会（第三村民小组）
坐落	龙泉兰巨乡官埔垟村
不动产单元号	331181106206JE00008L00000001
其他	设立地役权不动产权证书号： 浙(2020)龙泉市不动产权第0000641号 地役权期限：2020年04月07日至2055年12月31日
附记	根据《百山祖国家公园集体林地设立地役权合同》，本地役权登记面积为307亩，义务人（供役地方）必须对其进行严格保护，不得对林地开垦、开挖，不得进行流转，不得对林木进行采伐和择伐，以及其他破坏生态环境的行为。

为了明晰林地权属，保证百山祖国家公园自然生态系统的原真性、完整性保护，实现自然资源资产生态效益最大化，丽水市依法出台《百山祖国家公园集体林地设立地役权改革的实施方案》，规范地役权设立内容、实施范围、补偿标准及年限，明确供需役地人主体和权责，提出地役权改革任务和路径；制定出台《关于全市政法系统服务和保障百山祖国家公园创建的工作意见》《关于服务保障百山祖国家公园创建工作的意见》等系列司法联合保障机制和措施，为地役权改革提供法治保障。截至 2020 年底，集体林地权籍调查完成率达到 100%，地役权改革“两决议三委托”（行政村和村民小组“两决议”，村民小组、承包经营户、集体经济组织“三委托书”）协议签订率达到 98. 1%，地役权证发证率达到 97. 6%，

基本实现百山祖园区集体林地集中统一管理。

二、保护优先显担当

通过设立集体林地地役权，以法定形式确定了供役地权利人“应当对供役地严格保护，不得对林地开荒、开挖，不得进行流转，不得对林木进行采伐和损坏以及其他破坏生态环境的行为”等保护义务，引导各乡镇、村把生态保护、国家公园保护的内容依法写入村规民约，有效提高乡村治理能力，维护社区和谐稳定。同时，丽水市还制定了《百山祖园区生态保护与修复专项规划(2020—2025)》，规划实施中亚热带森林生态系统保护及修复、高山沼泽湿地保护恢复、河流水系保护恢复、珍稀濒危动植物保护恢复、水土流失综合治理等生态保护重要工程，推进国家公园自然生态系统原真性和完整性保护。

2020年6月，生物多样性调查组在百山祖国家公园内开展两栖爬行动物调查时，发现了一新物种——百山祖角蟾，这是自百山祖冷杉发现以来，又一个以百山祖命名的物种。百山祖角蟾的出现，是对地役权改革最好的响应。“让百山祖国家公园保持原始状态，就是最好的保护”，丽水市生态林业中心相关负责人介绍说。

三、生态惠农换金山

地役权改革涵盖的3.88万公顷集体林地，补偿标准为每年48.2元/亩。2021年，百山祖国家公园内农民补偿收入总额达2805万元，农户人均约868元、户均约3868元，极大促进了农民增收；同时，出台《林地地役权补偿收益质押贷款管理办法(试行)》(钱百园百管〔2021〕8号)、《百山祖国家公园林地地役权补偿收益质押贷款贴息办法(试行)》(钱百园百管〔2021〕16号)等文件，完成了首批林地地役权补偿收益质押贷款发放，户均可贷8万元，盘活资产近6亿元，真正实现了“资源”变“资产”。

园区三县(市)出台了相应的《百山祖国家公园惠民政策》，对村级组织、农业产业民生保障、卫生健康、文化教育进行扶持和保障。园区内共完成2011名群众生态搬迁，实现了异地安居。同时，出台国家公园家庭“就高、就近、就新”的教育安排和“十免、十减半、两优惠”的医疗政策。此外，参与地役权改革的村民享有优先发展生态农业、生态体验、游憩等特许经营权，还可优先聘用为国家公园巡护管理公益岗位。

点评：百山祖国家公园是“国家公园就是尊重自然”理念的诞生地和先行实践地。百山祖国家公园地役权改革，既能有效消除人类活动对生态环境的影响和破坏，又能摆脱山区地质隐患对农民生活的威胁和交通偏远对农民增收的制约，从源头上破解保护环境和扶贫致富的双重难题，让高颜值的生态环境与高水平的经济发展服务统一于高品质的美好生活。百山祖国家公园与三江源等国家公园相比，面积虽小，但小巧玲珑、精致有章、路径可循，地役权改革可见一斑。可以预期，具有丽水特色的国家公园样本将成为新时代全面展示美丽浙江、生态浙江、全国国家公园建设的“重要窗口”。

案例3：生态产业化的丽水“三型路径”

丽水引导和支持市场主体广泛参与发展生态产品原生态种养型、“生态+科技”赋能型、环境敏感型产业，念好产业发展“生态经”，开拓生态产品产业化实现路径。

一、原生态产品种养型：原山原水孕精品

青田县“稻鱼共生”农业生产模式已有1300多年历史，古时候的先民在种植水稻的稻田里养殖鲤鱼，繁育了极具地方特色的“青田田鱼”鱼种，形成了“稻鱼共生”生态循环农业生产技术。2005年“稻鱼共生”系统被联合国粮农组织（FAO）列入首批GIAHS（全球重要农业文化遗产）保护试点，成为中国第一个全球重要农业文化遗产。2005年6月5日，时任浙江省委书记习近平同志批示强调，关注此唯一入选世界农业遗产项目，勿使其失传。十六年来，青田谨记习近平总书记嘱托，现时“稻鱼共生”不仅成为青田的金字招牌、富民产业，其生产模式已推广至世界各地。在国内“稻田共生”系统已经被推广到云南、贵州、广西、福建等地。农业农村部重要农业文化遗产专家委员会副主任曹幸穗研究员研究显示，尼日利亚通过南南合作将“稻鱼共生”系统的稻田养殖技术引进，使其稻米和罗非鱼的产量翻番，减少了农村贫困，也让当地群众获得了高质量的食品供给。后来这一成功经验还被推广到塞拉利昂和马里，如今稻田养鱼已经推广到东南亚、南亚、欧洲、美洲以及非洲的多个国家和地区。2016年，联合国粮农组织（FAO）总干事格拉齐亚诺曾评价，青田稻鱼共生系统在不破坏环境前提下合理整合利用资源，协同增效，树立了全球典范。

景宁县依托境内山高地陡、地形复杂、小溪流域众多、水质优良、植被好、气候适宜等特点，有效调整渔业资源种群及数量，不定期组织开展石蛙增殖放流活动，每次投放约6万只，放养水域惠及15个乡镇、20余条溪涧。石蛙生态放养项目不仅给乡镇集体和村民带来可观的经济效益，而且恢复了渔业资源，保护了河流水域生态环境和生物多样性。

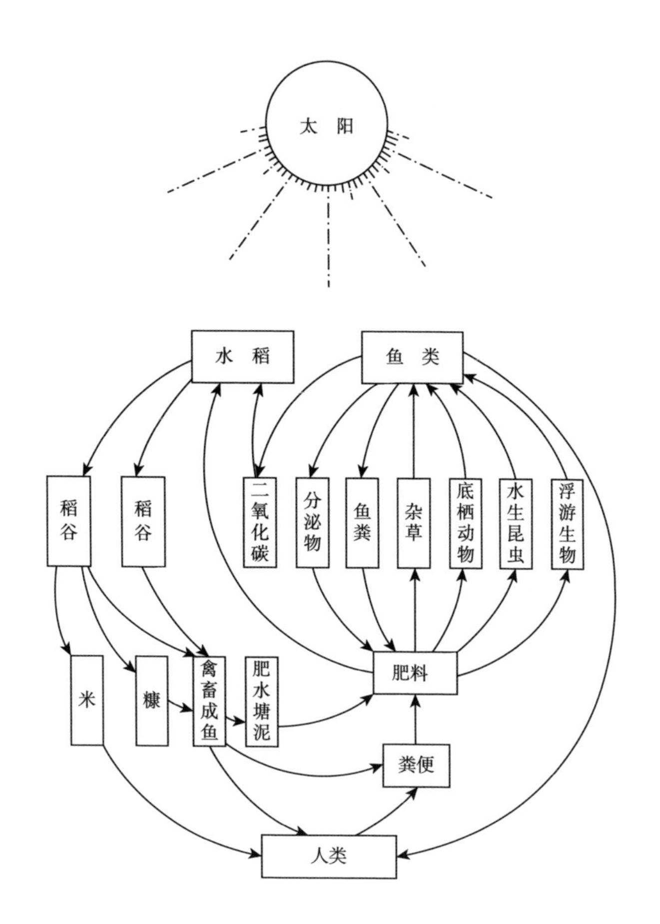

近年来，唯珍堂公司在龙泉岩樟等地发现了野生的铁皮石斛(原种)，对照野生铁皮石斛生长环境要求，通过对各地环境的筛选，唯珍堂最终选择龙泉市西街街道周村建立“唯珍堂”铁皮石斛原生种植地。周村种植基地水源来自当地山泉水，水源水质达到地表水质Ⅰ类水标准；土壤经检测无重金属、无农残；空气中负氧离子最高达到 10000 个/立方米，平均 4000 个/立方米；周边环境 8 千米内无工业。事实证明周村基地产出的铁皮石斛品质好、药用价值高，是媲美野生石斛的佳品。市场上铁皮石斛的平均售价在 120 元/斤，而龙泉的石斛最好的可以卖到 1200 元/斤，十倍于平均价。

“人放天养、自繁自养、相生相克、轮作倒茬等，这些都是原生态种养模式的生态密码”，丽水学院农经专家朱显岳介绍说。

同时，像庆元的甜桔柚、龙泉的三叶青、千峡湖的“洁水渔业”、遂昌的青钱柳、景宁的惠民茶等，均是好生态滋养出的好产品，在丽水比比皆是。只需要在选育、监管、营销等环节稍下功夫，生态产品价值就会凸显。现如今，村民也更愿意、更自觉地保护好一方水土一方环境，好环境也成为他们的重要谋生之路。

二、“生态+科技”赋能型：价值倍增原动力

浙江方格药业有限公司始终专注于食药用菌精深加工领域，拥有先进的食药用菌萃取纯化技术和菌丝体发酵工艺，不仅是欧美制药企业、功能性食品的优质供应商，而且研发生产了我国第一个灰树花抗肿瘤药品灰树花胶囊，保健品破壁灵芝孢子粉和灵菊胶囊，功能性食品千菌花、菇士康等对亚健康、慢性病、肿瘤有明显调理和治疗效果的产品。经方格药业负责人介绍，每 1000 克灰树花制作成灰树花胶囊后，产生 6600 元的销售额，溢价达 60 倍。

浙江百山祖生物科技有限公司得益于当地优美的生态环境、清新的空气、清冽的水质，公司在龙泉、庆元等地建立了食药用菌种植基地。公司基地先后通过了美国、欧盟和中国有机认证以及犹太洁食认证，所生产的食药用菌均达到相应的有机标准，200+项农药残留检测结果均为未检出，4 项重金属含量检测结果均显著低于国家标准。公司开辟食药用菌超微粉、提取物、颗粒剂和胶囊剂等生产线，创新性地将酶工程技术、微囊化包埋技术、膜分离技术和低温物理破壁技术应用到食药用菌加工中，显著提升了产品品质，公司产品实现了平均 10 倍以上

的溢价。公司生产的产品销往美国、欧洲、澳大利亚等地，公司近 3 年年均销售收入增长率达到 50%以上。

同时，像鱼跃酿造、丽水市农业科学研究院的“雾耕农业”等，也均是此类模式的代表。“生态+科技”双向赋能所带来的化学反应，目前正不断示范丽水“农业硅谷”建设。

三、环境敏感型：绿水青山引凤来

“三验”指的丽水工业园区将“验地”“验水”“验气”作为企业进驻的准入制度。

德国肖特集团是全球最大的光学玻璃制造商、全球领先的特种玻璃生产商，在中国占有 70%的高端药用玻璃市场份额。肖特新康药品包装有限公司经理克劳斯说：“药品的包装需要水、气都很纯净这样一种前提条件，我们对工厂内部环境要求很严格，缙云的好生态能让公司在水的净化和空气过滤方面都减少很多成本。”肖特集团决定落户缙云时，对气候环境、空气质量、土壤情况等生态要素进行仔细检验考察。在做土壤检测时，要从地表土开始一直下挖，每隔 1 米进行取样，最深达地下 20 米，并按照德国的标准进行送检分析，以此评估土地的环境质量。生产过程中，肖特集团的新康企业通过环保改造，采用天然气+氧气的燃料和助燃剂组合，确保气体排放零污染；采用水循环系统，对工业废水进行重复利用；对生产废料进行严格回收等，确保对环境零污染。

“得益于龙泉的好山好水好空气，和同行相比，国镜公司的水净化处理成本每年可以节约 158 万元，空气净化系统节省近 60%的维护费用，蒸汽耗用成本下降了 90%。国境药业业绩在科伦药业的 87 家分公司中由倒数跃升至前列，成为全省洁净医药产业的标杆企业。今后，我们还要扩大生产！”国药药业负责人牟春雷介绍说。

德国肖特集团、国镜药业等项目只是生态产品敏感型产业培育的一个缩影，一大批环境敏感型企业正纷纷扎根、落户丽水。仅以丽水市经济技术开发区为例，2020 年丽恒光微电子、香农通信、中国科学院半导体研究所、中车交通浙江方正智驱应用技术研究院等 22 个“高精尖”项目签约、入驻浙西南科创产业园。

点评：要将绿水青山所蕴含的生态产品价值源源不断地转化为满足美好生活需要的金山银山，关键是要找到生态产品价值实现路径。丽水在实践中总结出的原生态种养型、“生态+科技”赋能型、环境敏感型产业培育的三种可持续发展模式，成功将生态优势转化为产业优势，值得借鉴！

案例4：江南秘境里的古村复兴

“惟此桃花源，四塞无他虞”，这唯美的诗句，描写的正是浙江丽水市的传统村落，这里有257个中国传统村落，被誉为“最后的江南秘境”和“国家传统村落公园”。近年来，丽水市一个个传统村落从空心、衰败到不断激活、复兴，涌现出不少代表性“复兴模式”。

一、画乡里的堰头村：因堰得名、因堰而兴

千年古村堰头村，位于古堰画乡景区，地处于松荫溪岸边，因位于通济堰的首部，故名堰头村。通济堰建于1500多年前，已被列入首批世界灌溉工程遗产。这里青山环抱，绿水长流，古朴自然的田园风光与千年古堰交相辉映，是古堰画乡特色小镇的核心区块、历史文化底蕴所在。

然而，十八年前的堰头村环境极差，露天粪缸随处可见，村民散养的家禽、家畜满地乱跑，还有乱搭乱建的违章建筑等严重影响了整个村庄的面貌。村里的年轻人都不愿意待在村里，大部分外出打工谋生，堰头村成了一个典型的“空心村”“老龄村”。堰头村发生变化的时间可追溯到2003年浙江省开始启动的“千村示范、万村整治”工程。2006年，时任省委书记的习近平到堰头村考察调研时对

堰头村的村庄整治成果表示肯定，并嘱托“一定要保护好这里的绿水青山，守护好这一方净土”。习近平总书记的鼓励和嘱托进一步坚定了堰头村人保护绿水青山、借助绿水青山发展美丽经济的信心和决心。

如今，堰头村凭借得天独厚的自然环境和文化景观等资源优势，已成为集休闲、娱乐、旅游、观光为一体的胜地，一直吸引着全国各地的画家、摄影家和游客到这里写生、采风、观光，成为瓯江山水诗路上一颗灿烂明珠。目前，该村以出租、自营等方式，共发展农家乐民宿 23 家、客房 207 个、床位 342 个、餐位 1876 个，从业人员 100 人左右，预计 2021 年接待游客 100 余万人次，将实现农民增收和旅游经济发展双丰收。

二、松阳四都古村落群：拯救老屋、赓续文脉

松阳县四都乡距县城 10 千米，平均海拔 700 余米，下辖平田、陈家铺、西坑等 11 个行政村，拥有“林海、云海、花海”三海同汇的自然生态胜境，农耕文化深厚，古道体系完整，是国家传统村落的密集区。过去因发展渠道单一、地理位置不佳，大部分原住民选择外出打工，人口流失严重，让这个村子成为了“空心村”“破败村”。

保护传统村落的基础是保护老屋，乡村振兴也发轫于拯救老屋。2016 年，松阳成为“拯救老屋行动”项目首个整县推进试点县。在创新实践采取“活态保护、有机发展、中医调理、针灸激活”理念方法，使这些断壁残垣的老屋，在拯救中活了过来，传统村落的风貌文脉也就此展现出新的生机，同时也系统推动了乡村的生态修复、经济修复、文化修复和人心修复。2019 年，“全面推广‘拯救老屋’松阳模式”被写入浙江省政府工作报告。

陈家铺村的“飞茑集”“云夕 MO+共享度假空间”，平田村的“云上平田”，西坑村的“过云山居”“云端觅境”，榔树村的民宿综合体等精品民宿常常出现一房难求的爆满场景，被誉为“全球最美书店”的平民书局先锋书店在陈家铺开设分号，一时间，各式业态如雨后春笋般相继兴起，蓬勃发展。越来越多的游客、投资客和创业者纷纷慕名而来，山上的老房子迎来新生。

“四都古村落群的复兴崛起，除了得益于政府主导的‘拯救老屋行动’，吸引企业和社会各界广泛参与、市场化运作之外，关键还有农民组织化提升”，四都乡党委负责人介绍说。把农民和村集体组织起来，组建乡生态强村公司，引导乡村将分散、闲置的资源要素有效集聚，通过“强村公司+村集体+合作社+农户”与工商资本、市场的融合和链接，让更多村民享受到生态价值转化中的增值收益。

三、莲都下南山村：村企合作、整村运营

走进丽水市莲都区碧湖镇下南山村，仿佛来到了陶渊明笔下的世外桃源，用“采菊东篱下，悠然见南山”来形容这个村庄一点都不为过。

早在 2005 年，下南山村 90% 的村民就已经下山脱贫，搬到了山下的新村。为了让承载着几代人“乡愁”的破旧老村重新复兴，2016 年，下南山村将很多已经荒废的老屋修复后，引来联众集团这只“金凤凰”对古村落进行开发，在“村企合作”中迎来古村复兴“第二春”。

根据协议，以全村现有土地、房屋及设施的使用权作为出资，交由联众集团建设和运营“欢庭 · 下南山”精品民宿项目，双方合作 31 年，以每年固定回报的方式收取项目利润，筹备期 1 年免项目利润，第一个 5 年收取利润为 25 万元/年，每 5 年收取利润调高一次，第六个 5 年收取利润为 537 万元/年；项目利润

分成按照村集体 30%、村民 70%的比例分配。单从项目利润收入一项，就可为下南山村集体经济收入累计增加 274. 5 万元，为古民居农户带来 640. 5 万元收入。

四、遂昌茶园村：主客共享、村民混居

近年来，遂昌县高度重视农村“空心化”及其带来的农民增收难、留守老人多、传统文化衰落等系列问题，立足山水、泥坯房、农产品等特色资源，选取了典型半空心村茶园村作为试点。政府引进深圳乐领公司，采用高端会员制，共同探索“主客共享、村民混居”模式的乡村活化，推动传统农耕的“产业乡村”升级为历史、文化、民俗等与现代艺术融合的“情境乡村”，实现旧舍翻新、荒地重耘、产业重整、村民回流。截至 2019 年底，村内常住人口 87 人，较上年同期增长 170%。2019 年，村民人均收入同比增长超 200%。

究其活化成功的背后，关键在于注重“文、人、和”三个字：一是以“文”为魂，依托“茶园武术”“全国生态文化村”两块金字招牌，推进原味改造。二是以“人”为本，盘活泥坯房、田地等闲置资产，利用乐领公司平台推介冬笋、山茶等生态农产品，并通过乡村活化项目运作增加就业，让村民获得实实在在的“租金+经营+工资”三份收入。通过房屋、农田地租赁、农产品销售、劳务报酬等途径，在村村民人均收入由 2016 年的 14000 元/年增加到 2019 年的超过 40000 元/

年。三是以“和”为贵，通过举办空心村活化论坛，成立“生活内容开发部”，开发和引入打麻糍、班春劝农等民俗活动，促进新老融合。

点评：传统村落是生态文化的重要承载地，蕴含丰富的生态产品价值。文中的堰头村、四都乡古村落群、下南村和茶园村，虽然经营模式、依托方式各有不同，但有一个共同特点就是将原本衰败的传统村落，通过人居环境整治、老屋修复等“微创”手段，激活了乡村机体，并通过“资本进山、游客上山”等方式将要素引流到乡村，引导市场主体与村集体、农民建立生态产品价值实现的利益共享机制，共同推进农文旅产业开发，从而让传统村落重拾自信、重焕生机。

案例5：金融支持生态产品价值实现的丽水“四类模式”

近年来，丽水市积极推进金融创新与实践，逐步形成了信贷服务、信用服务、支付服务以及金融科技服务等一批助推生态产品价值实现机制改革的金融模式。

一、以拓宽生态资产可抵(质)押物范围为目标的信贷服务模式

以激活生态产品价值金融属性为目标，在持续推进林权抵押贷款、生态公益林收益权质押贷款、水利工程产权抵押贷款等生态类产权融资的基础上，创新性推出将GEP收益权作为贷款还款来源，贷款用途为支持生态保护和生态开发的“生态贷”模式，如在景宁县农商行将GEP未来收益权作为还款来源向大均乡“两山”发展公司发放用于采购生态监控设备的质押贷款50万元；青田县政府向祯埠镇发放了全国首本生态产品产权证书，同时县农商行以祯埠镇GEP预期收益权为质押物向青田县祯埠生态强村发展有限公司发放全国首笔GEP直接信贷500万元。截至2021年末，丽水市“生态贷”余额达235.1亿元，GEP贷覆盖了景宁、青田、莲都三地。

二、激励市场主体参与生态保护的信用服务模式

生态信用是丽水市生态产品价值实现机制的重要任务和保障要素，丽水市确定了建立“生态信用领跑者城市”的定位，通过生态信用体系建设，调动个人、企业等市场主体参与生态保护主动性。基于此，丽水市创新建立“生态信用+信贷”联动机制，推进生态信用管理制度建设，建立生态信用正负面清单，构建生态信用评定指标，开展生态信用积分评定工作，探索出基于生态信用的“两山贷”模式，将生态信用积分作为贷款准入、贷款额度、贷款利率的参考依据运用于贷款审批流程，引导金融机构对生态守信者提供金融激励。如在云和县，选择饮用水源保护区——雾溪乡作为首个“两山贷”试点乡镇，针对全乡1800余户村

民需逐步搬离水源地、搬迁后生产生活存在较大融资需求的实际，创新性对生态信用积分较高的农户发放享受优惠贷款利率的“两山贷”。具体做法为：一是建立生态信用积分评定制度，将“认养水源涵养林”等20项内容纳入正面清单，将“违规排放”等19项内容纳入负面清单。二是依据生态信用积分，制定贷款利率优惠政策，将贷款政策划为5个档次，其中，“榜样档”为80(含)分以上，贷款利率较普通信用贷款至少低90个基点。据统计，贷款金额为10万元以下的“两山贷”加权平均利率比省级信用村享受的贷款利率低40个基点、比普通贷款利率低270个基点。“两山贷”满足了当地村民搬迁后生产生活的融资需求，降低了村民融资成本，也激励强化了村民保护水源意识。截至2021年末，丽水市共有22家金融机构开办“两山贷”业务，机构占比81.48%，“两山贷”余额达16.02亿元，惠及农户9000余户。

三、运用区块链技术盘活“数据资产”的金融科技服务模式

针对丽水市主导生态产业中企业轻资产运作面临的贷款难题，运用区块链技术，创新性将交易流水数据作为授信核心指标，通过线上审批，实现贷款秒批秒贷，为企业提供便捷的信用融资渠道。如在松阳县，围绕茶叶产业融资中茶商群体规模小、发展不稳定、抵押物缺失、业务票据难以查证真伪等银行贷款难的瓶颈问题，以松阳县的浙西南茶叶市场为场景中心，创新性推出了运用区块链技术的“茶商E贷”创新产品。具体做法为：一是建立具有金融支付功能的茶叶质量溯源系统。二是向浙西南茶叶市场进行交易的茶商统一发放茶叶溯源卡，明确所有茶商交易时均需使用茶商溯源卡。三是创新区块链授信模式，实现金融交易数据去中心化存储，确保茶商交易数据真实可靠；将“茶叶溯源卡”的交易数据作为授信核心指标，持有并使用茶叶溯源卡的茶商企业可申请线上信用贷款，根据茶叶溯源卡中交易数据情况发放不同额度的信用贷款。截至2021年底，松阳已累计办理“茶叶溯源”IC卡2.8万张，“茶青溯源”茶农卡4200户，溯源交易294万笔，溯源交易额近181亿元，累计向茶商发放“区块链贷”1.48亿元。

四、运用结算工具服务于农业生态发展的支付服务模式

为实现农业高质量绿色发展，积极探索生态农产品的价值转化机制，建成国

内领先、比肩国际的“丽水山耕”农业区域公共品牌认证标准体系和溯源管理体系，丽水市在全国率先提出“对标欧盟肥药管控”。在此背景下，丽水市创新发挥支付结算工具助推农业生态生产的有益作用，建立了“生态主题卡”机制，如在遂昌县创新推出全国首张“生态主题卡”——“绿色惠农卡”，即将涉农补贴发放至农户持有的“绿色惠农卡”账户中，补贴金额可用于在当地农资店购买《丽水市肥药管控指定目录》中的低毒农药、生态化肥等农资，农户持“绿色惠农卡”在农资店消费还可享受价格优惠，有效提高农户肥药使用对标欧盟的主动性，实现了农资补贴的精准管理、精准发放，助推落实“谁种地谁受益”的政策初衷。通过金融机制创新，该模式不仅助推农业生态生产，也有利于农产品通过绿色认证，为生态产品价值转化提供了有力支撑。截至 2021 年末，遂昌县实现了农户“绿色惠农卡”发放 100%覆盖，刷卡机具农资店布放 100%覆盖。

点评：“四类模式”在具体操作上可提炼为“三贷一卡”业务，该模式紧密结合生态价值实现的关键环节和重点领域，因地制宜、因时施策。它的成功推行既有之前全国农村金融改革试点的坚实基础，同时关键还在于践行锐意进取改革精神、“绿水青山就是金山银山”理念价值导向的行为自觉。下步可持续拓宽生态资产可抵(质)押物范围，提高生态补偿标准；可将生态信用与企业、个人碳账户结合起来，探索开展银行个人碳账户等碳普惠试点，运用绿色支付、绿色出行等信息实施个人碳积分激励；可进一步推广支付结算工具在农资溯源、质量溯源领域运用，并结合“生态区块链”技术，将服务于茶产业的技术复制推广到食用菌、中药材、水果蔬菜等丽水主导产业中。

案例6：可启迪再升级的三个基于GEP核算交易项目

在试点期间，丽水曾有三个基于GEP核算的交易项目，现按时间顺序，先截取新闻报道，然后逐一分析其测算思路，再点评。

一、应用场景1：缙云大洋“农光互补”项目

《丽水日报》：2020年5月19日，由国家电投集团投资1.7亿元建设的丽水市缙云县大洋镇大平山光伏发电“农光互补”项目正式签约落地。协议出现“企业购买生态产品”条款——企业通过向当地生态强村集体经济有限公司支付279.28万元，购买项目所在区域的调节服务类生态系统生产总值(GEP)，用于奖农民、优环境、美生态，成丽水首例基于GEP核算的市场化交易。根据中国科学院生态环境研究中心GEP核算方法，2018年大洋镇GEP达33亿元。国家电投集团委托相关科研团队对购买的生态调节服务类产品以及生态溢价进行估价，根据《大洋镇生态产品市场化交易暂行办法》，占地800亩的大平山光伏发电项目，以其所在区域调节服务类GEP的5%和生态溢价值的12%计算，核算出279.28万元的购买总价。经双方认可，分25年付清，每年支付11万余元。

测算思路：2018年大洋镇生态系统调节服务价值为31.53亿元，项目所用800亩土地生态系统调节服务价值为1051万元，项目设计存续时间25年，其年占用生态系统调节服务价值为42万元。大洋镇生态环境优良，酸雨少，光伏发电板的电池衰减率比雾霾重、酸雨多的地区更低，电池使用寿命可以延长近5年；光照辐射强度大，光伏电池发电效率高，生态溢价部分有三个方面：①因空气质量高增加电量溢价19.1万元/年；②因海拔温差增加电量溢价14.9万元/年；③因太阳辐射量增加电量溢价41.5万元/年，共增加电量(实践值)溢价75.5万元/年。企业按照项目所在区域调节类GEP的5%和项目生态溢价的12%进行购买，合计共279.3万元，按25年计算，企业每年支付大洋镇生态强村公司11.2万元。

二、应用场景2：云和土地拍出生态环境溢价

《浙江日报》：2020年6月17日，位于云和县紧水滩镇仙牛岛的一块面积为493.62平方米的商业用地以网拍的形式，在浙江省土地使用权网上交易系统公开挂牌出让，出让后可获得至少4万余元的生态产品增值。这生态产品增值是在原地价基础上增加出来的生态环境溢价，是该区域生态环境的“价格标签”。竞拍人在购买仙牛岛的地块后，需另对该地的空气、林木、山水等优质生态环境所附加的价值付费买单。生态产品增值的出现，与云和开展的土地出让领域生态产品价值实现机制试点工作有关。面对土地转让领域林田湖草等资源的价值无法量化、环境修复资金缺乏等现状，丽水以云和为试点，研究得出了一套生态环境增值核算办法，依据生态环境状况指数、土地使用权评估价值等参数，形成了专门的核算公式，从“量、质、价”3个维度核算出生态环境方面的价值。简单来说，生态环境越优越，土地的生态产品价值就越高。截至2021年底，全县共有7宗“生态地”成功出让，共计提生态环境增值147.27万元。

测算思路：根据《云和县土地出让领域生态产品价值实现机制试点方案》，生态环境增值的公式为：生态环境增值=土地使用权评估价值×[(丽水本地EI值-全省EI均值)÷全省EI均值]×(100%-项目地块所在区域生态产品价值实现率R)。在土地评估及确定土地出让起始价时，应结合本区域生态环境质量，充分考虑生态环境所产生的价值。上述生态环境增值核算方法，包括“量、质、价”3个维度的核算。土地使用权评估价值，是其使用属性向价值属性的转化，是根据土地使用面积、建筑面积、用地性质等因素评估的价值，反映的是“量”的价值；本地EI与全省EI的差值，反映的是生态环境“质”的水平。土地使用“量”的价值结合生态环境“质”的水平，再加上尚未转换的生态价值空间，核算出来的就是本地区的生态环境体现出来的经济价值，即生态环境总价值换出的市场经济价值。

三、应用场景3：青田“诗画小舟山”项目生态产品交易项目

《浙江日报》/青田网：2020年7月8日，小舟山乡生态强村公司与杭州宏逸

投资集团有限公司正式签订《青田县“诗画小舟山”项目生态产品交易协议书》，双方就“诗画小舟山”项目区域范围内调节服务类生态产品达成300万交易标的，成为丽水市首个专属生态产品市场化交易协议签约案例。此次生态产品市场化交易的300万价款是基于《青田县小舟山乡2018年生态产品总值(GEP)核算报告》的生态产品功能量、价值量计算而来的，是生态产品价值实现机制试点工作的重大创新。签约仪式后，杭州宏逸投资集团有限公司通过支付交易款项购买调节服务类生态产品，小舟山乡生态强村公司通过加强生态环境保护，为旅游生产经营行为提供优质水源、环境空气等调节服务类生态产品，创新建立了一条政府主导、企业参与、市场化运作、可持续的生态产品价值实现路径。

测算思路：本项目所在地青田县小舟山乡2018年核算的调节服务价值为4.32亿元，乡域面积为24平方千米(36000亩)，本项目红线面积为90亩，依据生态红线的划分情况设定小舟山乡生态价值修正系数R为2.75。本项目生态产品价值评估值=90(亩)÷36000(亩)×43200(万元)×2.75≈300(万元)。

点评：上述基于GEP核算的三个市场化应用场景，是在无章可循、没有先例的情形下，基层破解“绿水青山”难交易的“试水”创举，虽然存在不少问题，但毕竟迈出了关键的第一步，真正让百姓受益，具有宣示意义和借鉴价值。考虑到当时技术限制，案例中项目区域的GEP测算是按该区域均质化比例测算的，以后可按30m×30m等级别精度测算，这就给了我们第一个启示，即需要项目级GEP测算标准。场景1除了加入GEP之外，还增加了该地光伏发电的“生态溢价”，场景2加入了EI对比，场景3加入了生态价值修正系数R，这些都表征当地区域生态环境质量指标，这就给了我们第二个启示，即GEP跟GDP一样，是表示不了生态环境质量的，需要我们深入研究，给予基层可操作的量纲。场景1、场景3均按GEP的一定比例付费，至于为何是这个比例而不是其他，这应是市场认可的结果，但这也给我们第三个启示，即交易的锚定物(包括价、量、质)需要相对稳定。

案例 7：生态信用：引领生态文明新风尚

生态信用是建立人与生态之间的信用关系，旨在促进人与自然和谐相处永续共生。在生态产品价值实现机制试点过程中，丽水开创性建立“1+3”生态信用体系，探索编制生态信用行为正负面清单，全面推行个人、企业、村级三主体信用评价管理，为全国社会信用体系深化建设提供了“丽水样本”。

一、“绿谷分”引领“文明风”

丽水个人生态信用评价平台“绿谷分”在 2020 年“6・14”全国信用记录关爱日正式上线。

据丽水市信用办介绍，丽水市个人信用积分“绿谷分”，是由浙江省个人公共信用积分和丽水市个人生态信用积分两者相加计算而成，运用大数据为全市常住人口和户籍人口共 243 万人测算“绿谷分”。“绿谷分”推出“生态绿码”，设 3A、2A、A、B、C 五级，3A 级、2A 级的市民，可享受 4A 级景区、新能源汽车租赁、影院、通讯、银行、宾馆、就医等提供的优惠折扣、绿色通道、免押金优惠服务。

2020 年 12 月 19 日，患者金某某因脑内出血，紧急赶往丽水市中心医院办理入院治疗。因患者绿谷分信用等级为 AA 级，享受到了可免缴预交款 2000 元的信用服务，使患者以及患者家属切身体会到生态信用“人人共享”！龙泉市环保志愿者王怡武前往云和县崇头镇，以“绿谷分”3A 绿码半价游梯田景区、住精品民宿；云和县雾溪畲族乡开办兑换集市，村民用“绿谷分”兑换日用品；景宁畲族自治县大均乡伏叶村农民张端水，凭“绿谷分”从邮储银行获得5万元低息贷款，用于家庭农场创业。

“绿谷分”现已推出了“信易居”“信易检”“信用养老”“信用装修”“信用就业”等16大类60余项激励应用场景。特别是2021年5月，黄浦—丽水“信用游长三角”服务正式启动，“绿谷分”首次实现异地漫游，丽水守信市民可在上海享受杜莎夫人蜡像馆、观光巴士、南新雅大酒店等上海商家提供的优惠便利服务。目前，已形成集民宿、餐饮、购物等一体的两地诚信市民互认应用场景近40个。截至2022年2月，评价对象达243万人，覆盖面100%；已有15.86万人通过“浙里办”APP领取了“绿谷分”。

二、信用评价提升企业生态自觉

对企业生态信用评价实施百分制，从生态环境保护、生态经营、社会责任、一票否决项四个维度构建评分模型，根据22个指标细项加权平均计算得出评分结果。参评企业范围包括生态环境部门监管的重点企业、重污染行业企业、产能严重过剩行业企业、规模以上农业生产经营主体等10类。“今年我们企业正在进行二期工程项目扩建，计划投资7000万元，其中涉及一定的企业贷款，企业生态信用政策的出台，将进一步为我们这些信用保持良好的企业带来更多便利和支持。”丽水市民康医疗废物处理有限公司技术部经理林建军说。据中国人民银行丽水市中心支行反馈，截至2021年底，全市制造业贷款余额378.85亿元，同比增长18.04%。

三、整村授信激发乡村振兴活力

按照《丽水市生态信用村评定管理办法(试行)》要求，各县(市、区)信用办牵头相关职能部门及乡镇(街道)对创建村的空气状况、森林资源保护、水生态保护等8个一级指标28个二级指标进行数据归集和打分，形成评价结果，并经过各县(市、区)信用体系建设工作领导小组的审核后最终确定生态信用村等级。2020年度丽水市评定产生首批生态信用村，其中AAA级生态信用村11个、AA级生态信用村14个，享受绿色金融、财政补助、科技服务、创业创新、生态产业扶持等多项正向激励举措。2021年，持续扩面升级，共评定产生261个生态信用村，覆盖生态产品价值实现机制试点乡镇80%以上行政村。

此外，丽水创新了环境资源民事、刑事、行政案件“三合一”审判模式，开展“巡回审判”，建立生态修复全程跟踪执行制度和回访机制，通过灵活运用“补植复绿、增殖放流、劳务代偿”等修复方式，形成了“生态损害者赔偿、受益者付费、保护者得到合理补偿”的运行机制。截至2021年底，全市已设立生态修复基地29个，放养鱼苗950万余尾，补植复绿基地总面积1023亩，发出补植令、管护令等司法令状67个。

截至2021年底，丽水生态环境状况指数在全省实现“18连冠”，在全国城市信用监测排名第9位，较年初上升了13位，生态信用的创新实践功不可没。

点评：恩格斯指出，“我们不要过于陶醉对于自然的胜利，事实上，每一次这样的胜利自然界都无情地报复了我们。”在人与自然生命共同体视野下，人们必须牢固树立生态信用理念，在自律与他律中实现人与自然的互信互助。丽水生态信用体系的创设运用，应现实所需，因改革而生，必然也将由时代而兴！

案例 8:“两山”主体：生态产品价值实现领域的生力军

市场主体是市场的参与者、社会财富的创造者，在促进生态产品变现和保护改善生态环境中起了关键作用。近年来，丽水市大力培育“两山”市场主体，涌现出一批生态强村公司、“两山”转化平台、“两山”示范企业，激发出绿意盎然的无限活力。

一、生态强村公司：让生态为强村富民创造价值

丽水广大乡村是生态产品提供的主体空间，丽水的森林覆盖率达到 81.7%，95%的林地又归集体所有，在生态产品价值实现过程中，存在生态产品提供者、守护者、交易者的“主体缺失”问题。为了破解这一问题，丽水市在 19 个试点乡镇探索成立 19 家生态强村公司，这些生态强村公司以所在乡镇(街道)行政区域为服务单元，专门从事乡村生态资源资产保护、修复和经营，闲置资源整合，传承弘扬生态文化，壮大村集体经济。

“生态强村公司的使命就是践行‘保护生态环境就是保护生产力，改善生态环境就是发展生产力’理念，让生态为强村富民创造价值”，丽水市发改委相关负责人介绍道。

青田县祯埠镇生态强村公司是试点以来全市首家纯集体性质的生态强村公司，公司通过绿道建设，将原先荒废的林荫绿道建设变成了网红景点，将一片荒滩改造成人工沙滩，成为了瓯江边的标志性景观，同时，自营“祯味道”生态农产品，开发“溪游记”旅游项目，2020 年实现利润 106 万元。

缙云县方溪生态强村公司立足山区优质农产品资源，创新“党支部+强村公司+农户”模式，打造“方溪山宝”农特产品自有品牌，自正式投入生产包装以来，仅 3 个月，就实现销售额 36.24 万元。

松阳县上田村以激活农村闲置资源为突破口，积极探索“地方政府+村集体+村民+工商资本”共同参与的村集体经济发展新模式，在生态强村公司开发乡村振兴项目时，创新“优先雇佣”机制，保障农民主体地位。2020 年，21 名村民通

过参与农业种植、畜牧养殖、餐饮服务等，每月人均增收2000余元，40名村民通过参与工程项目建设增加劳务收入60万元，为低收入农户设置公益性岗20余个，全村低收入农户年均收入超11500元；同时，探索“保底收益”机制，以房屋使用权、土地经营权入股的农户，分别按每年3元/平方米和350元/亩的标准享受“保底收益”；水田、山林分别按照每年350元/亩和200元/亩的标准享受“保底收益”；以货币出资入股的农户，按年化收益2.5%的标准享受“保底收益”；对参与农业生产的农户按照每年2000元/亩的标准享受“保底收益”。

到2020年底，丽水所有乡镇均组建了生态强村公司(“两山公司”)，负责生态环境保护与修复、自然资源管理与开发等，成为公共生态产品的供给主体和市场化交易主体。

二、“两山”转化平台：“存入”绿水青山，“取出”金山银山

“讲的土一点，‘两山’转化平台就是生态资源资产领域市场化交易撮合的‘非诚勿扰’平台”，丽水市咨询委政策专家在介绍“两山”转化平台说，交易撮合和转化是相互的，内植的是“GEP、GDP两个较快增长”的逻辑。制度设计从近期看，将山、水、林、田、湖、草以及农村宅基地、集体用地、农房等碎片化的资源，像银行存款一样分散式输入，经规模化收储、专业化整合后，最终以项目包的形式集中输出，完成市场供需对接，实现“绿水青山”端向“金山银山”端的转化，进而做大“金山银山”；从中远期看，对生态环境修复、生物多样性的保护等加大投入和交易，从而实现“金山银山”端向“绿水青山”端的转化，进而做靓“绿水青山”。

丽水(青田)侨乡投资项目交易中心是促进实体项目与资本、技术、土地及其他要素有效集聚、对接的国有公共服务主体，为青田县政府直属事业单位。试点期间，青田县以丽水(青田)侨乡投资项目交易中心为基础，打造“两山银行”转换平台。2020年，交易中心完成“两山”项目包交易22个，生态产品市场化交易8545.2万元，项目包投资总额16.5亿元。

截至2020年底，9县(市、区)全部完成“两山”转化平台实施方案编制，累计开展生态产权交易5155宗，共计8.6亿元；研究制定(森林)生态产品市场交易制度，印发《丽水市碳汇生态产品价值实现三年行动计划(2020—2022年)》，

完成华东林业产权交易所收购谈判，为高水平推进生态产品市场化交易体系建设奠定基础。

三、“两山”主体示范：吸引更多主体“掘金”绿水青山

试点期间，丽水市连续组织两轮“生态产品价值实现示范企业”评选，共评出 33 家企业，纳爱斯、润生苔藓就是其中的典型代表。

纳爱斯集团是中国日化行业领军企业。纳爱斯集团立足生态优势，挖掘生态“富矿”，加大对丽水特色植物的深度开发，并将其应用到产品中，一年多来，除了“竹炭·净白”牙膏、活性炭双效消臭等系列植物炭产品上市外，还开发了提取茶籽精油的洗发露及茶洁护龈牙膏、抹茶洗洁精等茶系列产品。纳爱斯集团是行业唯一获评国家工业产品生态(绿色)设计示范企业，被工信部选取作为生态创新典型推广，还被纳入中宣部“学习强国”及在央视频道作为“绿色示范”样本展示。

丽水市润生苔藓科技有限公司，是国内首家从事苔藓产业化公司。公司依托当地丰富的苔藓资源和优越的自然环境，开发苔藓景观装饰、生态修复、空气净化、生物反应等市场化应用，努力挖掘苔藓“金矿”，引领生态经济新潮流。

“示范企业，经市试点领导小组办公室在全市范围内组织评选，旨在总结提炼示范企业在探索生态产品价值实现路径方面取得的经验做法，加强宣传引导，形成良好氛围，吸引更多的企业参与两山转化中来”，市发改委相关负责人介绍道。

2020 年，全市共新设市场主体 64589 户，同比增幅 14.76%，其中，新设企业 11071 户，同比增幅 17.85%，增幅从 8 月份开始连续 5 个月居全省第一。中国科学院半导体研究所、江丰电子、海康威视、网易、千寻位置等国内顶级机构、头部企业纷纷踏足而来，生态价值转化正激活一池春水。

点评：丽水发挥政府在制度设计、氛围营造等方面主导作用，在基层设立生态强村公司，既解决了乡村生态产品经营活动领域“主体缺失”问题，又为推进乡村振兴、走向共同富裕埋下了“活力种子”；而“两山”转化平台的生态权属交易、生态资源资产项目包交易，则很好发挥了市场在资源配置中的决定性作用；同时，示范性企业的评选则起到了正面导向作用。

附录三

咨政内参1：关于构建以山区26县为重点的GEP核算应用体系若干建议

——基于丽水试点阶段性成果的推广思考①

GEP是指特定地域单元自然生态系统提供的所有生态产品的价值总和，包括提供的物质产品、调节服务和文化服务，是衡量该地域生态环境功能量、质量及其所蕴含的生态产品价值的综合性指标。探索开展GEP核算不仅是量化“绿水青山”价值的方法创新，更是拓宽“两山”转化通道的理念深化，对于重拾价值自觉，重塑发展逻辑，引领生态治理变革，高水平构建高质量绿色发展体制机制有重要意义。

一、丽水围绕GEP核算及应用的试点情况

GEP核算及应用作为浙江（丽水）生态产品价值实现机制试点重要内容，自2019年开展试点以来，取得积极成效。

（一）核算基本实现市域全覆盖

丽水市通过联手中国科学院、北京空间机电研究所（508所）等机构，在卫星遥感数据来源、分辨率、算法等方面形成统一，近期已基本实现“市—县—乡—村”四级GEP核算全覆盖，即实现“市—县—乡”三级GEP核算全覆盖、村级调节服务类GEP核算全覆盖和GEP全市一张图展示，已做到2米精度（可做到0.5米精度）上任一空间单元的调节服务类GEP的产品核算，且可每月更新。

（二）核算应用形成特色做法

围绕基于GEP的考核，丽水市从“GEP转化为GDP”“GEP”“GDP转化为

① 注：文章摘自中共浙江省委党校决策参阅（2020年第81期），被中共浙江省委书记袁家军批示，被评为浙江省委党校系统（行政学院）2021年度优秀决策咨询成果一等奖；本书作者作为课题组负责人，主持编写此内参。

GEP”3 个维度各编制了 9 项指标，建立了 GDP 和 GEP 双考核、双提升的工作机制。

围绕基于 GEP 核算的生态产品政府采购，云和县在确保农户、村集体原有利益“只增不减”的前提下，通过整合存量(在 21 项涉农财政支出中，整合生态公益林补偿、耕地地力保护补贴、环卫保洁、网格员等 4 项存量支出)、增量涉农财政资金，率先出台《生态产品政府采购试点暂行办法》，现已向两个试点乡镇强村公司支付 70%的采购额；根据年度任务方案，预计全年全市可实现公共生态产品政府采购 5 亿元。

围绕基于 GEP 核算的市场化应用，国家电投集团投资 1.7 亿元缙云县“农光互补”项目，并向当地强村公司采购生态产品 279.28 万元；云和县从 GEP“量、质、价”3 个维度确定生态增值的核算公式，出让附带“生态增值”土地；杭州宏逸投资集团有限公司通过青田县华侨项目交易中心向小舟山乡“两山公司”支付 294 万元，专门用于项目所在区域的生态环境保护与修复工作；青田县纯集体的祯埠镇生态强村公司，以 GEP 中的调节服务类和文化服务类两类生态产品的使用经营权作为质押担保获得省内首笔“GEP 贷款”500 万元，等等。

围绕与 GEP 核算相关的文化服务产品应用，丽水市发布中国大陆首个环境空气健康指数(AQHI)，云和县发布云海景观指数，等等。

二、试点存在问题

一是机构核算差异问题。目前有 4 家机构在省内从事 GEP 核算工作，分别是中国科学院、浙江大学、省发展规划研究院、中国(丽水)两山学院，其中 3 家机构在丽水开展 GEP 核算。除可解决的分辨率等差异之外，中国科学院、省发展规划研究院、中国(丽水)两山学院 3 家机构在 GEP 三级目录核算上一致，与浙江大学有微差异。

二是核算体系自身问题。目前 GEP 核算体系侧重于生态环境功能量、价值量核算，单位 GEP、生态要素质量评价等反映质量指标有待丰富完善，核算科目也有待健全；现有的 GEP 核算体系主要适用于山区陆域，不太适合城市、海洋等区域的核算。

三是 GEP 统计报表制度问题。GEP 核算统计报表制度没有建立，核算数据类型繁多、核算费时费力，核算成果并未移交统计部门公布，与深圳市盐田区相比，丽水在这方面已慢了“半拍”。

四是 GEP 与 GDP 换算问题。GEP 核算方法论是基于生态学，而 GDP 则基于经济学，两者不同体系、很难兼容换算，据市统计局反馈，除物质产品类可换算外，占主导地位的调节服务、文化服务没有换算的可能。

五是核算应用问题。核算应用与技术更新存在“前后脱节”现象，土地“生态增值”等领域应用算法亟待统一完善，应用场景不够丰富，总体尚处于初步阶段。

上述问题，需要在实践推广中不断充实完善、迭代升级。

三、构建 GEP 核算应用体系的若干建议

综合研判 GEP 核算应用，已具备全省逐步铺面推开的技术条件。课题组以我省山区 26 县为重点，拟构建 GEP 进监测、进规划、进决策、进项目、进产品、进交易、进金融、进考核等“八进”应用体系，并提出相关建议。

（一）GEP“进监测”

这是项前置性基础工作，需高效协同、集成推进，建议由省发改委、省统计局牵头，其他部门协同，做好以下三个方面：一是建立全省统一的“立体化”支撑平台。融合现有省域大数据，利用卫星遥感数据，借助中科院 GEP 算法，建立基于 GEP 因子为主矩阵、“天上可看、网上可管、地上可查”的立体监测平台，构建生态环境监测、GEP 核算及展示、宜居性评价、土地利用变化监测、应急响应等多方面应用场景，形成监测成果“闭环”管理与应用机制。二是开展全省统一的“一键式”GEP 核算。借鉴深圳经验，加快建立 GEP 核算统计报表制度，完善百余项 GEP 数据指标在线报送流程，实现所有 GEP 指标“一键核算”。三是近期可建立全省统一的调节服务类 GEP“一张图”动态展示。根据调节服务类 GEP 所在不同区域、生态系统类型、监测科目等，以多时相、多尺度、可视化的方式动态展示前后变化特征，为各部门及公众提供所需的生态监测专题数据产品。此外，可借鉴“贵阳一号”卫星等经验，适时发射“浙系卫星”，以提高综合监测和

服务水平。

（二）GEP“进规划”

考虑到全省大多数县（市、区）尚未开展 GEP 核算，根据数据可获得性，可将调节服务类 GEP 目标作为预期性指标纳入省—市—县“十四五”规划纲要（也可将山区 26 县先纳入）；已开展 GEP 核算的县（市、区），则可把 GEP 总量目标纳入当地“十四五”规划纲要。各级国土空间规划结合主体功能定位，科学评估、合理设定、细化落实各区域 GEP 提升目标，为各类开发保护建设活动，创新重点生态功能区建设机制，实施政府间补偿交易等提供基本依据。各专项规划、区域规划的编制所涉及 GEP 提升目标的需制定细化落实的时间表和路线图，以提高针对性和可操作性。

（三）GEP“进决策”

各地、各部门在作出重大事项决策、重要干部任免、重要项目安排、大额资金的使用等“三重一大”决策时，可将 GEP 变化纳入综合评价指标体系，将 GEP 变化指标作为决策行为的重要指引和硬约束。需科学核算评估“三重一大”决策对 GEP 可持续供给能力的影响，全面把握生态产品价值变化，确保生态功能不退化、面积不减少、性质不改变，实现生态产品价值倍增、高效转化和充分释放。

（四）GEP“进项目”

从生态用地改变、景观环境变化、节能减排等方面分析项目对区域 GEP 影响，建立项目建设与 GEP 变化相挂钩的评估机制，形成一套权威、可行的算法，让 GEP 增值的项目业主“有利可图”，受损的项目业主“付出代价”。对当地 GEP 受损的项目，可要求业主就地或异地恢复；对当地 GEP 几乎没有影响、有区位优势的项目，可在土地出让、流转等市场环节，让土地增值溢价。

（五）GEP“进产品”

通过天—地一体的监测，能全方位、精准化立体描述农林产品、康养服务产品所在 GEP 的空间矩阵，即所涉及的空间地理(如海拔经纬、坡度坡向等)、空气、水、温度、湿度、风力、日照、磁场、土壤有机质、地质灾害等特征信息。通过 GEP“进产品”，有效整合多部门分头设立的农产品气候品质认证、农产品地理标志认证、有机食品认证、绿色产品认证等，在全国率先高水平建立指标先进、权威统一的生态产品标准、认证、标识体系，真正实现一类产品、一个标准、一个清单、一次认证、一个标识的体系整合目标，从而提供更多与“重要窗口”建设相应称的“优质生态产品”。

(六)GEP“进交易”

围绕政府端，省级层面建立健全与生态产品质量和价值相挂钩的财政转移支付及横向生态补偿机制，县级层面则先引导山区 26 县建立面向生态产品所有者、守护者、提供者的采购与绩效评估机制；推动政府间“耕地占补平衡”的平面交易升级为“耕地占补+生态产品占补”的空间立体交易，以更好彰显生态产品价值，杜绝毁林开垦。围绕市场端，借鉴德国生态账户等经验，在“两山银行”试点基础上，集成升级“两山银行”“华东林业产权交易所”的功能，建立拥有合法资质、全省统一的生态产品交易平台。一级市场以乡镇级强村(两山)公司作为经纪会员，注重乡村闲置生态资源流转整合，须保障村集体和农民利益；二级市场则注重项目包装和交易，对于“对 GEP 产生净损”的项目交易主体和“对 GEP 产生增值”的项目交易主体，分别建立生态账户，在促成交易中更好平衡、补偿和增值“生态”，在实现生态功能持续和稳定的同时，更好带来发展红利。

(七)GEP“进金融”

在农村金融改革成果的基础上，再丰富开发以下金融产品：一是生态权属类质押贷款。如以河权、林权、碳排放权、地役权等为质押的贷款，以基于 GEP 核算的生态产品采购收入为收益权所开展的质押贷款等。二是生态信用贷款。如以居民、企业和行政村的生态信用行为为对象，与当地 GEP 增减相挂钩，所开发的贷款。三是生态保险。如农产品气象指数保险、观云(萤火虫)险、赏月险、地质灾害险等。四是生态产业化基金。如大健康产业基金等。

（八）GEP“进考核”

通过卫星监测数据，组织团队研究20年以来全省调节服务类GEP的变化规律，分析此类GEP提升的空间、手段，升级与GEP相挂钩的全省绿色发展财政奖励机制，建议如下：一是参照全省森林覆盖率的激励做法，GEP存量部分先确定全省调节服务类GEP的单位均值，针对高于全省单位均值的县域，按超出比例给予梯度激励。二是针对当前山区26县调节服务类GEP占比高（2018年丽水市调节服务类GEP占总GEP的比重高达72.8%）、已经接近“天花板”的事实，可按1%~5%不等的比例，梯度考核GEP增幅。三是借鉴城乡收比入考核指标，设立GEP、GDP相比指标——GGI指数（即GEP除以GDP），一般情况下，GGI指数越低，经济相对发展水平越高，像2018年深圳市盐田区为1.72∶1、缙云县为2.38∶1、庆元县为6.18∶1、开化县为5.34∶1。此外，可推动GEP进“自然资源资产负债表”，将GEP核算相关指标纳入自然资源资产负债表统计范围；推动GEP进“领导干部自然资源离任审计”，更好地发挥GEP“指挥棒”的导向约束作用。

咨政内参2：关于丽水市生态信用建设调研报告[①]

生态信用作为丽水首创并予践行的概念，指的是社会成员在“人与自然和谐共生”问题上遵守法律法规或社会约定、践行承诺，而建立的人与自然生态之间的信用关系。

生态信用是生态产品价值实现机制试点的重要内容，也是落实十九届四中全会精神，全面提升公民生态文明素养，高水平推进市域治理现代化的重要基石。为更好保障生态信用制度落地实施，护航生态产品价值高效变现，调研组特赴市直部门、松阳、遂昌、云和、景宁等地调研，现报告如下。

一、成效初显

生态信用作为社会信用体系的新兴领域，丽水有较好的开展基础，并取得一定成效。

（一）生态信用文化有根有底

丽水市的生态信用文化与传统文化相连相织，与乡村治理相融相促，有深厚的文化根基，比如，全市乡村已相继将“生态信用行为”纳入村规民约，遂昌县大田村流传“一斤猪肉”②的信用佳话，松阳县大东坝镇设立“契约博物馆”，景宁县梅歧乡推行的“乡风道德银行③”，云和县推出的诚信文化教育校本课程等。

---

① 注：系丽水市咨询委内参（丽咨[2019]3号），被市长吴晓东批示，被评为丽水市党政系统2021年度优秀调研成果一等奖、浙江省委党校系统（行政学院）2020年度优秀决策咨询成果二等奖。本书作者作为课题组成员和执笔者，参与编写此报告。

② 古时，大田村周林木葱郁，村西的巡门山和金山被视为大田村的水口。历代以来，大田村人为保护山上的林木，订立“水口禁山民约”。若有人私自砍伐树木、杂柴及拾枯树枝，则处罚杀猪分肉，俗称“分串”，即按每户分猪肉一斤，以此告示民众警戒，从而形成自觉保护林木的村风。

③ 按移风易俗、乐于公益、生态环保、慈孝文化、崇学向上、“双拥”工作等10大类打分项，村民自行申报，由村三委干部、人大代表组成的评审小组按季度对群众的文明行为进行积分评定，并以银行存折形式进行记录固定。村民可凭道德积分向景宁银座村镇银行兑换贷款利息抵用券等。

（二）各地实践创新可圈可点

市级相继出台《农村信用体系建设地方标准》《丽水市生态环境损害赔偿制度改革实施方案》《丽水市饮用水水源保护诚信评价办法（试行）》等文件。景宁县发布全国首份“生态信用失信人名录”，该县毛垟乡实施“生态存折+[①]”应用、东坑镇开展生态信用村建设。遂昌首创“绿色惠农卡[②]”。云和推出营造林市场主体信用评价。

（三）生态司法建设卓有成效

创新了环境资源民事、刑事、行政案件“三合一”审判模式，开展“巡回审判”，建立生态修复全程跟踪执行制度和回访机制。灵活运用“补植复绿、增殖放流、劳务代偿”等修复方式，形成了“生态损害者赔偿、受益者付费、保护者得到合理补偿”的运行机制。截至2019年11月，全市已设立生态修复基地26个，放养鱼苗400万余尾，补植复绿基总面积300多亩。同时，创建了生态司法教育实践基地。

（四）食安金融得到复制推广

在全国率先实施食安金融联手信用工程，形成了食品安全信用信息“产生—发布—交换—使用—反馈”的全链条闭环应用场景。该经验已在全省复制推广，并获得了国家市场监管总局领导的肯定。截至当前，全市3.67万余户食品生产经营主体100%建立了信用档案，其中，800余户有贷款的食品生产经营主体被实施金融联合惩戒。

（五）生态信用体系逐步形成

据了解，全市已基本完成生态信用体系建设“123”制度框架：“1项机制”即

---

① 对农户垃圾分类、五水共治等情况进行量化打分，形成生态存折，并与积分兑换、产业发展等相结合。

② 目前，遂昌绿色惠农平台已经从农资安全领域向生态信用领域拓展，数据显示：在59438户农户中，有生态信用记录的52980户，且记录维度正不断丰富完善中。

生态信用联合激励和惩戒机制；“2份清单”即生态信用行为正负面清单、生态信用联合奖惩清单；“3个评价”即针对个人、企业和行政村的生态信用评价。目前，该制度顶层设计已通过合法性审查，现正在走后期程序。

二、问题不足

当前全市生态信用体系建设正由零散式、碎片化向整体性、系统化推进阶段，存在的问题难点不容忽视。

（一）合力推进机制亟待形成

生态信用体系建设涉及面广、协调难度大，一些部门[①]重视程度不够，各县域总体重视不足，全市域“大信用”工作合力尚未形成。在分工定责上，机构改革尚处于磨合期，“农林水土”等部门之间及其内部、生态环境局与行政综合执行法局等部分职责界限未划清。在制度创新上，有的部门缺乏大局意识，过于保守、怕麻烦，擅做“删减题”的现象有所存在。在专职队伍建设上，市信用办编制数仅为杭州、温州等信用办编制数的零头，龙泉、景宁、松阳等6个县域无专门编制；有的部门频繁更换信用联络员，工作断档时有发生。

（二）信用平台建设关键卡位

突出表现在：生态信用信息采集和挖掘渠道明显不够，生态行为监测设施、监测手段建设远落后于数据采集需求；因生态信用数据缺乏、沉淀少，个人信用分“绿谷分”模拟内测“跑力”偏低；围绕平台查询使用、异议修复、提示警示、联合奖惩、考核评估等环节工作开展不足；在秸秆焚烧、河道四乱、垃圾乱扔等轻度失信行为疏导上，缺乏有效手段。

（三）生态信用数据难以集享

从数据收集量质看，生态信用大多分散在公共信用数据中，目前收集的企业

---

① 市生态环境局、生态林业发展中心、市场监管局、法院、检察院、中国人民银行丽水市中心支行、行政综合执行法局等少数部门协同参与度较高。

信用数据仅 4 万余条、个人生态信用数据 370 万余条，且数据质量不高，多数为非生态信用数据。从数据共享看，各部门数据标准不一、部分数据归集受上位法约束，影响数据共享进程；食品安全领域信用监管信息与农、林、水等其他监管部门尚未共享，像单车骑行、电动汽车出行、植树造林等行为数据未导入共享。

（四）生态应用场景开发受限

生态信用，关键是体现在“用”的激励上。现有生态信用激励政策过于笼统单一（多数仅限于金融方面），应用场景缺乏温度，信用高的主体很难感受到获得感；同时，从近期看，应用场景的开发需要有市民卡等介质来支撑，而当前市民卡实体化运作平台暂未建成，生态信用的应用场景离批量落地还需时日。

（五）软硬设施建设支撑不足

从硬件设施看，生态信用建设必然需要泛在的“花园云”监测设施配套，据市生态环境局反馈，今后 4 年全市要实现生态环境监测乡镇全覆盖（300 个监测网点），投资量要达 10 亿左右，若再加上行政村配套监测设施投入，则投资量更大。从软件设施看，生态信用大数据平台的开发应用，“信易+”租赁、出行、旅游、审批、医疗、教育等惠民便企的激励措施，均需财力支撑。

三、若干建议

生态信用建设是新起点上丽水全面开启现代化建设新征程的奠基性工程，其重要性不言而喻，为此，提以下六点建议。

（一）加强领导、划定权责，形成工作推进合力

加强领导。需进一步发挥丽水市信用建设领导小组作用，加大市域统筹力度，增强工作力量，落实工作责任，细化工作任务，常态化开展季度例会、月度通报、专题点评等工作，真正形成市、县、乡（镇）、村四级联动推进合力。将生态信用建设纳入民生实事工作，列入政府考核范畴。

梳理清单。一是责任清单。在各部门“三定”方案基础上，结合生态信用行

为结果导向，重新细化梳理，以清单化定责于各部门及部门内部、部门层级，比如河道采砂、水土流失、单车出行、农林水执法数据在不同层级的贯通等，同步强化生态信用联络员责任。二是任务清单。除既定任务外，重点对绿色出行、生态科普、植树造林、垃圾分类等生态信用行为落实部门采集责任。比如，针对绿色出行，新能源汽车分时租赁由市发改委牵头管理，购买新能源汽车由市公安局登记在案，“城市公共自行车”由市交通局管理。目前，“共享单车”管理已出现“盲区”，但“共享单车”的行为记录基本上在阿里巴巴、微信平台上可收集，应采取“生态信用行为数据便利化收集定责部门任务”导向，由市信用办、市交通局等部门协同市大数据发展管理局，与“共享单车”运营单位、阿里巴巴等主体开展协商，落实部门数据归集任务；针对参观博物馆、植树造林等行为记录，应分别由市文旅体广局、市生态林业发展中心等部门落实数据归集任务。

（二）明晰定位、把握节奏，打响区域特色信用品牌

聚焦目标定位，把握实施节奏。由市信用办提出的“生态信用领跑者城市”这一目标定位，符合当前改革形势和愿景要求。需厘清好生态信用近、中、远期建设任务，把握好实施节奏，确保工作有效开展，2020 年的工作重点可要求主要部门提交并落实 1～2 个信息采集渠道、1～2 个让老百姓有感知的激励政策；2021 年可推动与长三角等区域信用平台互联互通，并适时启动生态信用地方立法工作；2022—2023 年，争取生态环境监测点实现全市乡镇全覆盖，建成规范标准的生态信用报告制度。

划分重点群体，培育“绿谷分”城市个人诚信品牌。按个人、企业、生态信用村划分重点生态信用群体符合丽水实际。与杭州的“钱江分”、温州的“瓯江分”、苏州的“桂花分”等个人诚信分相比，“绿谷分”也符合丽水实际和生态信用内在蕴意。建议近期组织开展“绿谷分”生态信用品牌 LOGO、广告语征集，宣传语可包括“绿谷分、诚信风”“绿谷分在手，财富你拥有”等，可与电视台共同策划生态信用专题栏目，加大在微平台、影院、学校、社区、医院等重点平台、区域宣传投放力度，先让“绿谷分”在广大市民内心根植起来，化为绿色自觉，激励绿色生活。

(三)攻克难点、突破关键，加大生态信用平台建设

构建一体化的生态信用平台。以“花园云”为数据中枢，全面打通“丽水市公共信用信息平台”等系统，开发生态信用数据清洗系统、数据挖掘分析系统、信用风险预警系统、联合奖惩系统、信用权益维护等 N 个服务子系统，形成生态信用数据汇聚处理、信用服务、监测的一体化平台，构建生态信用区域链。围绕生态信用数据来源标准化、生态信用产品标准化、生态信用体系建设工作标准化等三个方面同步开展工作，形成生态信用的丽水标准化样本。

全面归集生态信用数据。适时制定包括生态信用在内的信息征集和使用管理办法，梳理生态信用信息目录，有效打破“信息孤岛”，推动生态信用建设走向“开放共治、协同共治”。

建立生态信用新型监管服务体系。推广生态信用承诺制，开展生态信用示范点创建。将市场主体生态信用信息与相关部门业务系统按需共享，在事前、事中、事后全环节加以应用，实施信用分类监管。健全生态信用信息查询、异议、修复以及信息安全管理等机制，保证各类信息主体知情权、异议权、救济权、隐私权等合法权益。

(四)聚焦重点、以用促建，强化应用场景打造

应用场景是激发生态信用正面行为活力的核心环节。建议在民生、金融、行政、行业、公益等五大领域创造更多守信激励，真正让无形的生态信用转化为有价的财富，不断增强信用“红利”给群众带来的获得感、幸福感、安全感。可在生态信用制度文件颁布后出台相应的激励细则(后附：周边城市个人信用激励政策比较)。

行政应用场景。全面打通生态信用数据库与各部门行政管理系统，在全市所有行政事项管理事项流程中嵌入生态信用状况审查要求，在公务人员招聘、评优评先、企业投资项目审批、政策扶持等事项中应用生态信用信息和评价结果，实施信用分类管理。

金融应用场景。建立生态信用培育池，引导金融机构在贷前、贷中、贷后等

环节运用生态信用信息和评价结果，对生态信用良好的主体推出“生态信易贷”创新产品，在融资成本上予以优惠（遂昌县大柘镇在农资安全领域集中了全县最多的生态信用数据①，可在此镇开展试点）。对严重破坏生态环境的主体，实施限制贷款、降低贷款额度、提高利率等金融惩戒措施。

民生应用场景。打造集身份认证、支付结算、信用积累等多功能合一的市民卡，以生态信用分为纽带，串联各类生活场景，让生态信用高的主体“一卡”享受图书馆免押金借阅、信用乘车、公共设施免押租用、智慧医疗信用付、信用租房、免押住宿、先旅游后付费、社保个人上缴部分打折等民生信用服务。针对县—乡—村的基层应用场景，可根据各地实际，鼓励创新实践，可探索将生态信用村评价结果与财政补助、强村公司收益分配等相挂钩。

行业应用场景。建议引入通讯、影院、商场、餐饮、旅游、医疗等市场主体，建立生态信用积分与消费优惠相挂钩的机制。建立以生态信用为基础的行业协会管理机制，将生态信用记录纳入“丽水山耕”“丽水山居”等品牌准入标准；探索建立分行业的阶梯用水、用电定价机制，体现对生态经营的激励。

公益应用场景。探索与蚂蚁金服第三方合作开展生态信用公益行动，打造丽水版蚂蚁森林，通过绿色出行、节能降耗等行为积累生态信用积分，允许积分达到一定值的主体，在丽水指定区域种植珍贵树、碳汇树（由公益组织购买积分并将积分转化为公益种植行为），或兑换生态礼品、违规停车抵扣券、生态旅游体验券等，激发社会公众参与生态信用建设热情。

（五）有序投入、强化支撑，加大生态信用设施建设

织密生态监测网络。按“人的行为”导向强化“花园云”生态监测系统建设布局，推动生态监测、行为监测同步高密度、全天候、自动化采集，逐步形成覆盖全市所有行政村（社区）空气、水、土壤、森林覆盖面等指标的网格化监测体系。近期可重点在城郊布局“秸杆焚烧”智能监测，特别要处理好秸秆综合利用问题。建议2020年全市18个生态产品价值实现机制示范乡镇率先实现生态监测设施行政村全覆盖，并重点开展生态信用村试点。统筹由各级部门支持的数字乡村项目

① 大柘镇共有3982户农户，有生态信用记录数据的3798户。

纳入全市“花园云”监测系统。

建立覆盖全品类生态农产品的溯源体系。搭建生态农产品生产、流通、销售一体化管理平台，全面整合各环节的物流、数据流、资金流，实现生态信用数据有效沉淀。可围绕“丽水山耕”“丽水山居”“遂昌赶街”等平台先行开展。

加快建设高速、泛在、安全的生态数据传输网络。大力推动 5G 应用，提升生态信用数据汇聚处理能力和传输共享实效。

（六）广泛宣传、加强学习，营造共建共享氛围

丰富宣传载体。编制“丽水生态信用典型案例集”，加大对典型经验做法和创新成果的宣传力度，培育普及生态信用文化，形成全方位、多层次、广覆盖的宣传和舆论监督网络。针对城市、农村开展分类宣传教育，鼓励各地开发生态信用校本课程，培育打造云和白银谷(生态司法)、景宁毛垟(忠祠洞地质灾害博物馆)、遂昌大田等若干个生态信用教育实践基地。

加强学习交流。建议与上海、杭州、苏州等城市开展个人诚信分和公共信用记录的互通互认，加入城市信用联盟，探索创新信用惠民场景的异地“漫游”应用，推动跨区域失信惩戒。争取纳入《中国城市信用状况监测评价报告》样本城市，加强与被监测城市“互学互鉴”。对标挪威、瑞典、德国等欧洲国家经验，加强生态信用领域的国际交流。

附件 1：生态信用相关概念及内涵解释(略)

附件 2：周边城市个人信用激励政策比较(略)

咨政内参3：关于丽水市强村公司发展调研报告[①]

丽水市县—乡(镇)两级强村公司因消除村集体经济薄弱村的工作需要而设立，既是消薄的关键力量，也是带动乡村振兴、引领共创共富的重要主体。在共富新征程上，为更好推动强村公司高质量发展，引领带动强村富民、迈向共同富裕，市咨询委社会发展组在市区座谈调研的基础上，先后赴青田、缙云、景宁、云和、松阳等县调研，经综合分析论证，形成此报告，供市委、市政府决策参阅。

一、初见成效

截至2021年底，全市共有182家县—乡(镇)两级强村公司，其中县级强村公司9家、乡(镇)级强村公司173家，实现了县—乡(镇)全覆盖。2021年，两级强村公司实现产值4.32亿元、实现盈利2.25亿元，实现分红1.47亿元，相较2020年盈利分红增长近一倍。

(一)体制机制已现雏形

一是从所有制性质看，县级强村公司中，缙云、松阳为“国有”，龙泉、云和、遂昌、景宁为“集体”，莲都、青田、庆元为“国有+集体”；乡(镇)强村公司均集体所有，几乎以“集体”“强村”“生态强村”等关键词命名。二是从管理机制看，县级主体相对完善，松阳县级强村公司率先试水“职业经理人”制，云和县石塘镇等少数乡(镇)级强村公司实行“职业经理人”制，松阳县大东坝强村公司领导班子实行17个村级股东投票选举制。三是从督促机制看，市级层面先后将强村公司市场化改造、平均利润、盈利能力等纳入工作考核。

(二)运营模式丰富多样

可供借鉴的有五种：一是生态资产联合购置型。如松阳大东坝镇强村公司整

---

① 注：系丽水市咨询委内参(丽咨[2021]10号)，被市长吴晓东、市委组织部部长戴平辉批示。本书作者作为课题组成员和执笔者，参与编写此报告，同时已将数据更新至2021年底。

合各村资金 1653. 4 万元，与社会资本联合收购位于当地的二滩坝水电站，从2019 年到 2021 年底已累计分红 309. 97 万元。二是产业链整合型。如缙云石笕乡强村公司通过兴办标准化油茶加工厂，按出油量市场化收购当地油茶果，既确保加工品质、推动品牌溢价，又破除油茶终端销售难题，提升茶农种植积极性，项目实施第一年收益率达 25%。三是联建出租型。如青田高湖镇强村公司通过整合土地资源、各村资金，实施十村众筹联建标准厂房，实现租金年均收益 143 万元；松阳古市镇强村公司通过盘活闲置资源、整合各方资金，实施寺口茶青市场项目，实现年收益 72. 5 万元以上，一举化解寺口村 300 多万元的债务风险。四是红色引领绿色发展型。如景宁毛垟乡强村公司充分调动地方积极性，融红色基因于绿色发展，大力发展红色研学、苔藓产业，驱动红色价值、生态颜值向经济产值“双转化”，2021 年 4 个行政村经营性收入达 93 万元。五是生态资源整合型。如青田祯埠乡强村公司整合当地生态资源资产，组织农产品销售，开发生态旅游，推动生态环境修复治理，2021 年实现利润 74 万元。

(三)经营业务稳健开展

县级强村公司项目以飞地(飞楼)、物业(厂房、农贸市场、人才公寓)、清洁能源(水电、光伏)为主，不乏新型墙体、沥青、砂石料、土地管护等专营项目；2021 年，全市 9 家县级强村公司合计利润 1. 23 亿元，承担着引领发展、统筹兜底等职能。乡(镇)级强村公司，主要包括发展订单农业、开展农产品加工、组织研学培训、投资清洁能源、参与小微园区建设、入股企业、参股当地农商行、实施村级工程集体建等，业务收入稳定。

(四)山海协作助力有效

主要包括三个方面。一是“飞地”助力。典型的有青田平湖“飞地抱团”助消薄消困模式、丽景强村小微企业孵化园的市内飞地模式等。二是省企结对助力。如省交通集团通过与云和紧水滩镇结对，发展“订单农业”，带动当地强村公司在 2021 年实现利润 133. 67 万元。三是机关事业单位下派助力。如宁波市慈溪供销社干部吕红范下派到青田县祯旺乡挂职乡党委副书记，2020—2021 年成功帮助卖水 140 万瓶，给当地增加收入 28 万元。

（五）发展创新亮点突出

松阳县破冰 200 万元以下村级工程“集体建”模式，截至 2021 年底，全县有 453 个项目采用“集体建”模式，总投资 19345.73 万元，为强村公司和村集体增收约 2262 万元——这是松阳乡（镇）强村公司竞争力普遍全市排名靠前的重要原因之一；同时，县级强村公司在大东坝与村集体合资兴建豆腐工坊、米酒工坊，引入乡（镇）级强村公司、讯唯控股等市场主体，锁定国有资产不流失（涉租赁部分）、收益归当地村民，实现所有权与经营权分离、重资产与轻资产分置。青田县结合乡村特点，系统梳理出资产经营型、特色资源型、农业主导型、工贸发展型、资源紧缺型“五型”分类强村富民路径，并按公司主体、银行贷款、政府财政“1∶1∶1”的比例，设立规模为 1 亿元的青田县“强村富民”生态产品价值实现资金，推广“乡（镇）强村公司+产业合作社+龙头企业+标准基地+农户”发展模式。

二、存在问题

整体上丽水市强村公司还处于摸索阶段，存在的问题主要集中在以下五个方面。

（一）思想认识不够清晰

经调研反馈，部分县域对强村公司发展重视不足，消薄工作专班频繁“换人”，运转不畅；一些干部认为强村公司是自上而下推动，对政府依赖性过强，是政府“傀儡”，缺乏市场主体应具有的自主性，后续发展乏力；少数干部认为强村公司是通过“消化”上级支农政策资金向强村富民“转化”的中介平台，而非真正意义上的实体公司。

（二）经营人才严重缺乏

全市县—乡（镇）两级强村公司平均员工数仅为 3.3 人。9 家县级强村公司拥有员工 33 人，其中，聘任职业经理人数仅为 3 人。173 家乡（镇）强村公司拥有员工 569 人，其中，事业编制 138 人，企业编制 10 人，在聘用的 69 名职业经理人中多数为驾驶员、在职村干部等，聘用的管理人员在公司经营、项目建设、运营管理上大多缺乏实践经验，难以适应市场竞争。

（三）整体经营能力偏弱

与全省平均水平比，虽然强村公司在省级层面没有统计数据，但强村公司经营水平与村集体收入存在“强相关”，2021 年全市平均集体经济收入 63.21 万元（合作社口径），仅为全省平均数（合作社口径）的 20.83%（303.49 万元），由此可见一斑。从自身看，2021 年 173 家乡（镇）级强村公司平均年产值为 166.74 万元，约 20%的强村公司贡献总产值的 64%，且多数业务雷同，平均分红仅 31.4 万元，尚有 36 家未实现分红；县级强村公司统筹兜底任务沉重，如 2021 年遂昌县有 56 个行政村依靠县级统筹项目兜底“消薄”，占行政村总数的 27.86%。

（四）项目谋划对接不足

一方面，全市广大乡村拥有非常多的优质生态、文化资源资产，但另一方面，资源零散、闲置普遍，资源整合、项目建设受生态红线制约多，谋划项目的能力欠缺。据市消薄办掌握的项目库来看，全市部分县（市、区）的项目储备严重不足，如缙云县在建项目 40 个，谋划中的项目仅 15 个。同时，“飞地”项目因土地指标、工作联系等原因，各地各自为战，对接深度不足，部分项目推进较慢。

（五）发展激励机制不活

一是评价导向不活。现有考评机制过于注重“整齐划一”“行政刚性”，对投资亏损、负债经营等容忍度低。二是薪酬机制不活。多数乡（镇）级强村公司难以支付高额的职业经理人薪酬，未建立与增收相挂钩的报酬激励机制。三是政策激励不活。强村公司既享受不到民营企业的招商引资政策，也享受不到农业专业合作社、村民股份经济合作社的强农惠农税收优惠政策。按照相关税法规定，企业应纳税所得额达 300 万元以上的，需缴纳 25%的企业所得税，以青田平湖“飞地抱团”项目为列，自 2019 年以来累计实现收入约 3400 万元，若交税，则大大影响 230 个行政村的消薄收入，若按往来款结算，则存在逃税风险。

三、若干建议

全省共富短板在丽水，丽水共富路上需强村。总体上判断，丽水市强村公司已迈过“从无到有”的起步阶段，其发展使命也从“消薄消困”向“巩固消薄”进而向“引领共富”的渐进演变，需要对其性质、主体、定位、路径、机制等进行系统性重塑，力求在助推建设共同富裕美好社会山区样板上有新作为、新经验。

（一）明晰性质，厘清“是什么”问题

从平台视角看，强村公司既是广大乡村资源资产（绿水青山）“转化”为强村富民（金山银山）的平台——属“两山银行”范畴，也是将上级支农政策资金通过输血、造血“转化”为发展红利的平台。从主体视角看，强村公司既是乡村生态产品主要所有者、生态环境主要守护者、优质生态产品主要提供者的集合体，肩负着本区域“巩固消薄、引领共富”的角色，又是遵循市场规律、适应平等竞争的法人主体，与传统的村民股份经济合作社相比，运作更为灵活。因而，强村公司具备平台和主体的多重复合性质。

（二）聚焦主体，解决“谁来干”问题

配优配强强村公司经营管理队伍，给予“人才松绑”政策，可参照行政、事业单位人员到国企任职的做法，派员到集体所有制强村公司担任、挂职主要负责人。进一步扩大职业经理人的聘用范围，优化薪酬方案，鼓励有实力、懂农村、善经营、有理念的青年、乡贤返乡回乡任职；可让发展快、效益好的强村公司总经理兼任后进的强村公司总经理，降低聘任成本，实现以强带弱、抱团发展。组织开展《中华人民共和国公司法》《中华人民共和国税务法》、金融管理等专业培训与实务指导，提高强村公司人员的专业性与运作效率。组建山海协作新型帮共体，建立与省企、发达地区强村公司结对机制，通过人员互派、项目建设、资源

共享等实现优势互补、互利共赢；可筛选建立由省国企下派干部组成的“人才池”，任职强村公司职业经理人。

(三)紧扣定位，着眼“干什么”问题

结合山区实际和前期实践，围绕新阶段“巩固消薄、引领共富”的新使命，强村公司可从以下四个方面担当新作为：一是开展生态资源资产整合与转化，包括对分散的山水林田湖草、闲置农房等资源整合，将碎片化资产资源的集中化收储和规模化整合，转换成优质资产包，并通过转让、租赁等形式获取收益。二是开展乡村产业及配套培育，包括生态农业、清洁能源、林业碳汇交易、农林产品加工、农家乐民宿与乡村旅游、绿道经营、品牌营销、乡村文创、红色研学、会务培训、农机社会化服务等业务。三是开展生态资源资产保护与修复，包括村庄保洁、河道整治、森林防火、生物多样性保护、病虫害防治、荒田复垦、古建筑/古道保护与修复、生态设施建设与维护等业务，可通过被政府购买服务形式获取收益。四是开展其他稳健经营，包括物业租赁、有保障的参股投资、劳务供需对接、农技推广等业务。

(四)优化路径，聚力“怎么干”问题

坚持市场导向、蹄疾步稳原则，探索“五化”精进拓新路。一是实施平台化拓展。将强村公司发展融入“两山银行”转化平台，建立以强村公司等为代表的平台会员制，将碎片化的乡村分散、闲置资源资产进行规模化收储、专业化整合、项目化打包，配之以政策支农资金引导，推动市场化交易，实现平台赋能、激活乡村。二是加快市场化改造。清晰划分政企边界，进一步健全完善内控、财务、人事等各项管理制度，探索市场化竞争类项目专业化运营。三是支持一体化联动。改变原有“一乡镇(街道)一公司”模式，压缩强村公司数量，探索连片化发展，避免发展雷同，形成规模集聚效应；可引导建立标准化的产品供应联盟、调度平台，解决单独一个强村公司产品供给不足问题；可引导关联强村公司互为参股、组团对外参股，提升抱团绩效。四是强力项目化推进。加大优质资源整合利用，加强“飞地”项目组织协调，谋划、实施、储备一批好项目，加大项目招

商，强化项目在立项、审批、管理和推进等闭环盯引，科学精准抓执行，高效闭环抓落实。五是引导差异化经营。对当地垄断业务，可独资经营；对国资牵头项目，可积极参股；对与民营资本、专业合作社、家庭农场等市场主体合作项目，可采取“保底分红”方式适度参股。

（五）完善机制，确保“干得好”问题

进一步加大行政拉力，为强村公司可持续健康发展提供强有力支撑。在人力保障上，跳出“农口”进一步增强市、县两级工作专班力量，加强对强村公司差异化分类指导；同时，开展十佳职业经理人评选，对于创新意识强、经营效益好、促农增收大的职业经理人给予政治待遇、经济激励、社会荣誉。在财政金融上，可将强村公司上缴税收的地方留成部分给予一定比例的返还奖励；支持强村公司承接强农惠农资金项目和政府购买服务项目；可将投入强村公司发展项目的财政资金所形成的收益按相应比例划归强村公司所有；推广景宁集体经济“政银保”模式、青田“强村富民”生态产品价值实现资金模式，引导金融机构加大对强村公司金融服务支持。在土地供给上，用好用活农村集体建设用地，建立集体经营性建设用地入市增值收益分配机制，并参照现有省、市级支持发展村级集体经济所需用地政策，统筹并倾斜性安排落实强村公司发展所需用地指标。在项目支持上，完善并推广松阳县村级工程“集体建”经验，在国家法规规定的额度内，鼓励有条件的强村公司直接承接农村交通、水利、高标准农田等小项目。